JN093693

ゼロから分かる Premiere Pro

八木重和 yagi shigekazu

秀和システム

本書は2022年2月現在の情報に基づいて執筆しています。
本書で取り上げているソフトやサービスの内容・仕様などにつきましては、告知なく変更になる場合がありますのでご了承ください。

◆本書は以下のOSにて執筆しています

Windows 11

解説画面はWindows11のものなります。

◆注意

（1）本書は著者が独自に調査した結果を出版したものです。
（2）本書の内容について万全を期して作成いたしましたが、万一、不備な点や誤り、記載漏れなどお気付きの点がありましたら、出版元まで書面にてご連絡ください。
（3）本書の内容に関して運用した結果の影響については、上記（2）項にかかわらず責任を負いかねます。あらかじめご了承ください。
（4）本書の全部、または一部について、出版元から文書による許諾を得ずに複製することは禁じられています。
（5）本書に掲載されているサンプル画像は、手順解説することを主目的としたものです。よって、サンプル画面の内容は、編集部で作成したものであり、全て架空のものでありフィクションです。よって、実在する団体・個人および名称とは何ら関係がありません。
（6）商標

OS、CPU、ソフト名、企業名、サービス名は一般に各メーカー・企業の商標または登録商標です。
なお、本文中では™および®は明記していません。
書籍の中では通称またはその他の名称で表記していることがあります。ご了承ください。

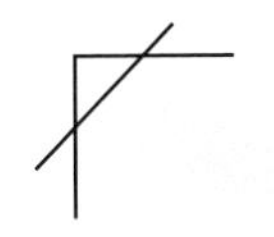

はじめに

今、本書を手に取っていただいている方は「動画を編集してみたい」と考えていらっしゃることでしょう。「動画は難しい」「動画は手間がかかる」とお悩みかもしれません。

複雑で難しい動画の編集を助けてくれるのがPremiere Proをはじめとする動画編集アプリです。Premiere Proは、画面を見ながら素材に要素を乗せていくように操作するので、誰でも直感的に理解できるように工夫されています。

とはいっても、やはり手間はかかります。一見華やかに見えるユーチューバーも、日々の更新のため寝る間を惜しんで編集しています。慣れた人でさえ寝る間を惜しむのですから、「サクサク作れる」ことはありません。

しかしじっくりと取り組めば、動画の世界は無限に広がります。本書も「バズる動画の簡単な作り方」をお伝えするものではありません。じっくりと動画作成の手法を身に付けていくための構成になっています。

誌面と同じ素材を使って手順をそのまま真似すれば、操作は進むかもしれません。しかし自分の動画を作ろうとしたときに、なかなか先に進めません。

動画の編集は「自分の動画でやってみる」ことが上達のためにとても重要です。

なぜなら自分の動画には「こうしてみたい」思いがあるからです。まずはスマホで簡単に撮影した動画で構いません、それを本書の動画に置き換えて、いろいろと試しながら慣れてみましょう。そんな作業を繰り返していくうちに、自然とテクニックが身に付きます。

動画の編集では正解は1つではありません。自分のアイディアを形にすることがゴールであり正解でもあります。本書がみなさんのアイディアを活かし、個性あふれる動画を完成させる一助となれば幸いです。

2022年2月

八木重和

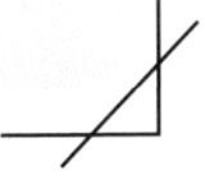

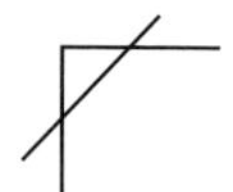

動画配信のための ゼロから分かるPremiere Pro

CONTENTS

目　次

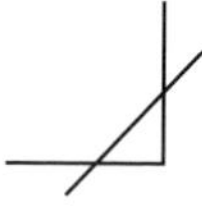

Chapter
1

Premiere Pro動画編集の準備をする

Chapter 2

動画編集の大まかな流れを理解する

Chapter 3

動画をつなげて1つのビデオにする

動画に文字やBGMを追加する

Chapter
5

キーフレームを使って動きを付ける

動画を重ねてワイプを追加する

素材にさまざまな加工をする

Premiere Proとほかの Adobeアプリを組み合わせる

本格的な動画撮影のために 身に付けたい知識

Chapter 10

YouTubeで公開する

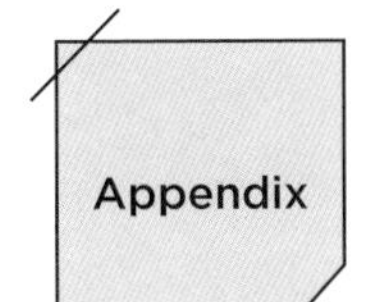

効率的な作業や、理解を助けるための知識

Column

Chapter 1

Premiere Pro動画編集の準備をする

これから動画編集をはじめようというときに、わからないことはたくさんあります。アプリは何を使うのか、何ができるのか。まずは「Premiere Pro」を自分がこれからどのように使っていくのかをイメージしながら、パソコンにインストールするまでの準備をしましょう。

Chapter » 1

Section » 01

Premiere Proはどんなアプリ？

アマチュアからプロまで幅広く使える動画作成・編集アプリ

「動画の編集アプリ」の話題で「Premiere Pro」という名前をよく聞くことでしょう。Premiere Proは、世界中で多くの人が使っている本格的な動画作成・編集アプリです。

動画作成・編集でもっとも知られたアプリの1つ

スマホで撮影した動画をYouTubeで公開する。Webサイトで使う動画を撮影して編集する。今、「動画を作る」機会はとても多くなりました。

一方で動画を作ることは、ワープロで文書を作ったり、写真をきれいに修正したりするのとは違い、やることがとても多く、また細かく、難しいというイメージもあり、実際にとても手間がかかるものです。

動画を作るときに必要なのが「動画編集アプリ」です。動画を作る、つまり撮影した動画ファイルを使って編集するときに、動画編集アプリを使います。

スマホのアプリでは手軽にユニークな動画づくりを楽しめる。

動画編集アプリにも数多くあり、スマホで簡単に楽しい動画を作れるものから、プロの映像作品に使われているものまで、その種類は無数といっても過言ではありません。特に最近では、SNSに気軽に投稿するためのスマホアプリは広く使われ、あらかじめ用意されている映像効果やスタンプ、イラストなどと組み合わせながら短時間で楽しい動画を作れます。

一方、自分が思い、イメージするような動画を作るには、スマホのアプリでは物足りません。やはりパソコンを使ってじっくりとイチから作り込むことになります。

多数あるスマホの動画編集アプリは簡単で手軽に使えます。スマホを使った動画編集をきっかけに「もっと本格的にやってみたい」と思ったら、パソコンのアプリにステップアップしましょう。

「Premiere Pro（プレミア・プロ）」は、このような動画を本格的に「じっくり作り込む」ためのアプリです。といっても、とても使いやすく考えられていて、はじめての人でもわかりやすく、まるでプロが編集したような動画も作れるようになっています。さらに、使っているうちにいろいろな機能を知り、覚え、次はもっと凝った動画を作る、このような新しい発見をしながらPremiere Proを使い続ければ、動画編集の腕もみるみる上がっていくことでしょう。

最初は動画を切ってつなげる、タイトルを付けるぐらいからはじめても、発見を繰り返していくうちに動画編集が楽しくなっていきます。

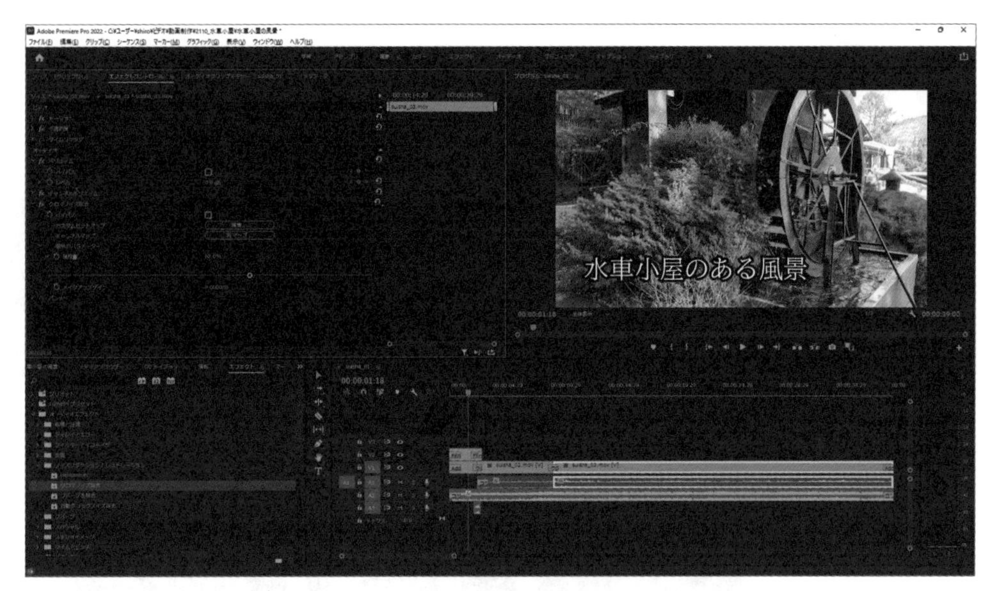

Premiere Proでは、自分の思い描くように自由な発想で動画を編集できる。

Premiere Proは、動画編集の初心者にもわかりやすい画面やメニューで構成されています。誰でもパソコン１台で、動画編集の楽しさを知ることができるでしょう。

動画に効果を付ける、効果音を付ける、ワイプで別の画面をはめ込む、動くタイトルを付ける……普段、YouTubeやテレビ番組などで見ていることはほとんどPremiere Proでできます。もちろん凝った動画にはそれなりの手間もかかりますが、ビデオカメラは使わなくともスマホで撮影しただけの動画に、アイディアと工夫を付け加えて、自由な発想で自分の思い描く作品に仕上げることが可能です。

では、どこまでできるのでしょうか。

従来から、テレビ番組や映画の制作では、さすがにその道のプロフェッショナルが使う専門的な機材とアプリが使われてきました。もちろん今でも、専用の編集スタジオの中に置かれた物々しい機材を相手に、技術者が日々、腕を振るっています。

そんな中、2016年に公開された映画「シン・ゴジラ」では編集にPremiere Proが採用され、大きな話題となりました。映画を観た方であれば、迫力のある映像やスピード感に引き込まれたことでしょう。まさかそこに、「誰でも使えるパソコンアプリが使われていた」などと思わなかったはずです。いわば、一個人でも使えるようなアプリで全国公開される映画もできることが証明されたのです。突き詰めれば、編集スタジオがなくても、大勢の人材がいなくても、パソコン１台と１人の腕で一編のヒット映画ができてしまうかもしれません。

Premiere Proは、個人が手軽に楽しむ動画編集から、プロが作品を制作する現場まで幅広く使えるアプリと言えます。

Premiere ProのWebサイトにはさまざまな事例が紹介されているので、動画制作の参考にもなる。

Chapter » 1

Section » 02

Premiere Proでできること

機能の組み合わせは無限

Premiere Proは、動画編集に求められる機能を数多く詰め込んだアプリです。機能を１つの小さなパーツとするなら、そのパーツを組み合わせて自分の思い描く動画に仕上げます。

「こんなことしたい」を実現する

ひとことで言ってしまえば、Premiere Proでは、「動画を加工して仕上げる」ことができます。撮影した動画ファイルを読み込んで、さまざまな加工を加えて、１つの完成動画として保存します。これがPremiere Proの基本の基本です。その中で気になるのはやはり「加工」の部分でしょう。

Premiere Proには、動画を加工するための機能がとても多く搭載されています。やってみたい「動画の加工」で思いつくことはどのようなことでしょうか。

不要な部分をカットしてつなげる、効果音を付ける、テロップ（文字）を加える……さまざまなイメージが沸くことでしょう。

一方で、Premiere Proをはじめとする動画編集アプリは、アプリのメニューから特定の機能を呼び出すだけでは完結しないことが多くあります。ワープロアプリのように「太字にする」「表を挿入する」といった、１つずつの機能を使って作っていく工程は動画編集でも同じですが、動画編集ではもう少し先のゴールを目指して「機能を選びながら組み立てていく」ような作業が多くあります。

なぜなら、１つの動画が時間を持つものであり、その時間の中でさまざまなことが起こるからです。この部分はカットして自然につなげる、この部分では3秒間テロップを出す、ここからBGMを声が聞こえるぐらいの音量で流す……さまざまな動きや変化を加えるところに、それに応じた工夫が必要になります。中には簡単に１回のドラッグ＆ドロップでできてしまうものもありますが、圧倒的に多いのは「この機能にこの機能を合わせて、そのあとこの機能を追加して、ここの数値を調整して……」といった作業です。

つまり、動画はいくつかの機能を組み合わせながら作っていきます。そこには発想が必要になったり、工夫が必要になったりします。その結果、機能の組み合わせは無限に考えられることになります。「Premiere Proで何ができる」と聞かれれば、「無限にいろいろなことができる」と言えるでしょう。

テレビ番組のように、普段自分が見ている映像で使われていることは、たいがいのことがPremiere Proでできます。ただし簡単にできてしまうこともあれば、かなり手間がかかることあります。YouTubeをよく見るのであれば、そこにある動画で使われている効果はまずほとんどPremiere Proでもできてしまいます。もとよりYouTubeでは、Premiere Proをはじめとする同種のアプリで作られた動画が多いので、どんなことができるのかを見る参考にもなるでしょう。

難しく感じるかもしれませんが、もしワープロソフトで「太い斜め字」を書きたかったらどうしますか？　アプリに「太い斜め字」というボタンはありません。自然に頭の中で「太字にしてから斜め字にする」という２つの工程を思いついています。これはごく簡単なことです。

Premiere Proも同じです。ただはじめて触れる言葉や機能が多いこと、組み合わせる機能の数が多いことで、最初は難しく感じるかもしれません。ただ「こうするために、これとこれを使う」という発想に慣れてくると、自分の思うままの映像制作に取り組めるようになります。

はじめ１つの動画を読み込むことからはじめて、さまざまな素材や効果を組み合わせながら動画を完成させていく。

たとえば全体に表示されている画面が小さくなりながら数秒で中心に消えていく変化。スケール、マスク、キーフレームといったいくつかの機能を組み合わせると完成します。その組み合わせを思いつくことがポイントになりますが、Premiere Pro使っているうちに発想力が磨かれていきますので、気負わずに進めていきましょう。

Chapter » 1

Section » 03

Premiere ProとAfter Effectsの違い

Premiere Proは総合的な動画編集ができる

Premiere Proを発売しているAdobeには、もう１つ動画編集アプリ「After Effects」があります。同じ会社から２つの動画編集アプリが発売されているのは、何か違いがあるのでしょうか。ポイントは「使い分け」です。

「Premiere Pro」は標準的で総合的な動画編集アプリ

「Premiere Pro」は、いわゆる誰でも思い浮かべる動画編集アプリです。撮影した動画から、不要な部分をカットしたり、複数の動画を使ってつなげたり、テロップを入れたり……さまざまな加工ができます。画面を見ると、タイムラインに動画や文字の要素が並び、さまざまな素材をタイムラインに乗せながら１つの動画を仕上げます。

これは一般的な動画編集アプリで基本的に共通の方法です。発売する会社によって、できる機能や操作方法、あるいはあらかじめ用意されている効果のテンプレートなどは違いますが、どの動画編集アプリでも、画面構成はとても似ています。

つまり、漠然と「動画編集をしたい」と思ったら、その１つにPremiere Proを選んで間違いありません。

Premiere Proの編集画面。タイムラインと呼ばれる場所に動画や音楽、画像などの素材を並べて、それぞれの素材の中で加工や調整を設定していく。タイムラインやプレビュー画面など、一般的な「動画編集アプリ」は似たような構成になっている。

「After Effects」は部分的により凝った加工に便利

「After Effects（アフター・エフェクツ）」も同じ動画編集アプリです。ただAfter Effectsは、Premiere Proのような一般的に広く思い描かれるような動画編集アプリとは少し違います。

特徴は「部分的に加工を行うときに向いている」ことで、Premiere Proよりもより凝った効果を簡単に加えることができます。たとえば動画そのものを立体的に動かしたり、アニメーション効果を合成したりといった、Premiere Proでは難しく手間のかかる作業を簡単にできるように工夫されています。そのため、1つの動画ファイルにさまざまな加工をすることに向いたアプリです。一方で、Premiere Proのようにいくつもの動画を切ったりつなげたりすることはあまり得意としません。できないことはないですが、そのような作業はPremiere Proの方が圧倒的に効率よく、短時間で完成させられます。

つまり、Premiere Proはいくつかの動画ファイルを使って長い動画作品を作ることに向いたアプリです。一方でAfter Effectsは1つ～数個の動画ファイルにさまざまな加工を加えることに向いたアプリです。

では、両方使えばもっと本格的な動画ができそうです。じつはその通りで、Premiere ProとAfter Effectsは相互に連携ができます。たとえばPremiere Proで編集している動画の一部分をAfter Effectsに読み込んで、より凝った加工を加えるといった作業が簡単にできます。

ただ、一度にいきなり全部やろうとしても、なかなか覚えることに苦労するので、はじめは欲張らず、Premiere Proだけで作ってみましょう。

After Effectsの画面。Premiere Proとはタイムライン部分に大きな違いがある。After Effectsでは「レイヤー」と呼ばれる層に素材や効果を積み重ねていく。Premiere Proとは違い効果も1つの素材として扱うので、効果を重ねて使うときにわかりやすい。一方で1つのレイヤー内で横に素材を並べることができないので、複数の動画を切り貼りするといった編集には手間がかかる。

Chapter » 1

Section » 04

Premiere Proを選ぶ理由

使いこなすほど長く使える動画編集アプリ

動画編集アプリはいくつもあり、どれを使えばいいのか迷います。その中でPremiere Proは、多くの人が使っていて、また初心者でも上級者でも使えるアプリで、長く使えることが多くの人に選ばれています。

途中で乗り換えなくてもいいアプリ

Premiere Proを選ぶ理由は、高機能なことはもちろんですが、何より長く使えることです。初心者であれば基本的な編集や加工をわかりやすく使えますし、使っていてさまざまな機能を使えるようになりながら腕を磨き、上級者に近づきます。上級者でも、Premiere Proがあればあらゆる加工ができ、さらにAfter Effectsと組み合わせて高度な動画編集も可能です。つまり、最初からPremiere Proではじめておけば、いつまでもPremiere Proを使い続けられます。

前のセクションで、動画編集アプリはどれも同じような構造と言いましたので、途中で乗り換えられないこともありません。ただやはりアプリごとに操作方法が違いますし、メニュー構造も変わります。またあらかじめ用意されているテンプレートなども違います。途中で乗り換えると、これまで覚えてきたことを再現できなくなったり、操作方法をもう一度覚え直したりしなければいけません。そこでいったん立ち止まるくらいなら、はじめからずっと同じアプリを使っていた方が早く上達するでしょう。

また保存するファイル形式に互換性がないので、前に使っていたアプリで作った動画を今のアプリで読み込むといったことはできません。

言い換えれば、先々のことを考えて、ずっと使っていけるアプリを選ぶことが賢い選択と言えるでしょう。

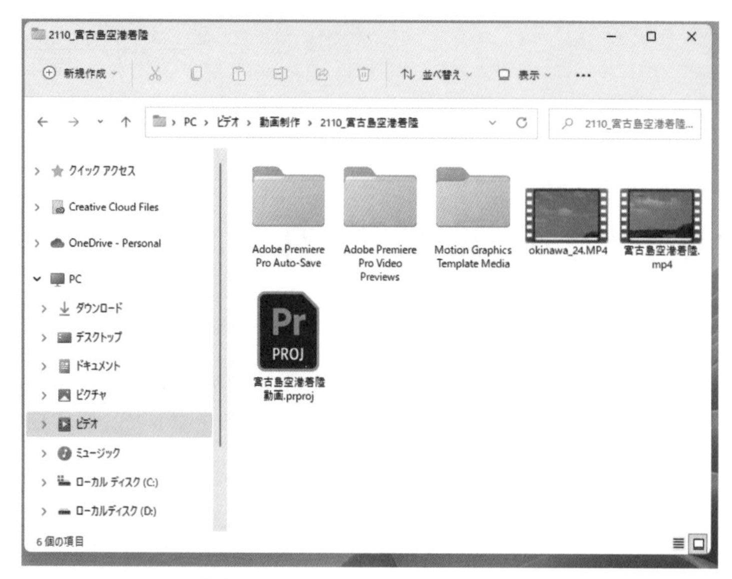

Premiere Proでは「プロジェクトファイル」で元の動画の編集情報を保存する。このファイルは他のアプリと互換性はない。

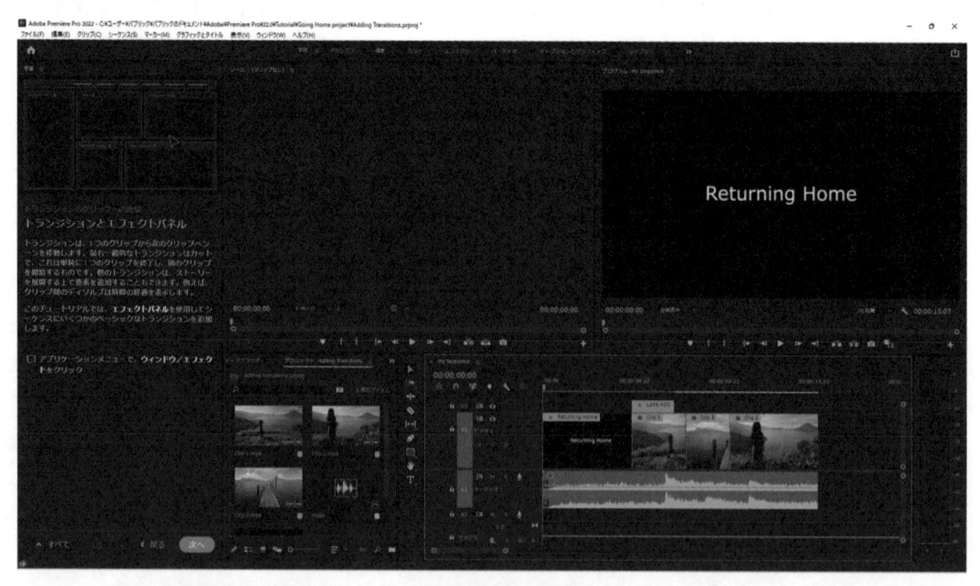

Premiere Proは本格的な動画編集アプリだが、初歩的な操作にはいくつかのチュートリアルが搭載され、初心者が実際に操作しながら理解できる仕組みも備わっている。

Chapter » 1

Section » 05

Premiere Proの料金

Premiere Proはサブスクリプション

Premiere Proは、サブスクリプションで提供されています。買い切りの設定はありません。したがって定期的に利用料金を支払いますが、常に最新版を利用できるメリットがあります。

サブスクリプションのプランは2つ

Premiere Proはサブスクリプション形式で提供されています。つまり、一定期間に利用料金を支払い、期間後も継続して利用するためにはあらたに料金を支払って更新します。

買い切りで販売されているアプリも多くありますが、サブスクリプションで支払うアプリは常に最新版を使うことができる、使わなくなったときにいつでもやめられるといったメリットがあります。

Premiere Proのサブスクリプションは、大きく分けて2つのプランがあります。

❶他のさまざまなAdobe製アプリも使える「コンプリートプラン」

❷Premiere Proだけを使える「単体プラン」

❶のコンプリートプランは、Premiere Proのほかに、写真を加工する「Photoshop」やイラストを描く「Illustrator」など、多くのAdobe製アプリを使えるプランです。それぞれの分野では業界でもプロが使っているようなアプリなので、高度なアプリが一定の料金で「使い放題」となります。写真の修整や加工もしたいのであれば、それぞれのアプリごとに単体でそれぞれ支払うよりも料金を節約できます。

❷の単体プランは、Premiere Proだけを利用するためのプランです。もちろんコンプリートプランよりは安く設定されています。「動画の編集だけできればいい」という人に向いたプランです。

ただコンプリートプランとの差額はそれほどありません。もし、同じ動画編集アプリの「After Effectsも使いたい」、あるいは「写真の修整には別のアプリを使っている」「イラスト用のアプリを買おうと思っている」というのであれば、多くのアプリを使えるコンプリートプランを選んだ方が、全体のコストを抑えることができる上に、高度な機能を持ったアプリを使えるようになります。

基本はこの2つのプランから選びます。契約は1か月ごとの更新ですが、1年まとめて支払うと少し安くなります。1か月だけしか使わないことはまずないでしょうから、これから動画に取り組もうと思ったら、1年契約がおすすめです。

このほかに、学生や教育関係者向けに割引されるアカデミックプランや、法人向けプランなどがあります。また、ときどきセールが行われていて、通常のコンプリートプランや単体プランでも割引で契約できることがあります。

プランはAdobeの公式サイトで契約、支払を行う。はじめて使うときにはAdobeアカウントを登録する。

Chapter » 1

Section » 06

Premiere Proを購入・登録する

Adobeの公式サイトで購入する

Premiere Proはサブスクリプション形式の利用になるので、Adobeの公式サイトでプランを契約すれば、利用できるようになります。購入時にはAdobeアカウントを作成します。

Adobe アカウントを作成する

1 「Adobe Creative Cloud」のWebサイトを表示し、「ログイン」をクリック。

2 「アカウントを作成」をクリック。

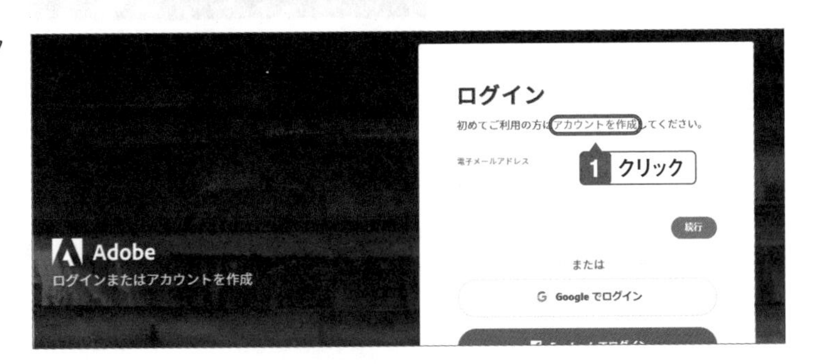

3 登録する情報を入力し、「アカウントを作成」をクリック。

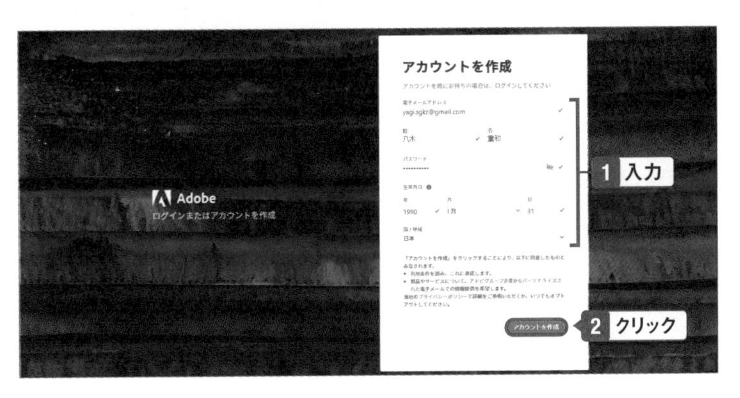

4 アカウントが登録され、右上にアカウントのアイコンが表示される。

サブスクリプションを契約する

1 ログインした画面で「今すぐ購入する」をクリック。

2 プランと価格が表示される。

One Point

Adobe Creative Cloud

Premiere Pro をはじめ、サブスクリプション形式で提供されている一連のアプリは「Adobe Creative Cloud」というサービスに含まれます。したがって、Premiere Pro は、「Adobe Creative Cloud の中にある Premiere Pro を使う」というイメージです。「Microsoft Office の中に含まれる Excel」と同じような位置づけです。

3 Premiere Pro単体で購入する場合、「Premiere Pro - 単体プラン」の「購入する」をクリック。

4 支払情報を入力する。続いてプランと支払方法を確認し、「注文する」をクリック。

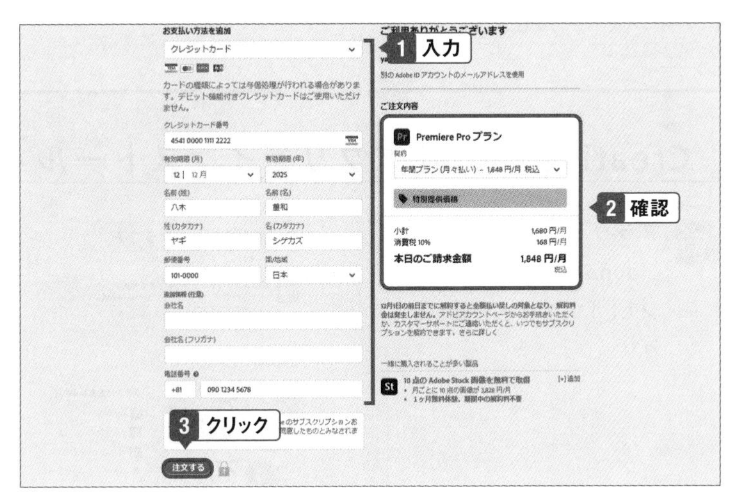

コード番号を購入する

Adobe のサブスクリプションプランは、Amazon や家電店で専用の登録コード（登録用の暗号）を購入して、Adobe 公式サイトで登録することもできます。

裏にコードが書かれたカードは家電店などで購入でき、Amazon など通販ではメールでコードが送られてきます。Adobe の公式サイトではクレジットカードが必要になるので、現金で支払いたいときなどに利用できます。

5 購入が完了する。

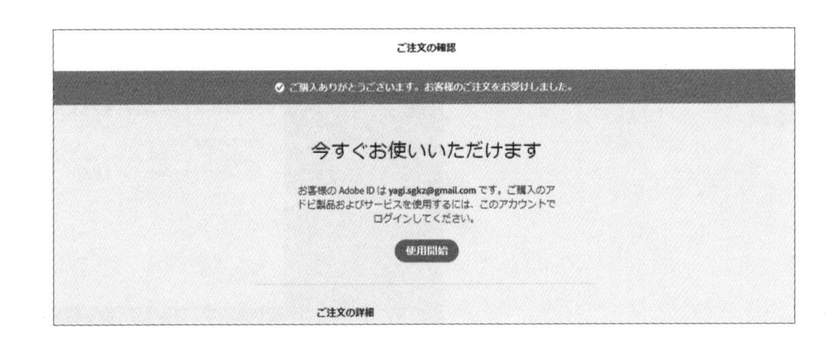

Chapter » 1

Section » 07

Premiere Proをインストールする

Adobe Creative Cloudアプリからインストール

サブスクリプションの契約が終わったら、アプリをインストールします。Premiere Proを含めたCreative Cloudに含まれるアプリは、「Adobe Creative Cloud」アプリを使ってインストールします。

Creative Cloud アプリをインストールする

1 ブラウザーでCreative Cloudのサイトにログインし、「プランを管理」をクリック。

2 「Premiere Pro」の「ダウンロード」をクリック。ダウンロードが完了したら、右上に表示される「ファイルを開く」をクリック。

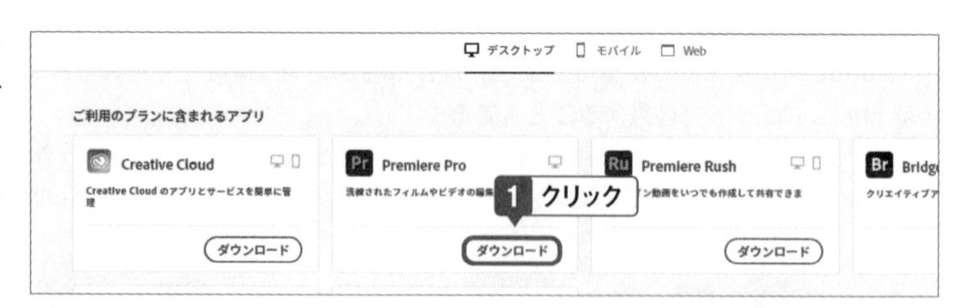

3 「続行」をクリック。

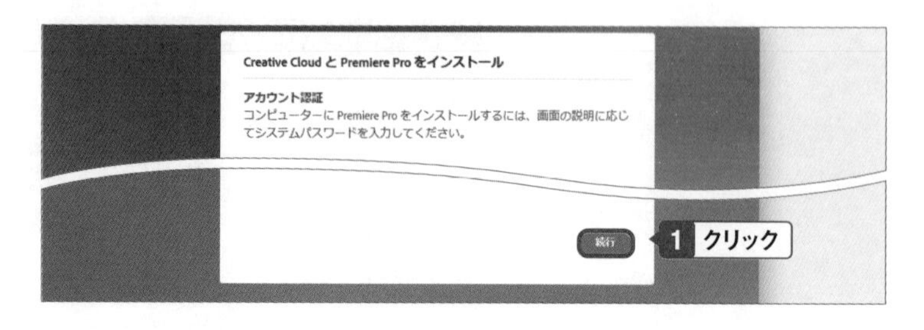

4 アンケートが表示されるので、該当する回答をクリックして「続行」をクリック。インストールが完了すると自動的にCreative Cloudアプリが起動する。表示されたメッセージの「OK」をクリック。

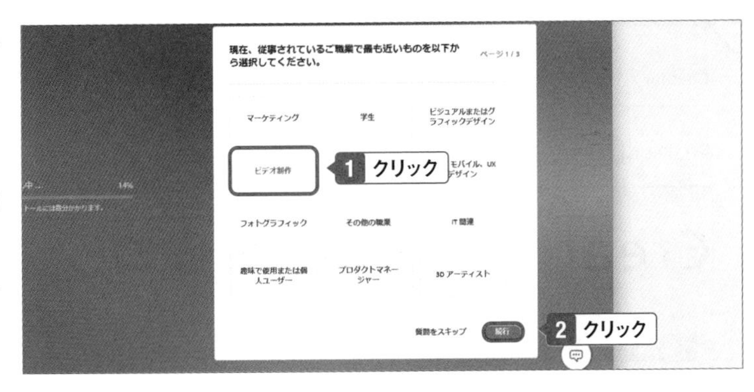

One Point

スキップもOK

インストールではアンケートが表示されますが、回答は任意です。また回答によって何か変わることもありません。「スキップ」をクリックして進めても構いません。

Premiere Proをインストールする

1 「Premiere Pro」のインストールが行われる。もし「Premiere Pro」に「インストール」が表示されていたら、「インストール」をクリック。

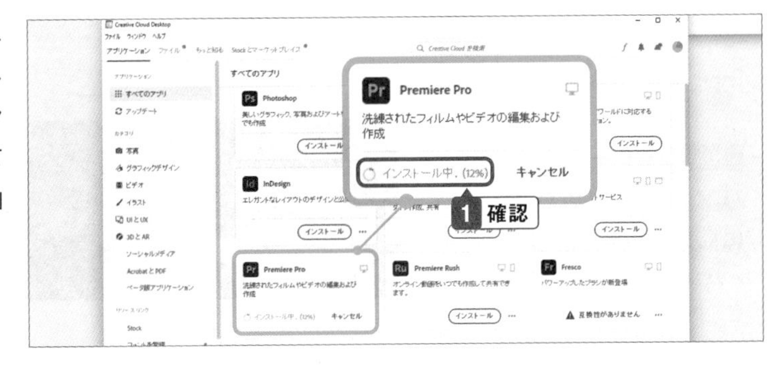

One Point

同時使用は2台まで

Premiere Proは、1つのライセンスにつき2台までの同時使用が認められています。自宅のデスクトップパソコンと外出用のノートパソコンのように、ライフスタイルに合わせて使いましょう。

2 インストールが完了して、背面にPremiere Proが起動したら、一度終了する。

Chapter » 1

Section » 08

Creative Cloudからログアウトする

通常はログアウトする必要はない

Premiere Proを使っている間は、Creative Cloudにログインしている状態です。普段は特にログアウトする必要はありませんが、別のパソコンで新たにPremiere Proを使う場合などにはログアウトが必要になることもあります。

Creative Cloud アプリでログアウトする

1 アカウントのアイコンをクリックし、「ログアウト」をクリック。

One Point

パソコンを買い替えた時にもログアウトする

パソコンを買い替えたときなど、Premiere Proを別のパソコンで使いたいときにもログアウトします。ログアウトすると「そのパソコンでは使っていない」ことになり、同じAdobeアカウントを使って別のパソコンで使えるようになります。

2 「続行」をクリック。

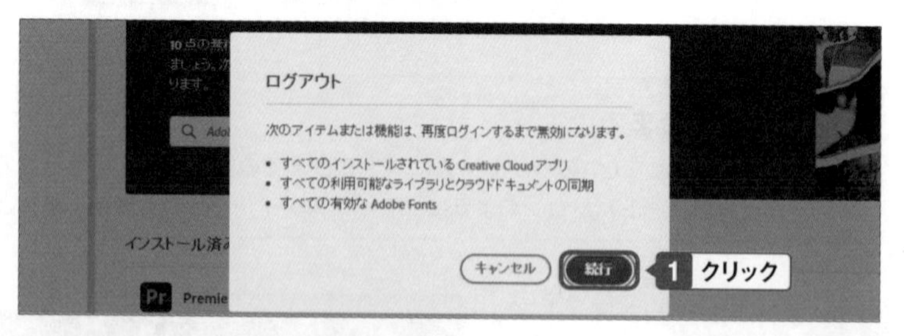

3 ログアウトした状態の起動画面になる。

Chapter » 1

Section » 09

Creative Cloudにログインする

サブスクリプションを有効にするために必要

Premiere Proはサブスクリプション形式で利用するので、利用中はCreative Cloudにログインしておく必要があります。アプリは定期的に契約状態をインターネット経由で確認し、利用できる仕組みになっています。

Creative Cloud アプリでログインする

1 Creative Cloud アプリを起動する。メールアドレスを入力し、「続行」をクリック。

2 アカウントの本人確認のため、「続行」をクリック。

3 入力したメールアドレスに確認用コードが届く。

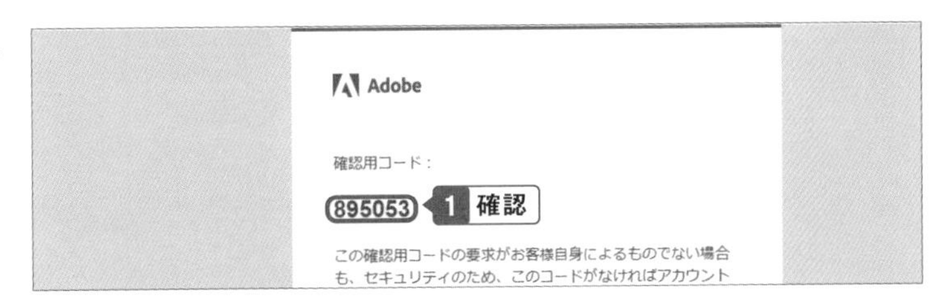

4 確認用コードを入力。

5 正常に入力されると、緑色の表示になる。

6 パスワードを入力し、「続行」をクリック。

7 「後で」をクリック。

One Point

バックアップ用メールアドレス

バックアップ用メールアドレスを登録しておくと、アカウントのメールアドレスやパスワードを忘れたときなどログインできなくなった場合に、バックアップ用メールアドレスを使って再設定ができます。

8 ログインが完了する。「OK」をクリック。

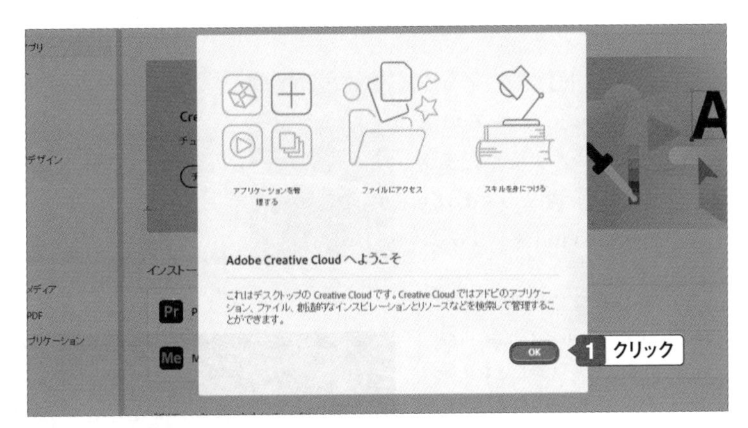

9 ログインした状態の画面が表示される。

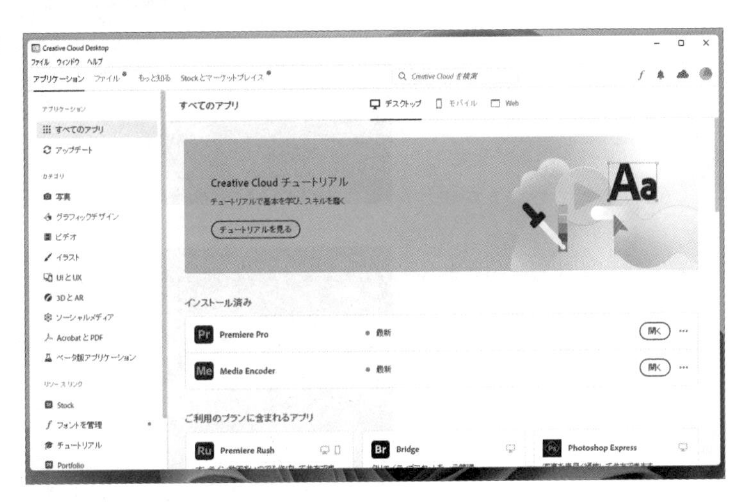

Chapter » 1

Section » 10

Premiere Proを起動する

起動時には機能を読み込む

Premiere Proを起動するときには、他のアプリに比べて少し時間がかかると感じるかもしれません。起動中にプラグインと呼ばれる機能を持った追加部品のようなプログラムを読み込むため、少し時間がかかります。

スタートメニューから起動する

1 「スタート」ボタンをクリックし、「すべてのアプリ」をクリック。表示された一覧で「Adobe Premiere Pro」をクリック。

One Point

年代でバージョンアップする

Premiere Proは年ごとにバージョンアップが行われます。「Adobe Premiere Pro」の後ろにバージョンを示す年代が表示されます。

2 Premiere Proが起動し、最新情報やヒントが表示される。「次へ」をクリックするとすべての情報を確認できる。閉じるには「×」をクリック。

3 起動画面が表示される。

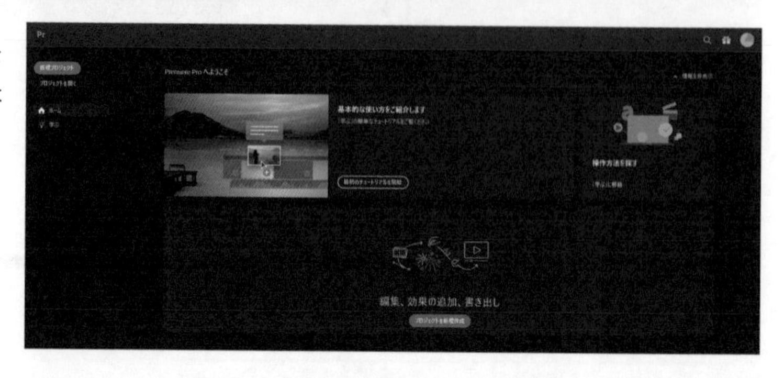

Chapter » 1

Section » 11

Premiere Proの画面を見る

基本画面は４つの要素

Premiere Proで動画を編集するときの基本となる画面は大きく４つに分かれます。４つに分かれた領域の中で、機能を選んだり数値を調整したりして加工します。この画面は編集の状況によって使いやすい状態に変化します。

ワークスペースを見る

Premiere Proの画面は作業の内容によって使いやすいように切り替えることができます。もっとも基本となる編集画面では、大きく４つの領域に分かれています。

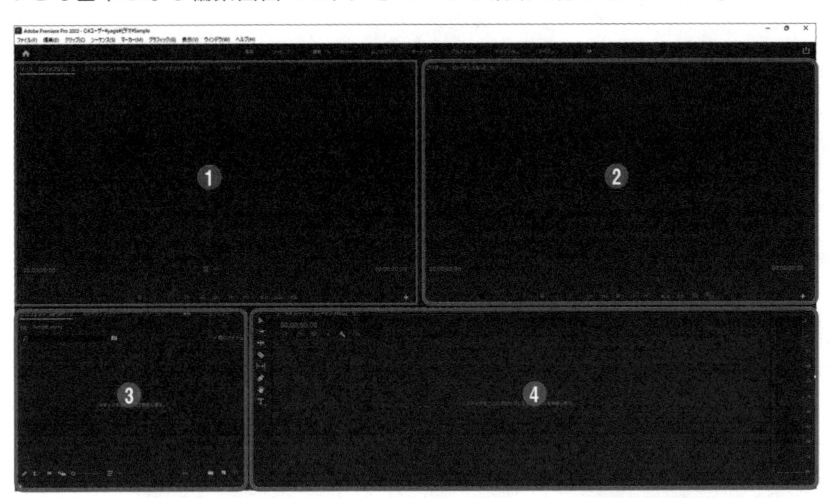

左上（❶）：動画や画像、BGM、テロップなどの細かい動きや詳細な設定を行う
右上（❷）：プレビューを表示する
左下（❸）：動画ファイルを読み込んだり、エフェクトを選んだりする
右下（❹）：動画や画像、BGM、テロップなどをタイムラインで表示し、編集する

One Point

ワークスペース

ワークスペースとは、その名のとおり、「作業場所」のことです。Premiere Proの画面全体を１つの作業場所に見立てて、その中に状況に応じた小さな場所を配置して、編集作業をします。基本となる編集画面ではこのように４つの画面が表示されていますが、状況によって切り替えながら、よく使う機能をワークスペースに並べて使います。

Chapter » 1

Section » 12

Premiere Proのワークスペースを使い分ける

作業の内容によって使い分ける

Premiere Proの画面は、自分が使いやすいように表示内容やレイアウトを変えることができますが、作業の内容によって便利な画面があらかじめいくつか用意されています。それらを切り替えると効率よく編集できます。

ワークスペースを切り替える

● **学習**　操作方法を、事例を使って練習できます。

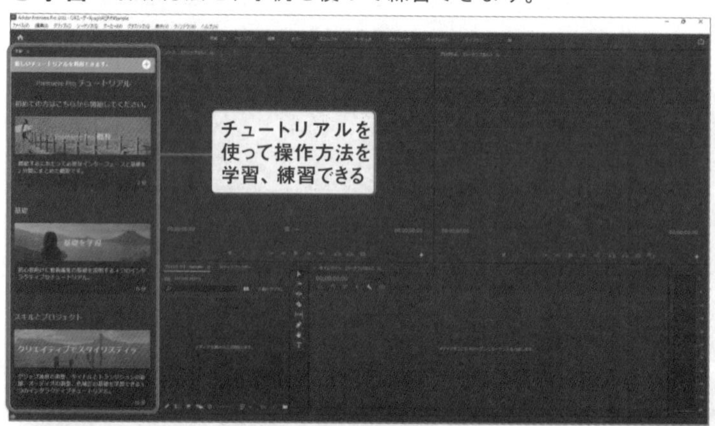

● **編集**　もっとも基本となる編集作業を行う画面です。

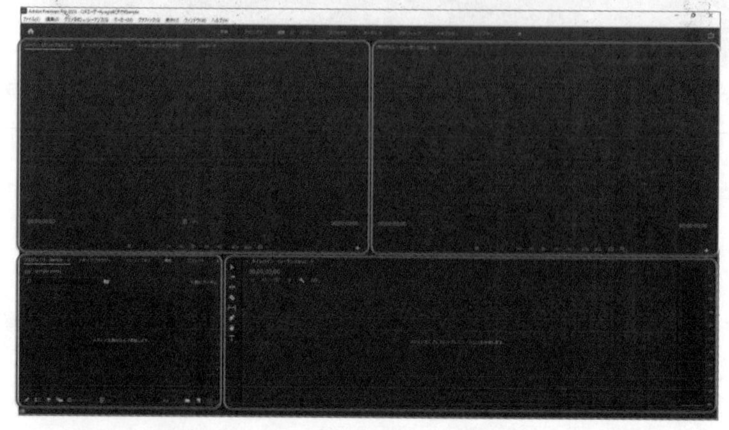

「素材を読み込み、タイムラインを操作し、プレビューで確認しながらエフェクト（効果）を調整する」といった編集操作の基本で使うパネルが並んでいる

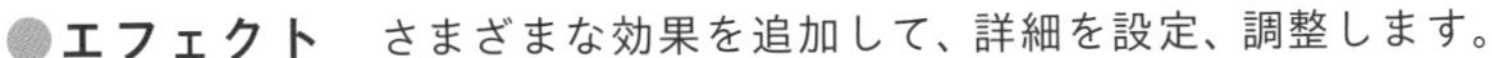

●**エフェクト**　さまざまな効果を追加して、詳細を設定、調整します。

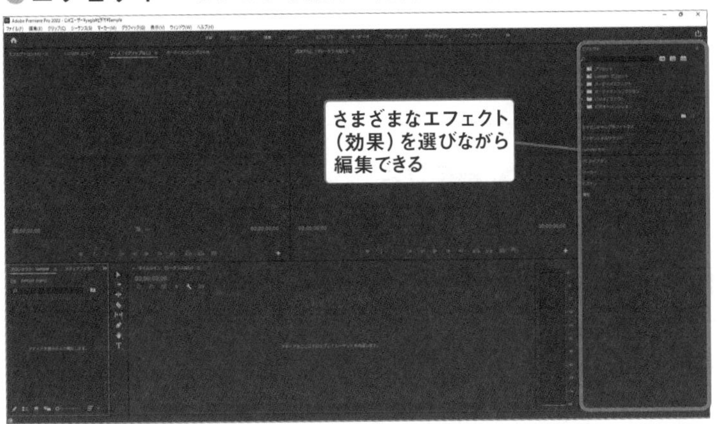

●**キャプションとグラフィック**　動画の上に文字を追加したり、図形を描いたりします。

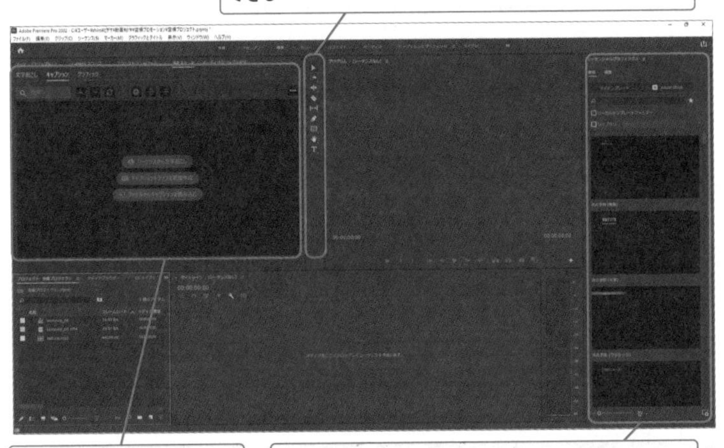

One Point

このほかのワークスペース

このほかに、あらかじめ用意されているワークスペースには「アセンブリ」「カラー」「オーディオ」「ライブラリ」があります。「アセンブリ」は素材を読み込んで並べるときに適したワークスペースです。「カラー」は動画の色調整を行うとき、「オーディオ」は音声を調整するとき、「ライブラリ」はテンプレートなどを読み込むときにそれぞれ便利なワークスペースです。ただしワークスペースは、あくまで作業に向いた画面の配置を設定したものなので、必ずそれを使わなければいけないということではありません。基本的には上で紹介した5つのワークスペースを使えば、効率よく編集作業ができます。

Chapter » 1

Section » 13

Premiere Proの構造

「プロジェクト」の中で作業する

よく使うワープロや表計算などのアプリは、名称未設定で白紙から作成することもあります。しかし動画編集アプリでは、はじめに「プロジェクト」という全体を管理するファイルを保存してからはじめます。

プロジェクトという箱の中で動画を作る

Premiere Proでは、はじめに大きな枠組みとなる「プロジェクト」を保存します。もちろん最初なので中身は空っぽの状態です。

プロジェクトは大きな箱で、使用する動画ファイルや音声、画像をはじめ、さまざまな効果など使う素材や、素材の使い方など全体の情報がまとめられています。

次に、プロジェクトの中に「シーケンス」があります。シーケンスは、動画ファイルや音声、画像などがどのように組み合わされているかを保存した情報です。

さらに、シーケンスの中で利用されている動画ファイルなどの素材に、どのような効果を加えて、どのように加工されているかといった情報が保存されています。

素材の動画が組み込まれるのではない

Premiere Proは、元の動画ファイルに直接加工を加えません。あくまで元の動画ファイルを「どのように加工してどのように再生するか」という情報だけを編集作業で記録していきます。動画のほかに、写真や音声などの素材ファイルを組み合わせるなら、「どの部分でどの動画ファイルを使って、どのような効果を加えて、さらに写真はこの場所で表示して、BGMをここでこれぐらいの音量で流して……」といった情報を作成していきます。このような、情報が記録されたファイルが「プロジェクトファイル」です。

そのため、動画を編集するためには、はじめにその情報を保存する「箱」が必要になり、プロジェクトファイルをはじめに作成します。このような仕組みは、元のファイルを開いて直接変更して上書き保存するワープロや表計算アプリとは異なり、はじめは違和感があるかもしれませんが、Premiere Proに限らず、本格的な動画編集アプリはほぼ例外なく「プロジェクトファイルの作成」からはじめます。

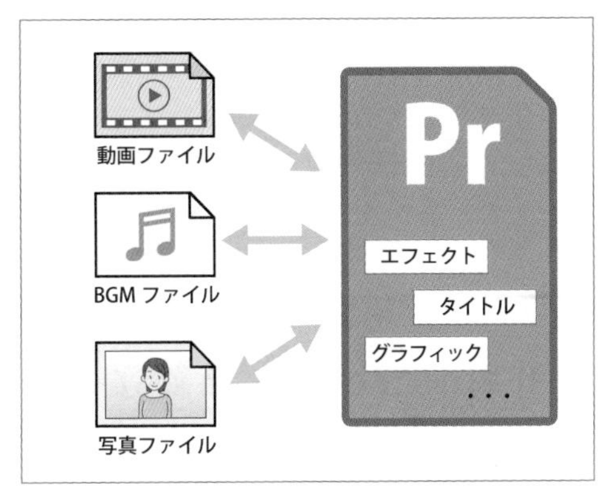

Premiere Proは元の動画ファイルなどを直接加工はせずに、編集の情報を記録し、最後に動画を出力するときに素材と情報を合成して完成させる。

保存場所を考え整理しながら作る

プロジェクトファイルは元の動画ファイルなどの素材ファイルを読み込んで、加工する情報を作成していきます。そのため、つねに元の動画とリンクしています。

このときに大切なのがファイルの管理です。とりあえずスマホからデスクトップにコピーした動画ファイルを使って編集をはじめてしまうと、動画ファイルをデスクトップからどこかに移動したとき、プロジェクトファイルでは元の動画ファイルが見つからず、読み取れなくなってしまいます。

したがって、はじめに使う動画ファイルや写真、音楽などの素材ファイルを整理して、あとから移動や削除をしなくてもいいフォルダーに保存してから編集をはじめます。

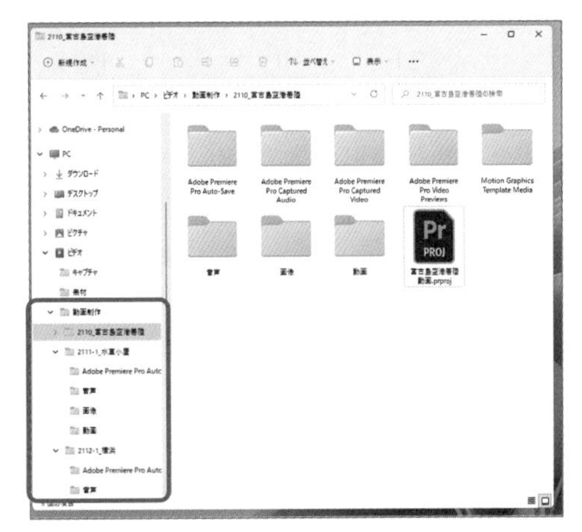

あらかじめ動画ごとにフォルダーを作って、使う素材をコピーしておくと混乱しない。

Chapter » 1

Section » 14

Premiere Proを終了する

メモリーの節約のためにも終了する

Premiere Proは、高機能なアプリです。そのため、パソコンのメモリーを多めに使ってしまうことがあります。他のアプリの動作を邪魔しないためにも、作業が終わったら終了しましょう。

Premiere Pro を終了する

1 「ファイル」をクリックし、「終了」をクリック。

One Point

こまめに終了しなくてもよい

動画ファイルの編集は、他のワープロアプリなどに比べると、メモリーを多く消費します。そのため、作業が終わったらこまめに終了した方がメモリーの節約になりますが、あまりこまめに終了と起動を繰り返しても、パソコンに負荷がかかりますし、手間もかかりますし、起動するまでも待つ時間が生まれます。同じパソコンでしばらく他の作業をするときに終了する、程度に考えればよいでしょう。

Chapter 2

動画編集の大まかな流れを理解する

まずは１つ、簡単な動画を作ってみましょう。撮影した動画ファイルを用意したら、長さを調整して文字を付けて簡単な効果を加える。これだけでも、撮影したままの動画とは見違えるように印象が変わり、動画編集の基本的な流れを理解できますし、今後どのようなことができるかイメージがつかめるでしょう。

Chapter » 2

Section » 01

保存するフォルダーを作成する

はじめの整理がのちのち重要

はじめにファイルを保存するフォルダーの構造を考えて作成します。特にはじめて動画編集をする人は適当になりがちで、のちのち困ることになりますので、しっかり整理しておきましょう。

保存するフォルダー構造を考える

動画の編集を行う前に、元の動画ファイルや画像ファイル、プロジェクトの保存場所を考えておきましょう。なぜなら、プロジェクトはあくまで「元のファイルをどう使うか」という情報が記録されたデータなので、素材として使う動画や画像を直接加工はしないで、リンクした状態になります。

ワープロソフトで画像を挿入すると、読み込まれてワープロのファイルにコピーされますが、プロジェクトではコピーされず、元のファイルをそのまま使いながら、編集の内容を情報として記録していきます。

つまり、プロジェクトではあとで素材に使ったファイルを移動したり削除したりすると、プロジェクトから読み取れなくなってしまい、再度リンクする作業が必要になります。

動画編集をはじめたばかりのうちは気にしなくてもそれほど不便はないので、つい適当にはじめがちになるのですが、編集した動画や使う素材が増えてくると、ファイルが散乱して非常に煩雑な状態なります。あとあと手間がかからないようにするためにも、はじめにフォルダーの構造を考えてから編集をはじめましょう。

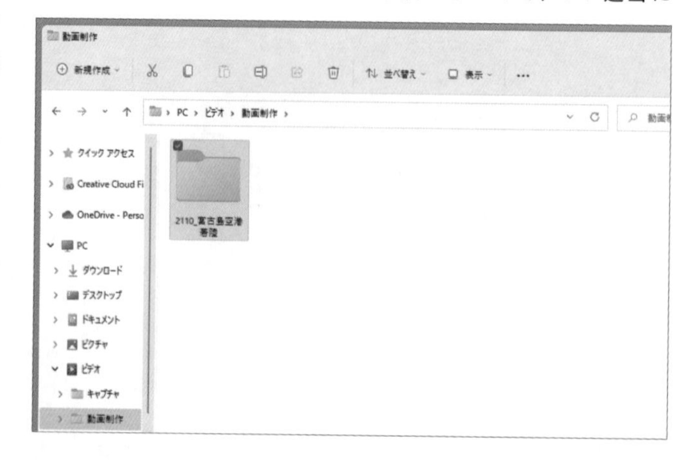

以下に保存するフォルダーを整理した例を示します。

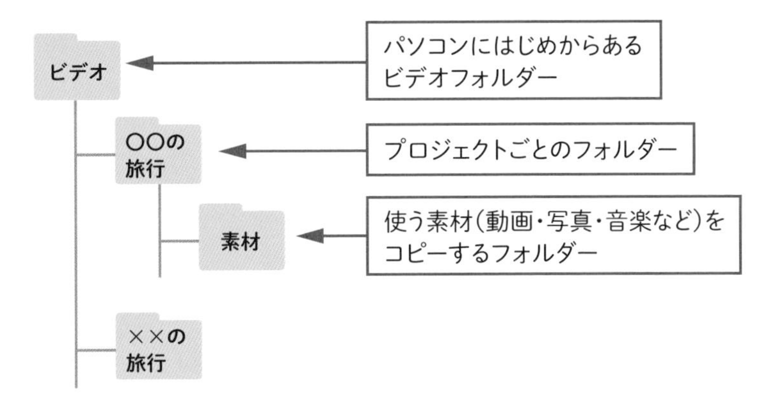

基本的に、1つの動画に関連するファイルはすべてプロジェクトごとのフォルダーの中にまとめて保存する方が扱いやすい。

はじめに、使用する動画や写真、音声データなどを保存するフォルダーを作成します。のちのちの整理のため、保存するフォルダーの構造をしっかり考えてからはじめましょう。たとえば「ビデオ」フォルダーの中に、日付けや内容がわかる名前のフォルダーを作っておくと探しやすく、また今後、作成・編集する動画が増えても系統立てて新しいフォルダーを作り整理することができます。

One Point

外付けディスクを使う

動画ファイルはサイズが大きいので、PC の内蔵ディスクに保存すると、あっという間に容量が足りなくなってしまうかもしれません。今後、動画が増えてきた時のために、はじめから外付けディスクに保存することも考えましょう。外付けディスクであれば、容量がいっぱいになったら別の外付けディスクを使うことができます。

One Point

外付けディスクをつなげて起動する

外付けディスクを使う場合、Premiere Pro は外付けディスクに保存されているファイルを読み込みますので、動画を作成・編集するときには必ず、使用するファイルが保存された外付けディスクを取り付けた状態で Premiere Pro を起動します。

次に、使用するファイルをコピーします。ここではまず1つの動画ファイルからはじめますが、動画や写真、音楽ファイルなど、使用するファイルをすべて、コピーしましょう。

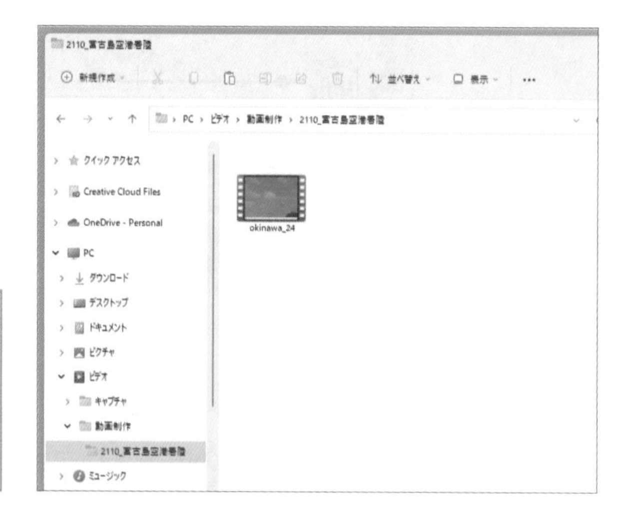

One Point

あとから追加するときもコピーする

動画の編集中に、動画や写真、音楽などのファイルが追加で必要になったときでも、それらのファイルをここで作成したフォルダーにコピーしてから編集作業をします。

One Point

はじめから整理することがコツの1つ

動画を編集するとき、読み込む動画や写真などの素材ファイルを、元から保存しておいたフォルダーから読み込むと、あとで整理に苦労します。Premiere Pro では、プロジェクトファイルという、元のファイルをどのように加工しているかという情報を保存するため、元のファイルがどこに保存してあるのかをしっかり把握しておくことが重要です。

保存フォルダーを決めないまま雑然と作業してしまうと、元の保存しておいたファイルを移動したり、フォルダー名を変更したりすることで、リンク切れやファイルが見つからないといったことがしばしば起こります。動画ファイルをコピーすると、その分だけ容量を消費してしまいますが、ファイルをきっちり整理するのは動画作成で大切なポイントです。のちのちのことも考えて、はじめからしっかり整理して進めましょう。

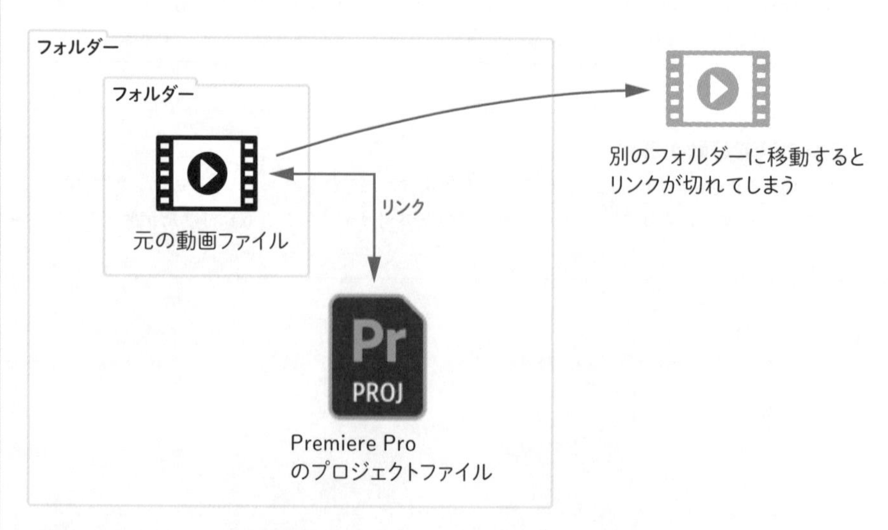

編集に使った元の動画や画像、音楽ファイルなどを削除したり移動したりすると、リンクが切れてしまう。

Chapter » 2

Section » 02

プロジェクトを作成する

最初に行う操作が「保存」

動画編集では、一般的にはじめに「プロジェクト」を新規に作成、保存してから始めます。ワープロや表計算のように、作成後にファイルを保存するのではなく、最初に「中身のないプロジェクトファイル」を保存します。

プロジェクトを新規作成する

1 Premiere Proを起動し、「新規プロジェクト」をクリック。

One Point

メニューから起動する

メニューから「ファイル」－「新規」－「プロジェクト」を選択しても新規プロジェクトの作成ができます。

2 プロジェクトファイルの名前を入力し、「参照」をクリック。

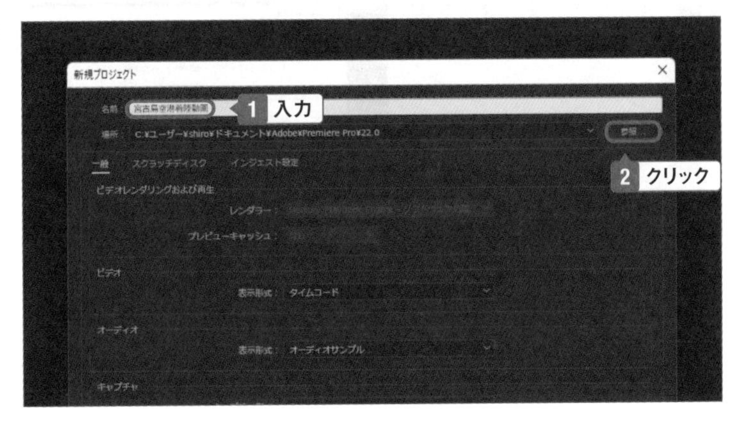

3 プロジェクトファイルを保存するフォルダーを選択し、「フォルダーを選択」をクリック。その後「OK」をクリック。

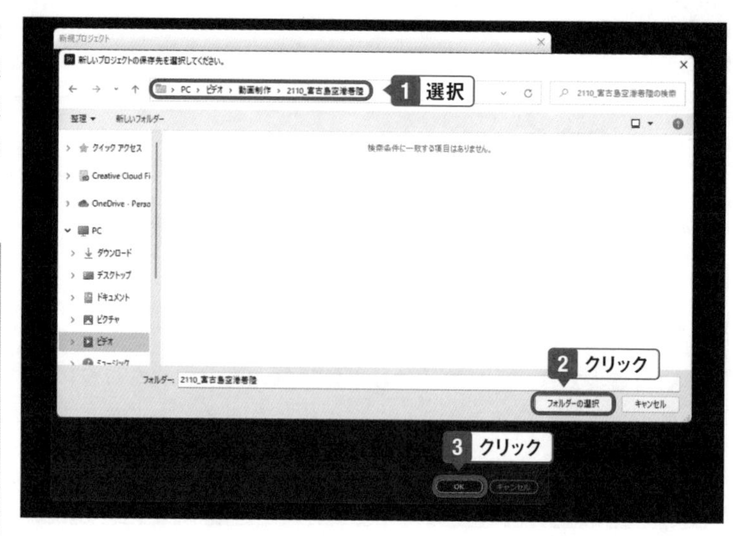

One Point

素材を保存したフォルダーを選択する

プロジェクトファイルを保存するフォルダーは、最初に使用する動画や写真などを保存するために作成したフォルダーを選択し、この動画に関連するすべてのファイルを1つのフォルダーにまとめるようにします。

4 プロジェクトファイルが開く。

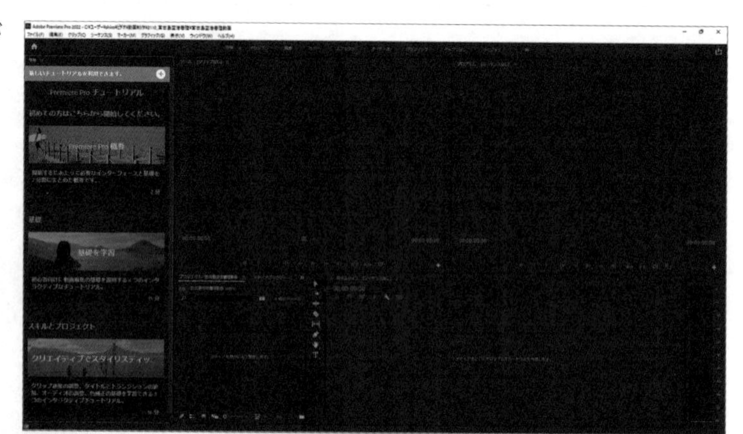

5 選択したフォルダーを開くと、プロジェクトファイルが保存されていることがわかる。

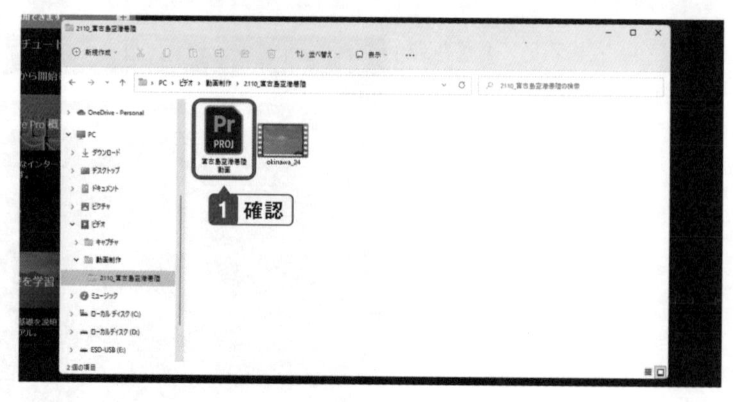

Chapter » 2

Section » 03

素材を用意して読み込み、並べる

動画を読み込んでタイムラインに並べる

作成した新規のプロジェクトに動画ファイルを読み込んで、タイムラインに配置します。この操作によって、動画を編集する画面がひととおり準備できた状態になります。

動画ファイルを読み込む

1 Premiere Proとファイルを保存したウィンドウを表示する。

2 使うファイルを選択して、Premiere Proの左側の領域にドラッグ&ドロップ。

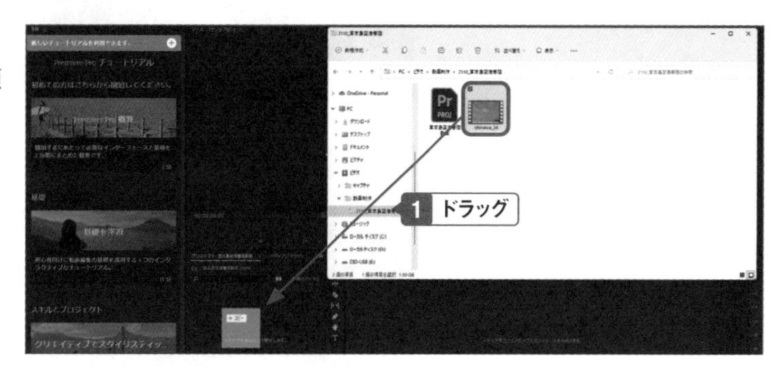

One Point

動画以外も選択する

Premiere Pro にファイルを読み込むときは、動画以外にも写真や音声など、使うファイルはまとめて読み込んでおくと、あとの作業が楽になります。あとから追加したり削除したりすることもできますが、この段階で使う予定のファイルはすべて読み込んでおきましょう。

3 ファイルが読み込まれ、プロジェクトに登録される。その後、作業しやすいようにPremiere Proの画面に切り替えておく。

One Point

元の動画ファイルはそのまま

プロジェクトに動画ファイルを読み込んで加工しても、元の動画ファイルはそのままの状態で加工はされません。プロジェクト上では加工した情報だけが記録されます。

動画ファイルをタイムラインに配置する

1 「編集」をクリック。

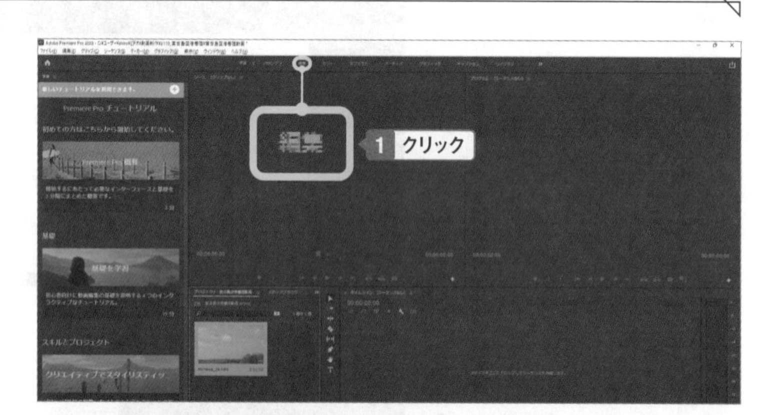

2 表示モードが切り替わり、画面のレイアウトが変わる。

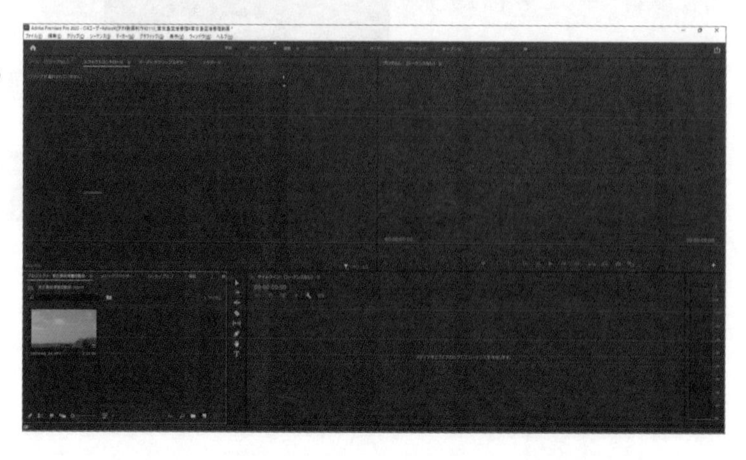

3 動画ファイルを選択。

4 右側のタイムラインにドラッグ＆ドロップ。

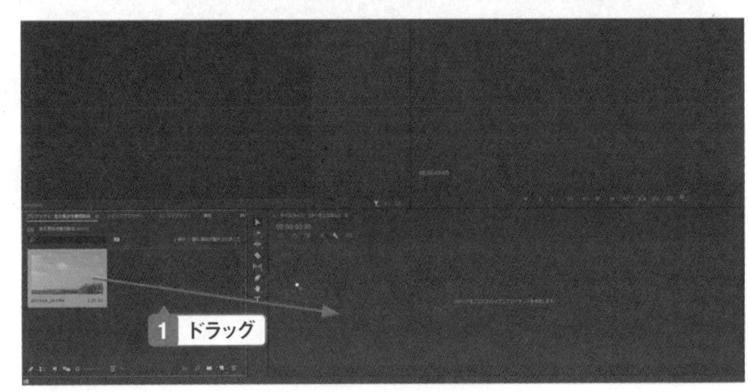

5 動画がタイムラインに配置される。

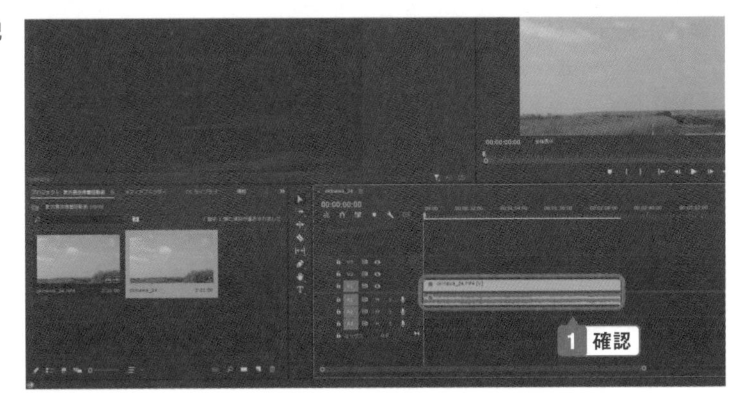

One Point

動画を撮影するときのファイル形式

動画を撮影するときの機材はさまざまです。今はスマートフォンでも高解像度な映像が撮影できることで、スマートフォンで撮影している人が増えています。しかし一方で、デジタル一眼レフカメラやハンディビデオカメラなど、レンズの交換や露出の調整ができる、より本格的な機材を使う人もいます。

機材によって、撮影できる映像の解像度（縦横のサイズ）やフレームレート（1秒あたりのコマ数）など、さまざまな設定がありますが、ここでは基本的に「普段撮っている状態のまま」で構いません。

多くの場合はそのまま特に何も設定しなくても、Premiere Proで使える動画ファイルが保存されます。Premiere Proでは多くの動画ファイル形式に対応しています。

One Point

タイムラインの見方

タイムラインに動画を配置すると、一般的には帯状のものが２つ表示されます。上にある塗りつぶされた長方形が「映像」、下にあるギザギザが表示された長方形が「音声」のデータです。

読み込んだデータの左側には、それぞれ「V1」「A1」と表示されているのが確認できます。これは「V」（ビデオ）の１つめ、「A」（オーディオ）の１つめ、という意味です。

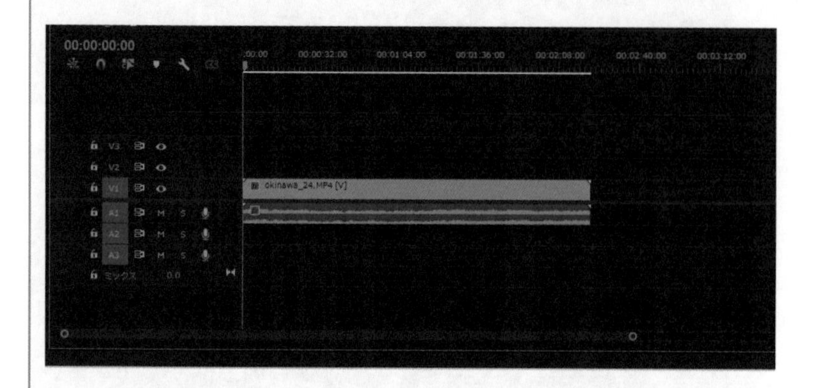

また、長方形の長さは時間で、タイムラインでは横方向に時間が流れます。読み込んだ直後は、始点の時間「00:00:00:00」が表示され、タイムラインの上部には時間の目盛りが表示されます。この時間は次のように読みます。

00:00:00:00

時間：分：秒：フレーム番号

秒以下は、「0.1秒」ではありません。標準的な映像では、１秒に約30枚（厳密には29.97枚）の静止画を連続的に表示して映像化しています。つまり１秒で30枚の「パラパラ漫画」のようなイメージです。この１枚の静止画を「フレーム」と呼び、例えば「00:01:23:10」であれば、「１分23秒の10フレーム目」を意味し、フレーム番号が「29」の次は、つぎの秒の「00」になります。

（例）

00:01:23:28 → 00:01:23:29 → 00:01:24:00

One Point

動画を撮影する

動画の撮影は身近になりました。ある程度きれいな動画を撮影しようとすれば、以前なら大きなビデオカメラを使わなければできませんでした。それが今では、毎日誰でも持ち歩いているスマートフォンでも、テレビ映像に使えるぐらいの高画質な動画を録ることができます。

もちろん、「もっときれいに撮りたい」とか「もっと安定した映像を獲りたい」とか、より本格的な撮影をするとなれば、ビデオカメラを使ったり、ライトを当てたりと、さまざまな道具や工夫が必要になりますが、それは撮影や編集のコツを身に付け、慣れてからでも十分です。まずはスマートフォンで手軽に撮影した動画からはじめてみましょう。

ただし１つだけ気を付けたいことがあります。それは「横向きに録る」ことです。

スマートフォンではつい、縦に持って撮影したくなりますが、パソコンの画面でもテレビの画面でも、動画は基本的に「横向き」が主流です。スマートフォン向けのSNSや特定のアプリでは縦向きが多く使われていますが、この先本格的に動画を作るのであれば、「横向き」で撮影する習慣を付けておきましょう。

Chapter » 2

Section » 04

素材の長さを調整する

もっとも多い編集作業はトリミング

動画の編集でもっとも多い作業は、前後の不要な部分を削除して、必要な部分だけを残すことです。このような長さを短くすることを「トリミング」と言います。

Before

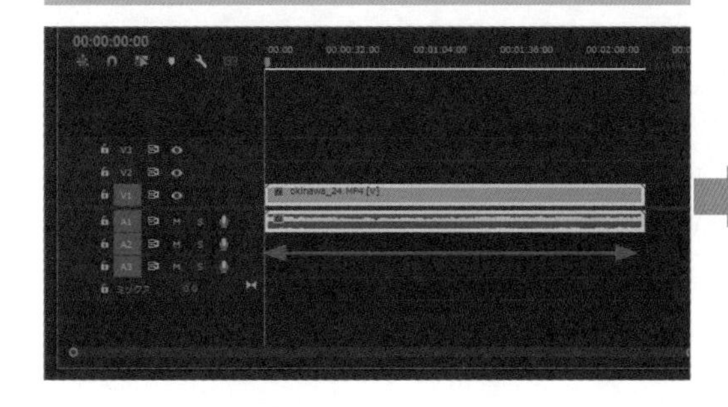

After

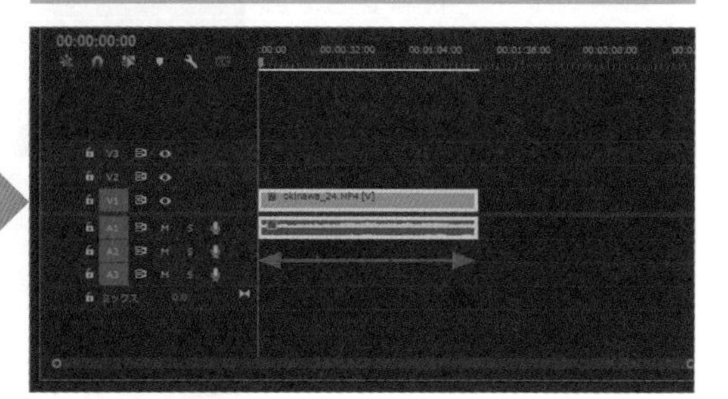

動画をトリミングする

1 タイムラインの動画をクリック。

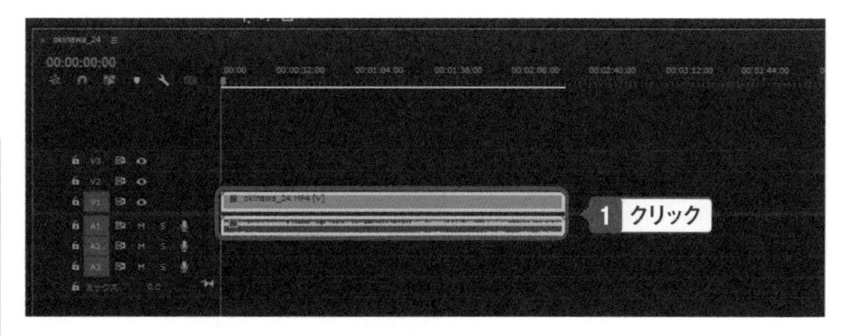

One Point

再生ヘッド

タイムラインに表示されている青い線で、現在位置を示します。右上のプログラムモニターには、再生ヘッドの位置の映像が表示されます。

2 タイムラインの再生ヘッドを、不要な部分の終点（必要な部分の始点）の位置まで右にドラッグ。

3 動画の始点にマウスポインターを合わせると、カーソルが赤い矢印になる。

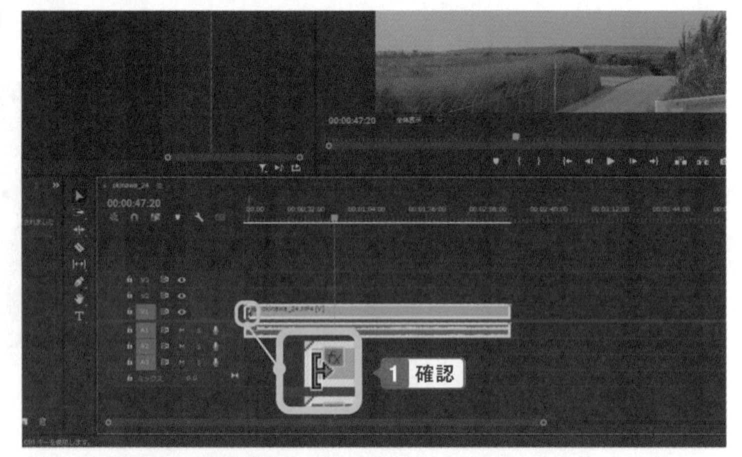

4 再生ヘッドの位置までドラッグ。

One Point

マウスポインターのスナップを利用する

あらかじめ再生ヘッドで位置を決めておくと、ドラッグしたときにマウスポインターを再生ヘッドに近づけるだけでスケールの位置に合うようになります。

5 動画のはじめの部分が削除される。

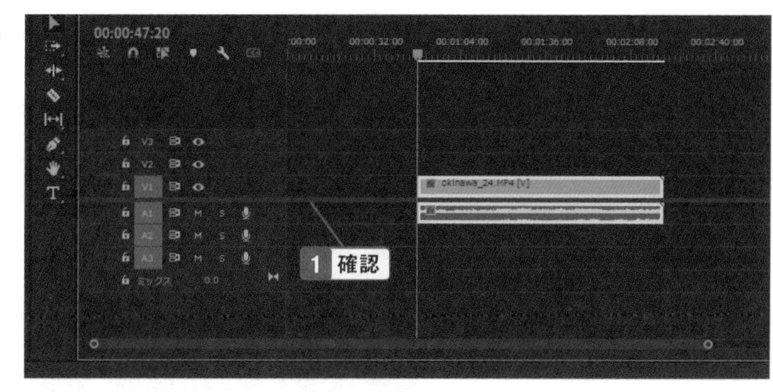

One Point

トリミング操作のポイント

トリミングは、動画の前後の不要な部分を削除する作業です。ワープロなどでは、「範囲を選択して削除する」という操作が一般的ですが、動画の場合は、「始点（または終点）を移動する」という操作をします。

One Point

再生ヘッドの位置指定は必須ではない

トリミング操作は、再生ヘッドで位置の指定は必ずしも必要ではありません。再生ヘッドをドラッグして不要な部分の終点に移動すればトリミングできます。ただしあらかじめ再生ヘッドで位置を指定しておくと、スナップによってマウスポインターがぴったり合うようになり、正確な位置でトリミングできるようになります。

6 同様に、動画の末尾の不要な部分を削除する。

One Point

動画の末尾を削除する

動画の末尾を削除するときは、タイムラインで動画の末尾の部分を左側（先頭方向）にドラッグして長さを縮めます。

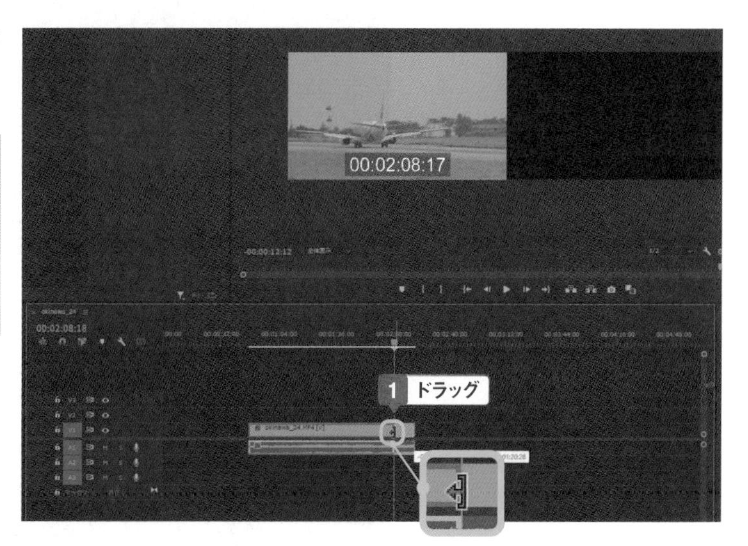

動画を移動する

1 トリミングによって空いてしまったタイムラインの最初の部分に動画を移動するために、タイムラインの動画をクリック。

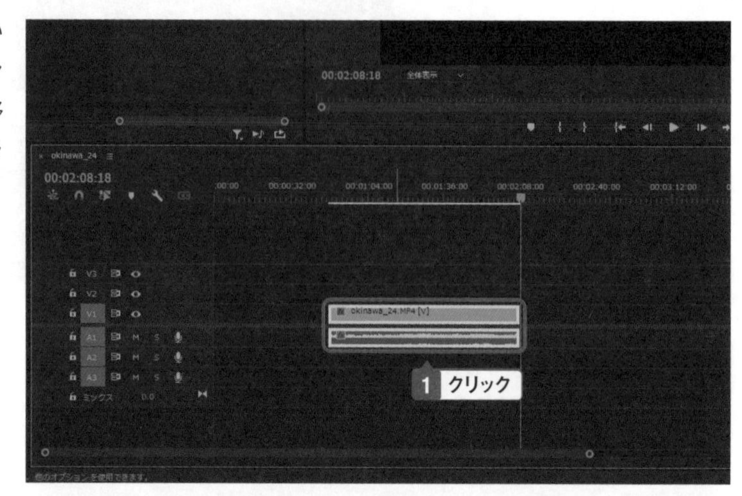

2 動画をタイムラインの左端までドラッグ。

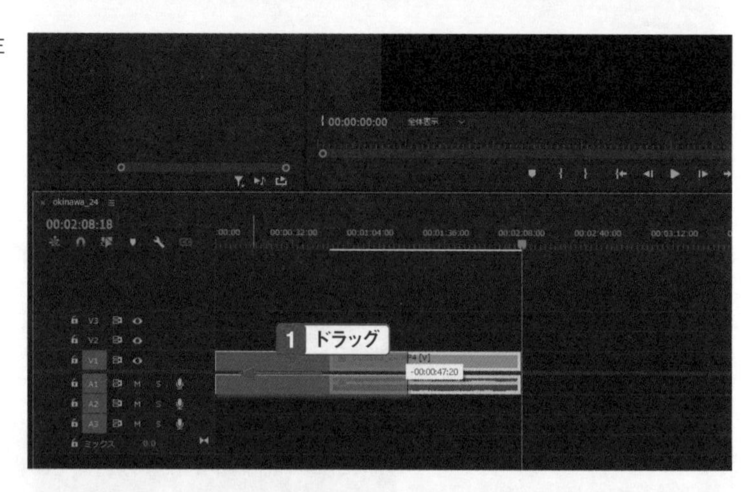

3 位置が移動する。

4 再生ヘッドをドラッグして、動画のはじめの位置に移動する。

One Point

動画のはじめの位置が表示されていないとき

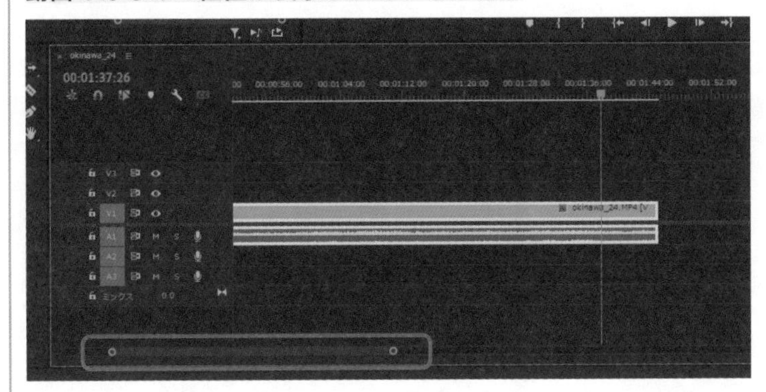

タイムラインで動画のはじめの位置（左端）が表示されていないときは、タイムライン下にあるスライダーを左端までドラッグします。

One Point

リップルの削除ですき間を埋める

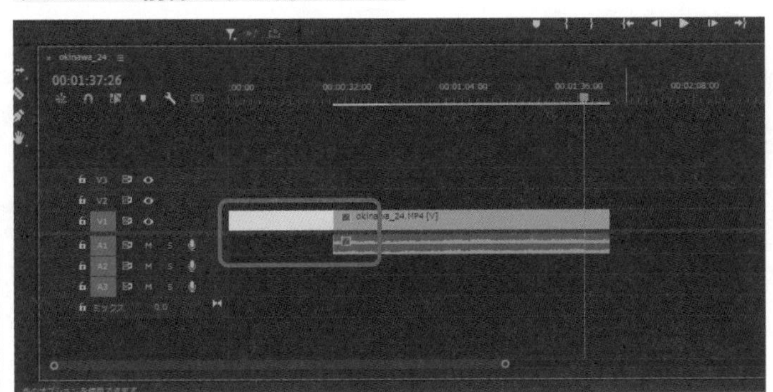

動画を先頭に移動するときは、できてしまった隙間を削除して詰める方法もあります。このような動画と動画の間にあるすき間を「リップル」と呼びます（Section3-07 参照）。

Chapter » 2

Section » 05

タイトル(文字)を追加する

文字を入れるだけで雰囲気が変わる

動画を編集するときにやりたいことと言えば、動画に文字を追加することではないでしょうか。テロップを入れると、それまで淡々と流れていた映像の雰囲気がぐっと変わってきます。

エッセンシャルグラフィックスを追加する

1 ワークスペースを切り替えて「グラフィック」をクリック。

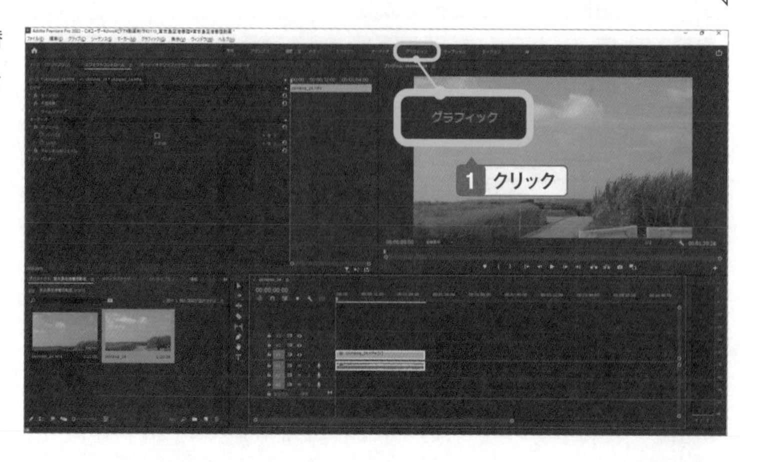

2 画面がグラフィック作成向けのレイアウトになる。「エッセンシャルグラフィックス」の中から好みのタイトルを探す。

One Point

エッセンシャルグラフィックス

「エッセンシャルグラフィックス」には、あらかじめさまざまなデザインや動きを組み込んだタイトルのテンプレートが登録されています。この中から選べば、手軽に見栄えのよいタイトル（テロップ）が作れます。

One Point

「テロップ」や「キャプション」も「タイトル」

「タイトル」と聞くと、動画のはじめに表示される「題名」のことに思いますが、Premiere Proでは動画の中で使われるテロップやキャプションもすべて「タイトル」と言います。

One Point

いろいろと試してみる

エッセンシャルグラフィックスにどのようなタイトルがあるかは、実際に適当な動画を使っていろいろと試してみる方法がもっとも簡単にわかりやすく理解できるようになります。

3 「次の予告（クラシック）」をクリックし、選択したエッセンシャルグラフィックスをタイムラインにドラッグ。

One Point

タイムラインの「映像」と「音声」

タイムラインには、行ごとに「V1」や「A1」といった記号が表示されています。「V」は映像（VIDEO）のことで、「A」は音声（AUDIO）を意味します。

4 タイムラインに追加される。

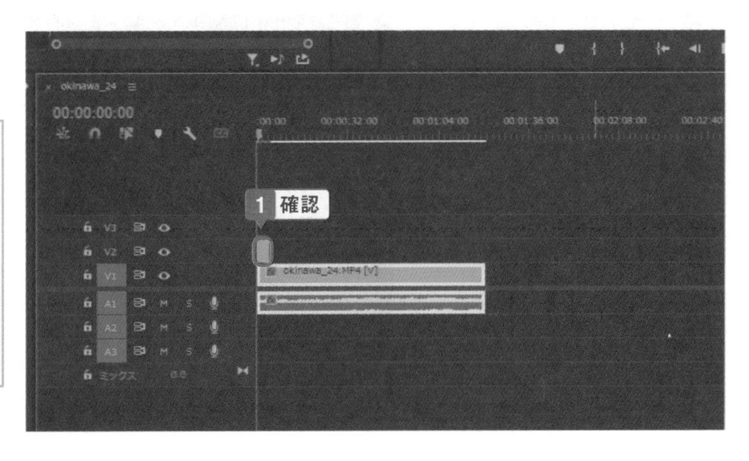

One Point

タイムラインの配置する場所

エッセンシャルグラフィックスをタイムラインに配置するときは、重ねる映像（V1）の上の位置（V2）にドラッグします。タイムラインで上にある方が、重なり関係も上になります。

5 再生ヘッドを動かして表示を確認する。

タイトルの文字を編集する

1 「次のニュース」と入力されている文字をダブルクリック。

2 文字を書き換える。

3 「選択ツール」をクリック。その後、文字以外の場所をクリックして、文字の選択を解除する。

表示時間を調整する

1 タイムラインで、エッセンシャルグラフィックスの右側をドラッグして時間を調整する。

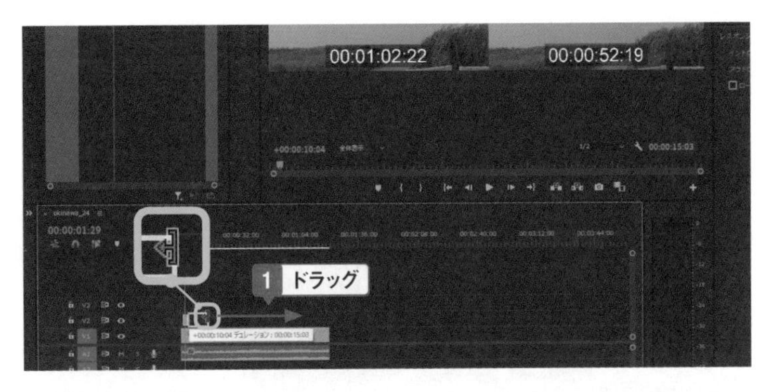

2 調整した時間だけ再生されるようになる。

One Point

エッセンシャルグラフィックスを使わない

エッセンシャルグラフィックスには文字の設定やエフェクトも組み込まれているので便利ですが、好みの物がないときはエッセンシャルグラフィックスを使わずに自由に文字を追加することもできます。

One Point

再生してみる

プレビュー画面の「再生」ボタンをクリックすると、動画を再生して確認できます。ただし効果などはいくつもの情報が追加されている状態なので、タイトルや画像がぼやけたり、映像がぎくしゃくしたりすることもあります。最後に「レンダリング（Section2-07 参照）」という動画の合成作業を行うときちんとした映像になりますので安心してください。

Chapter » 2

Section » 06

エフェクトを加える

「エフェクト」は「効果」

動画をだんだん表示したり、回転して切り替わったり、部分的に切り取ったりといった画面に変化を付けることを「エフェクト」を言います。Premiere Proにはとても多くのエフェクトが用意されています。

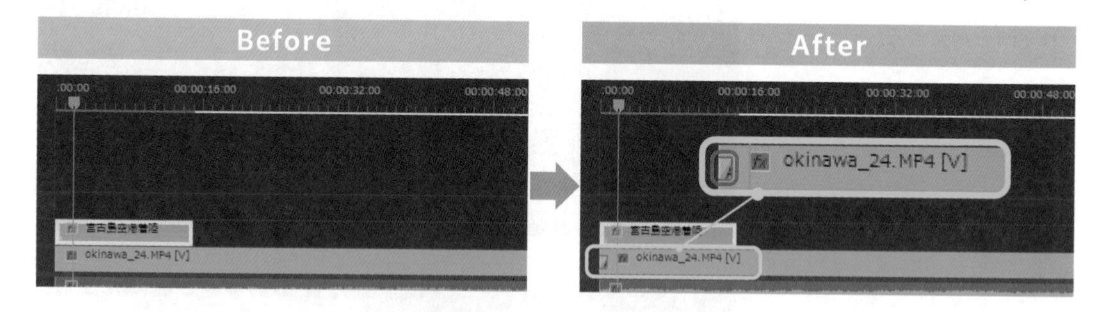

タイムラインの幅を調整する

1 スライダーの右端を左方向にドラッグ。

1 ドラッグ

One Point

スライダーを操作する

タイムラインの下に表示されている横棒の表示が「スライダー」です。スライダーは、両端をドラッグするとタイムラインの幅を調整できます。スライダーの中央部分をドラッグすると、タイムラインの表示位置を移動できます。

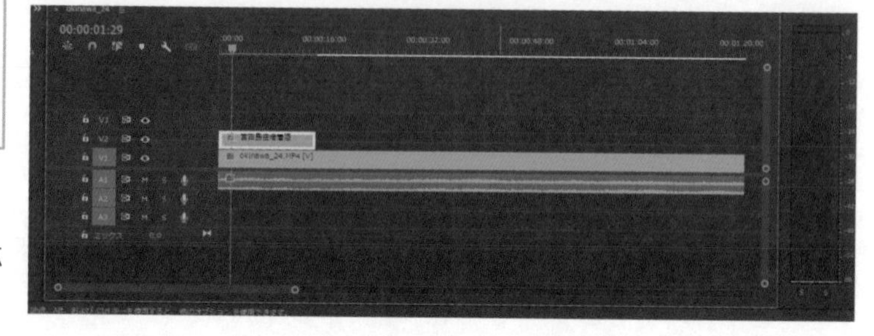

2 タイムラインの表示が拡大される。

トランジションを追加する

1 ワークスペースの「編集」をクリック。

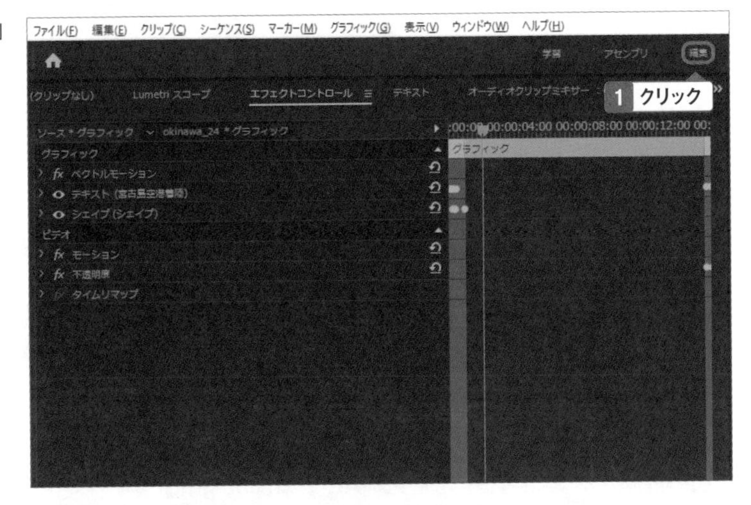

2 「プロジェクトパネル」の「>>」をクリックし、「エフェクト」をクリック。

3 「ビデオトランジション」左側の「>」をクリック。

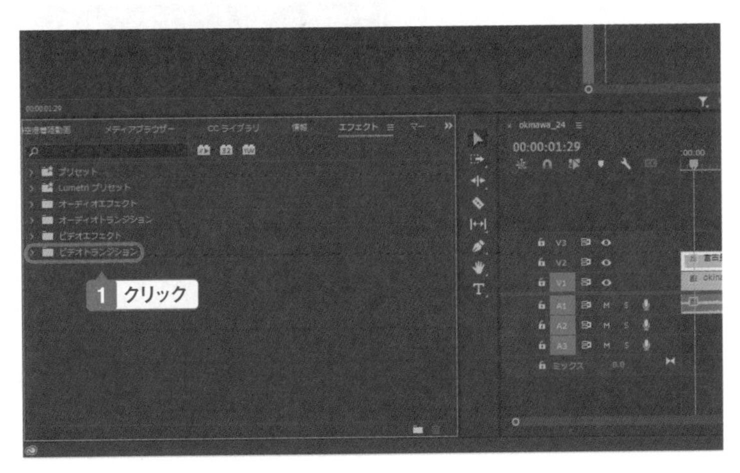

4 「Dissolve」または「ディゾルブ」左側の「>」をクリック。

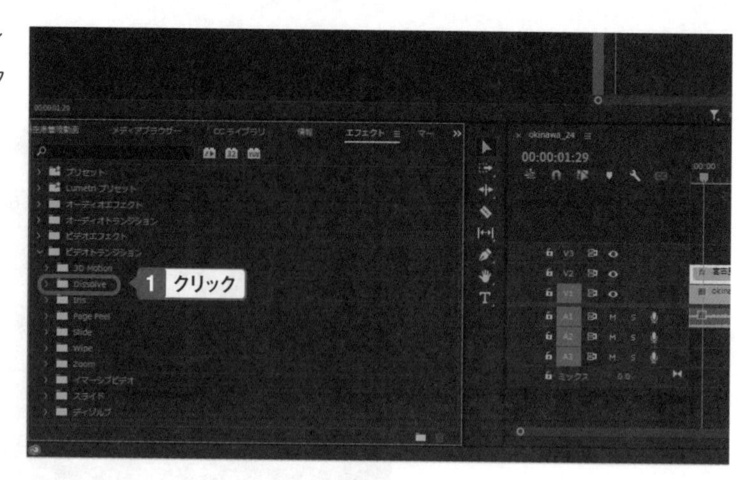

One Point

英語で表示されていることもある

Premiere Pro はバージョンアップ直後などに英語の表示が混ざっていることもあります。「ディゾルブ」の中に「ディゾルブ」エフェクトがない場合、「Dissolve」の中に「Additive Dissolve」を探します。どちらも同じエフェクトです。

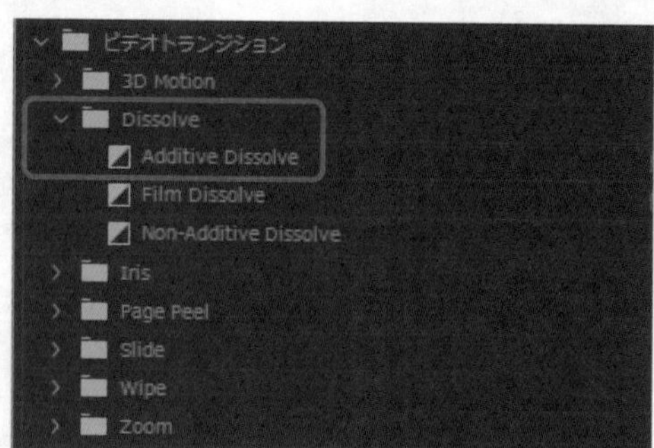

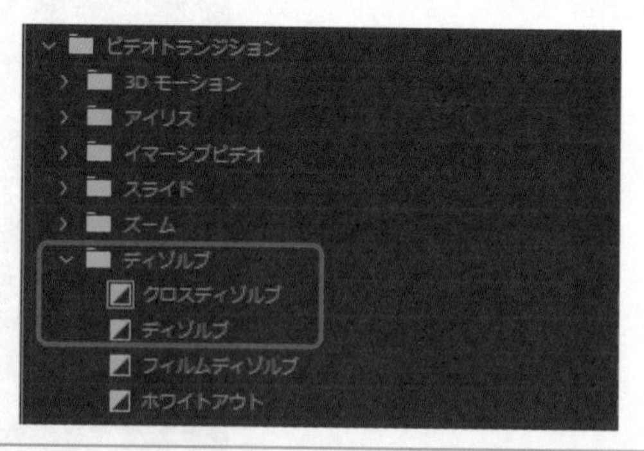

5 「Additive Dissolve」または「ディゾルブ」をタイムラインの動画のはじめの位置にドラッグ。

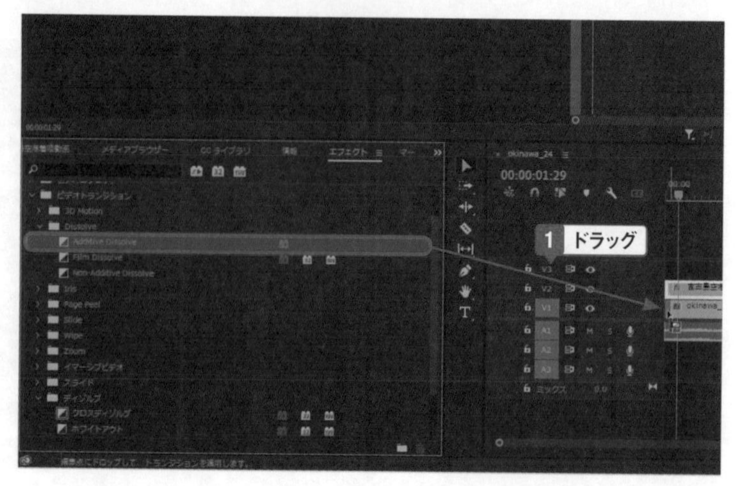

6 動画のはじめの位置にディゾルブが追加される。

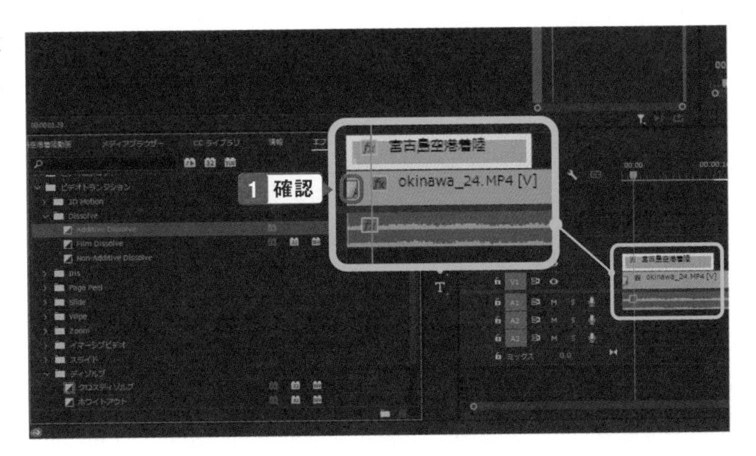

One Point

ディゾルブ

ディゾルブは、動画をだんだんと表示または消去させながら変化するエフェクトです。動画のはじめに使えば、黒い画面から少しずつ動画が現れ、逆に最後に使えばだんだん黒い画面に変化します。また、動画と動画の間に使うと、前の動画が少しずつ薄くなり、同時に後ろの動画が少しずつ現れるようになります。

7 同様に、「Additive Dissolve」または「ディゾルブ」を動画の最後の位置にドラッグすると、動画の最後の位置にディゾルブが追加される。

One Point

エフェクトを加える

動画にエフェクトを追加するときは、このようにエフェクトを選んで、タイムラインの追加したい動画の位置にドラッグします。同様に、音声（オーディオ）にエフェクトを追加するときは、タイムラインの音声の位置にドラッグします。なおエフェクトによって、クロスディゾルブのように場所を指定して追加する場合と、動画や音声全体に追加する場合があります。

Chapter » 2

Section » 07

レンダリングする

完成状態に変換する「レンダリング」

動画編集をした状態は「編集する内容を記録」しているだけなので、プレビュー画面で再生してみると動きがぎこちないところもあり、完全な状態ではありません。そこで「レンダリング」して確認します。

動画全体をレンダリングする

1 「シーケンス」をクリック。

One Point

レンダリングとは

「レンダリング」とは、配置した素材や追加したエフェクトを実際に再生する状態に合成し、変換することです。

One Point

レンダリングして確認する

動画編集では、レンダリングをしないと正確な編集結果を見ることができません。編集の状態を確認したいときにはレンダリングします。

2 「インからアウトをレンダリング」をクリック。

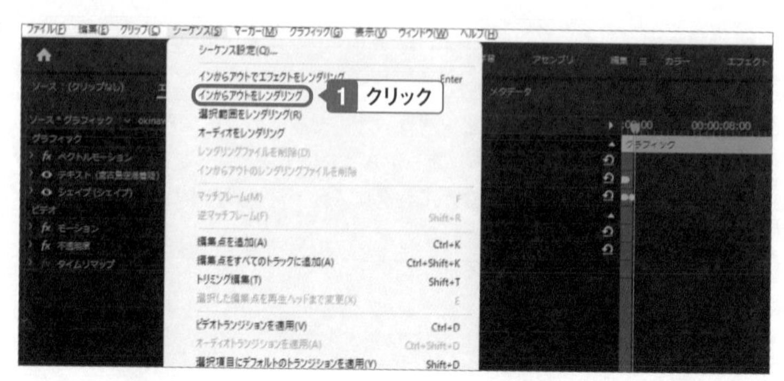

3 レンダリングが行われる。

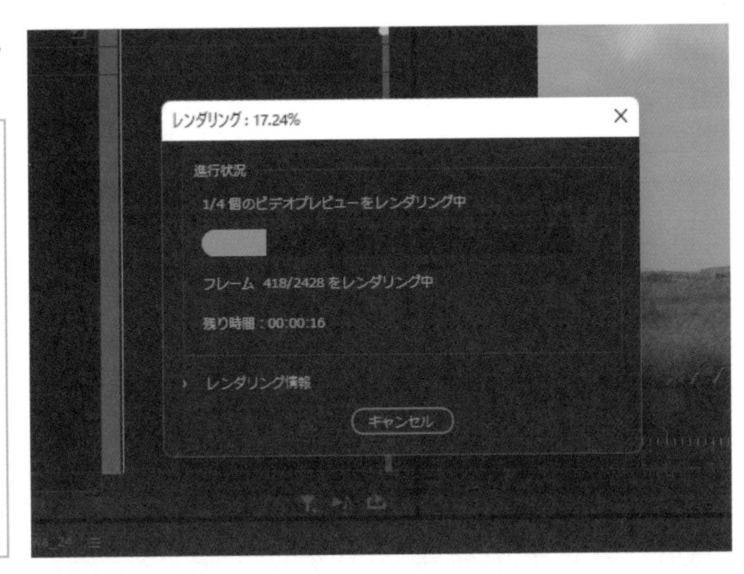

> One Point
> **レンダリングには時間がかかる**
> レンダリングには時間がかかります。編集の複雑さなどにもよりますが、凝った動画では実際の再生時間よりも長くかかることもあります。その間、パソコンの性能をかなり使う状態で動作するので、同時に他のアプリで作業することが難しくなります。レンダリングは他の作業をしなくてもいい時間に行います。

4 レンダリングが終わると動画が再生される。

> One Point
> **レンダリングの状態を示す色**
> タイムラインの上部には、緑、黄、赤の３色の細い線が表示されます。これらはレンダリングの状態を表しています。
> **赤**：かなり複雑な編集が含まれている部分で、そのまま再生しても正しく再生されない可能性がある
> **黄**：編集作業が追加されている部分で、そのまま再生すると一部で正しく再生されない可能性がある
> **緑**：編集作業がレンダリングにより正確に再現されている部分で、完成状態と同じ状態で再生できる

Chapter » 2

Section » 08

動画を保存する

動画ファイルを出力する

編集が終わり動画が完成したら、動画ファイルに変換して保存します。ファイル形式などを選んで出力すると、PCやスマホで再生したりSNSで公開したりできる動画が完成します。

動画ファイルを書き出す

1 「ファイル」→「書き出し」をクリックし、「メディア」をクリック。

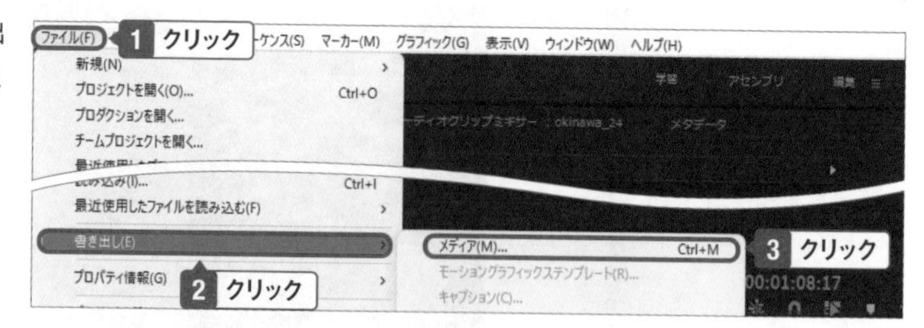

2 「形式」で「H.264」を選択し、ファイル名をクリック。

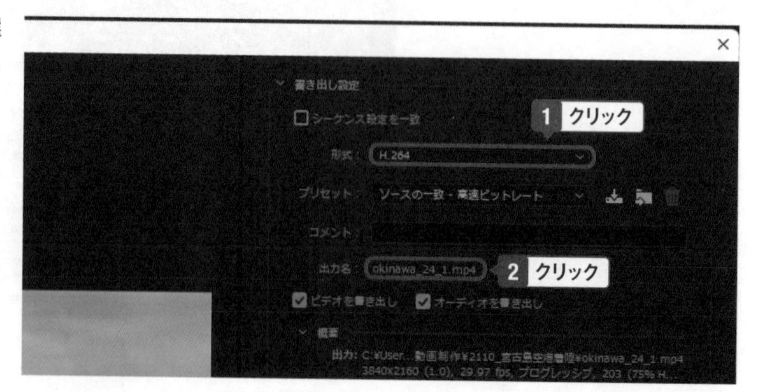

One Point

H.264 形式

「H.264 形式」(エイチ・ニーロクヨン形式)は、映像データを劣化しないように小さく圧縮して保存する形式の1つで、スマホや携帯電話からインターネット配信、大型テレビなどさまざまな装置で再生できる汎用性の高いデータ形式です。YouTube をはじめとする SNS でも利用できるので、特にファイル形式の指定などがなければ「H.264 形式」で保存するといろいろな場面に利用できます。

3 保存するフォルダーを選択して、ファイル名を入力する。その後「保存」をクリック。

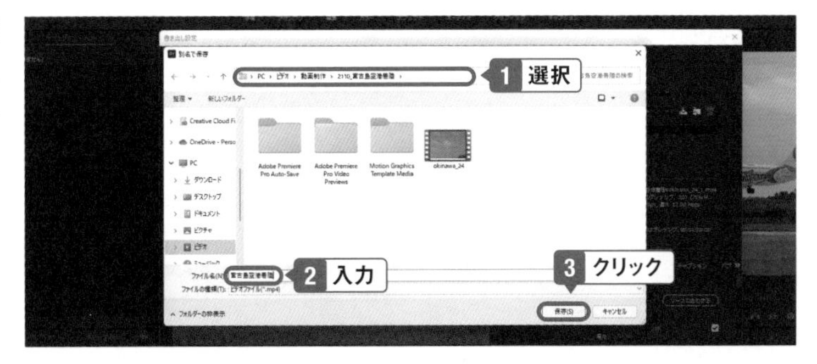

4 「書き出し」をクリックすると、ファイルの書き出しが行われる。

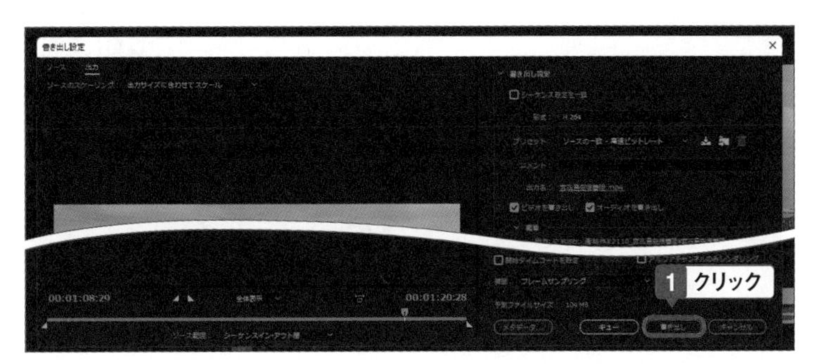

One Point

エンコードに時間がかかる

編集した動画ファイルを書き出すときには、レンダリングを行い、エンコードと呼ばれる動画の変換作業を行うため、かなりの時間がかかります。パソコンの性能などにもよりますが、1～2分の動画でも、数分～数十分かかることがあります。

5 書き出しが終わると通知が表示される。

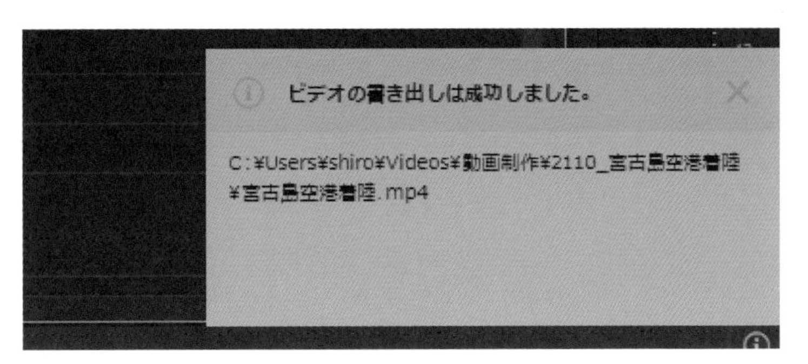

6 指定したフォルダーに動画ファイルが保存される。

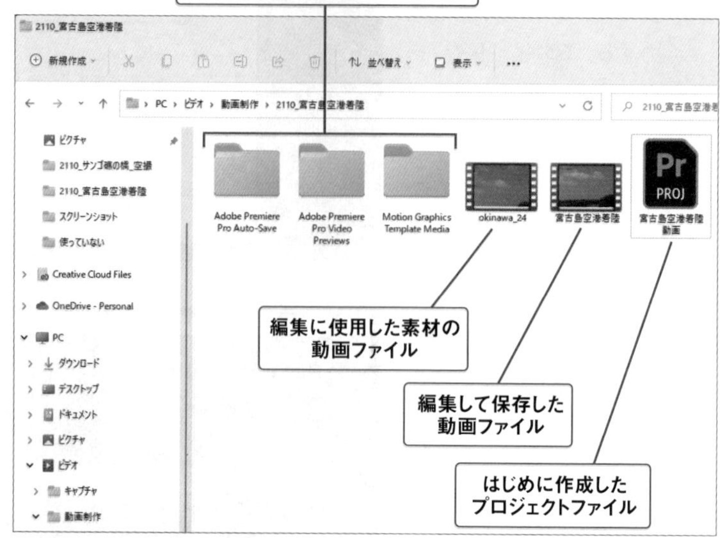

One Point

Media Encoder が起動する

Premiere Pro で編集したファイルを動画ファイルに書き出し保存するときには、「Media Encoder」（メディアエンコーダー）というアプリが起動します。Media Encoder は、動画ファイルの変換を行うアプリで、Premiere Pro を利用すれば同時に利用可能になり、Premiere Pro をインストールすると同時に Media Encoder もインストールされます。

One Point

動画を再生する

動画を保存したら、再生してみましょう。Windows パソコンの場合、フォルダーのファイルをダブルクリックするとアプリが起動して、自動的に再生されます。追加したタイトルやトランジションが現れ、編集できた実感が沸きます。「もっとこうしたい」といった次のアイディアが浮かぶかもしれません。

Chapter » 2

Section » 09

プロジェクトを保存する

保存したプロジェクトを開けば再編集できる

動画ファイルを保存したあとに、プロジェクトを保存します。プロジェクトは動画の編集を記録した情報で、動画を再度編集したり、別の動画を編集したりするときに利用できます。

プロジェクトを上書き保存する

1 「ファイル」をクリックし、「保存」をクリックすると、ファイルが保存される。

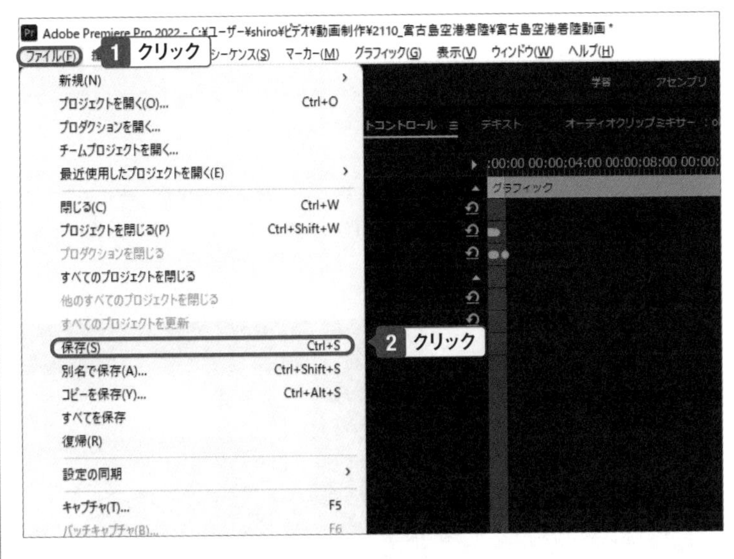

One Point

タイトルバーの表示でわかる

ファイルが保存されていない状態では、タイトルバーのファイル名に「*」が表示されます。「*」が表示されているときは、必ず上書き保存しましょう。

また、パソコンのトラブルなどに備えて作業中にもこまめに上書き保存する習慣を付けておくと安心です。

空港着陸¥宮古島空港着陸動画 *
表示(V) ウィンドウ(W) ヘルプ(H)

空港着陸¥宮古島空港着陸動画
表示(V) ウィンドウ(W) ヘルプ(H)

2 フォルダーのプロジェクトファイルが更新される。

Column はじめから完成度を求めず、慣れることから。

いろいろな動画を見ていると、「自分もこのような動画を作りたい」と思います。もちろんすぐに作ることはできませんので、方法や手順を調べ、手を動かしながら試行錯誤してみることになります。ただ、どうしてもなかなか上達せずに、諦めてしまう人が少なくありません。

動画の作成は、想像以上の手間がかかります。たとえばユニークなデザインのテロップを出そうとすれば、はじめのうちは編集に1時間かかってしまうかもしれません。ところがやっとの思いで苦労して作成したシーンを再生してみたら一瞬で終わってしまう。そこでますます苦労を感じてしまう、そんな挫折を私もこれまで何度も味わってきています。

動画作成の上達には、知識や技術を身に付けることももちろん大切ですが、慣れることはもっと大切です。動画作成作業の一瞬一瞬を切り取ると、苦労のわりに実りが少ないと感じてしまうのですが、慣れてくると淡々と作業を続けられるようになります。そして何日もかけて満足のいく1本の動画が完成したときの「わくわく感」や「達成感」は、苦労の分だけ大きなものになり、「また動画を作りたい」と思うようになります。

いきなり完成度の高い動画を作ろうとしても、どうやればいいのかアイディアも生まれません。だからはじめは、自分が簡単にスマホで撮影した動画で構いません。ちょっといじってみることからはじめてみましょう。たとえ適当に切り貼りした動画であっても、それは失敗作ではなく大切な経験値として蓄積されます。そして自分が撮影した動画であれば、何をしたくて、何を見たくて撮ったのかを自分がいちばん知っています。だからこそ慣れてくれば、その動画の中でしたいことが頭の中にアイディアとして浮かんでくるようになります。「ここをこう動かしてみよう」、「こんなシーンが撮れたのでこんな効果を付けてみよう」など、思いついたアイディアをPremiere Proの作業に落とし込み、完成度は少しずつ上がっていきます。

操作方法を真似するだけでは、手順を追うことはできますが、そこにアイディアが生まれません。何度もいろいろな動画を少しずついじってみて、動画作成に慣れてみてください。操作方法を知ることと同時に、自然とアイディアを生むチカラが身に付くでしょう。

まずは「完成形」を求めずに、素材やエフェクトを重ねたり切ったり貼ったりしながら「やりたいこと」をどうすればできるかいろいろ試してみると操作方法と同時にアイディア力が身に付く。

Chapter 3

動画をつなげて１つのビデオにする

動画の編集では、長さを短くした複数の動画や、不要部分を削除した動画を、つなげて１つにすることがしばしばあります。ここでは、複数の動画ファイルを用意して、不要な部分を削除しながら最終的に１つの動画にする編集をしてみましょう。

Chapter » 3

Section » 01

プロジェクトを新規作成する

プロジェクトの新規作成からはじめる

動画の編集は、新しいプロジェクトを作成することからはじめます。プロジェクトはこれから作る動画のさまざまな情報を保存する場所で、はじめに内容が何もない状態のプロジェクトファイルを保存します。

プロジェクトを新規作成する

1 Premiere Proを起動し、「新規プロジェクト」をクリック。

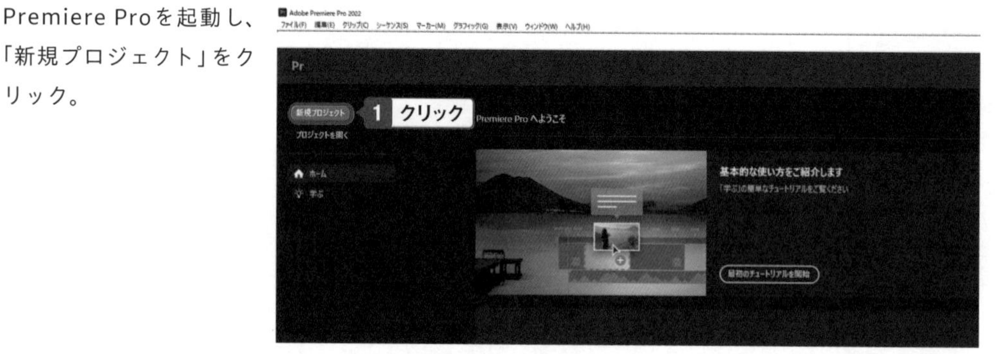

One Point

メニューから作成する

メニューからプロジェクトを新規作成するときは、「ファイル」－「新規」－「プロジェクト」を選択します。

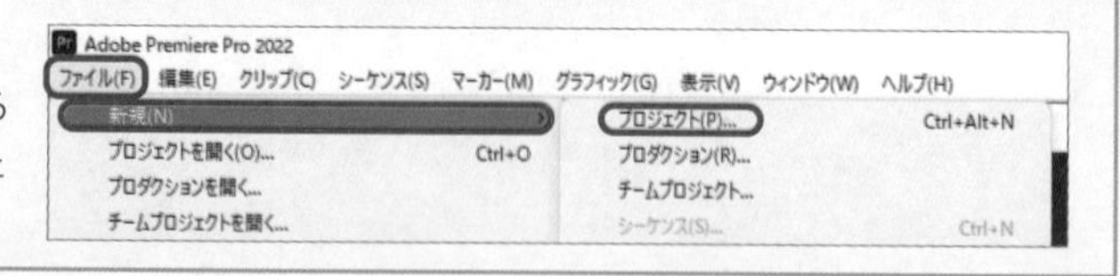

2 ファイル名を入力。

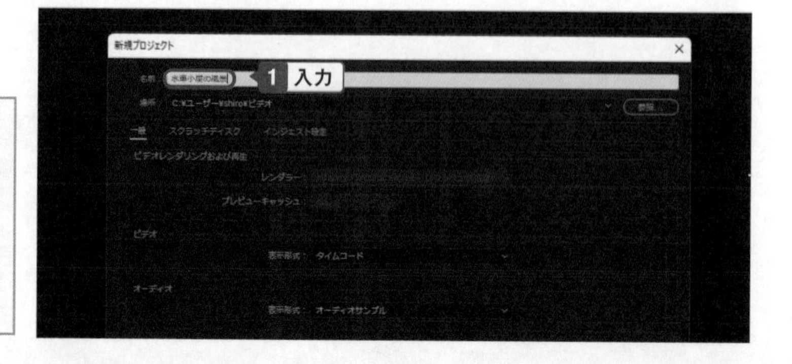

One Point

ビデオの設定

プロジェクトファイルを新規に作成するときに、表示設定などいくつかの設定項目がありますが、特に設定を変更する必要はありません。

3 「場所」の「参照」をクリックして、プロジェクトファイルを保存するフォルダーを指定する。その後「OK」をクリック。

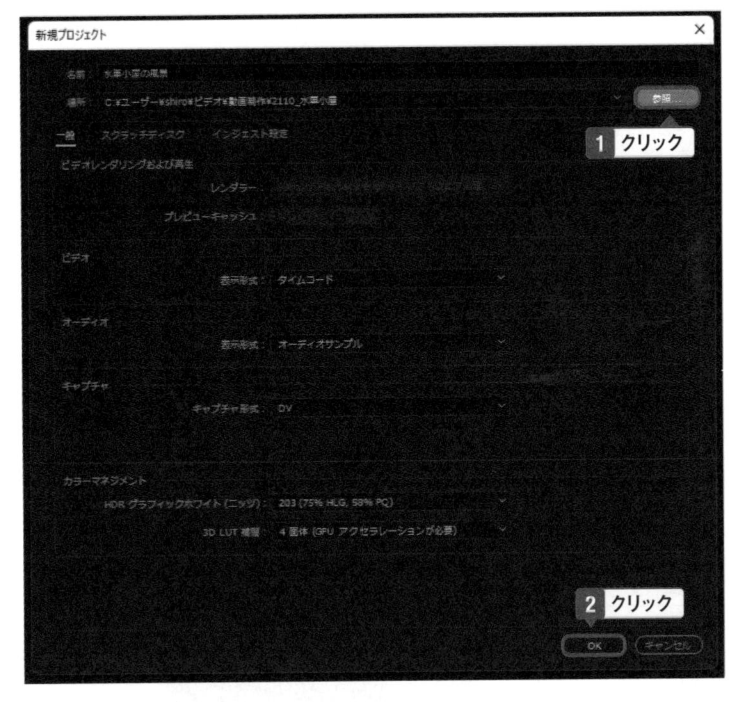

One Point

保存フォルダーを1つにまとめる

プロジェクトファイルは、保存するフォルダーをよく考え、決めてから作成します。これから編集する動画で使う元の動画や画像などとプロジェクトファイルを1つのフォルダーにまとめて保存しておくと、あとから一部の動画を削除してしまい見つからない、保存場所を移動して開けなくなった、といったことを防げます。

4 プロジェクトファイルが保存され、開いた状態のウィンドウが表示される。

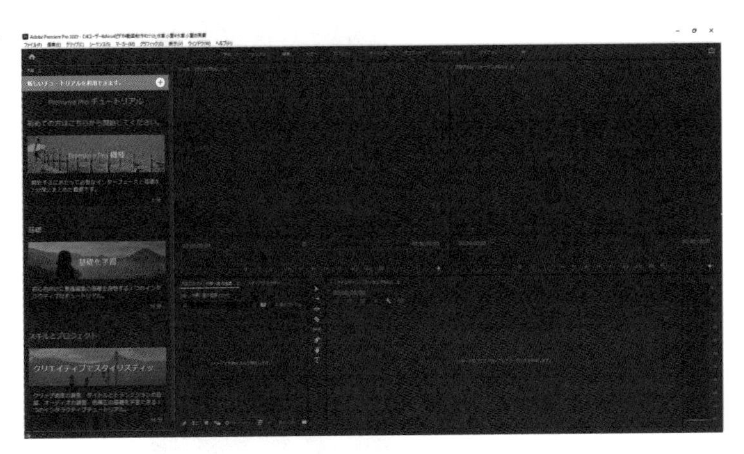

One Point

ワークスペースは直前の状態

Premiere Pro を起動してプロジェクトファイルを新規作成すると、ワークスペースの画面が表示されます。ワークスペースには用途によって「編集」や「エフェクト」などいくつかの種類がありますが、直前で使用していたワークスペースが表示されます。

Chapter » 3

Section » 02

動画ファイルを読み込む

動画を読み込むだけでコピーではない

プロジェクトには、作成する動画の素材となる動画ファイルを読み込み、登録します。このとき元の動画がコピーされるのではなく、元の動画ファイルを保存した場所から直接読み込みます。

使う素材をプロジェクトに登録する

1 読み込むファイルを表示する。

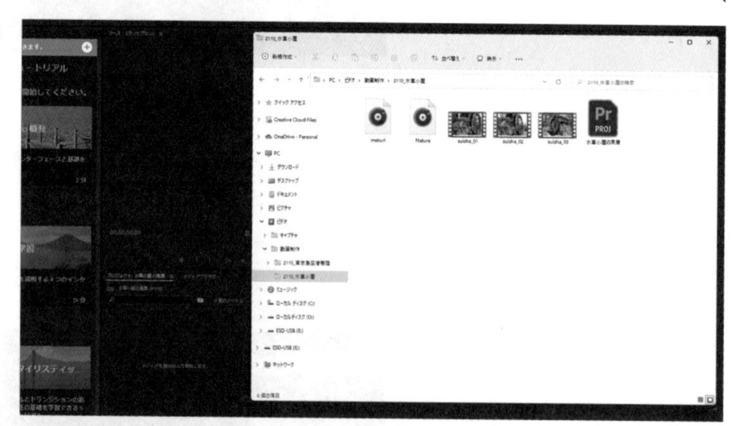

2 読み込むファイルをすべて選択し、Premiere Pro の「プロジェクトパネル」にドラッグ。

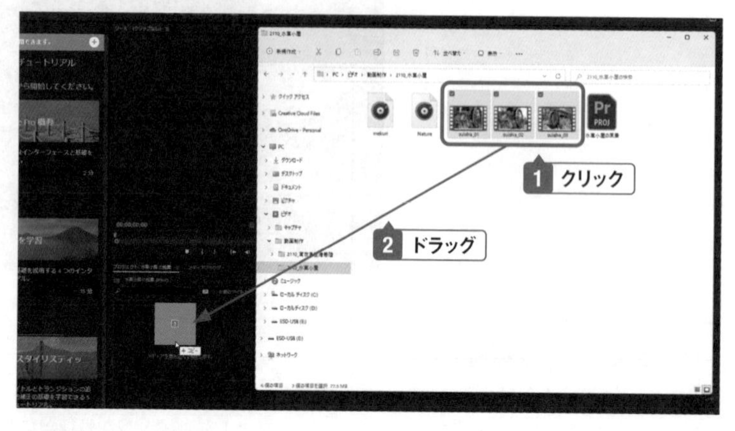

3 選択したファイルが読み込まれ、プロジェクトパネルに登録される。

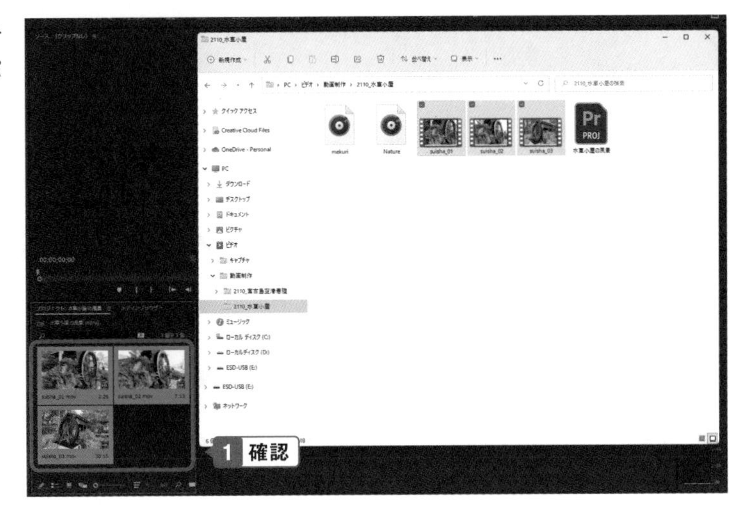

One Point

プロジェクトパネル

Premiere Pro画面の左下に表示される、素材を登録する部分を「プロジェクトパネル」と呼びます。この部分は、「メディアブラウザー」「CCライブラリ」などいくつかのタブがあり、必要なパネルを切り替えながら作業します。

4 画面をPremiere Proに切り替える。

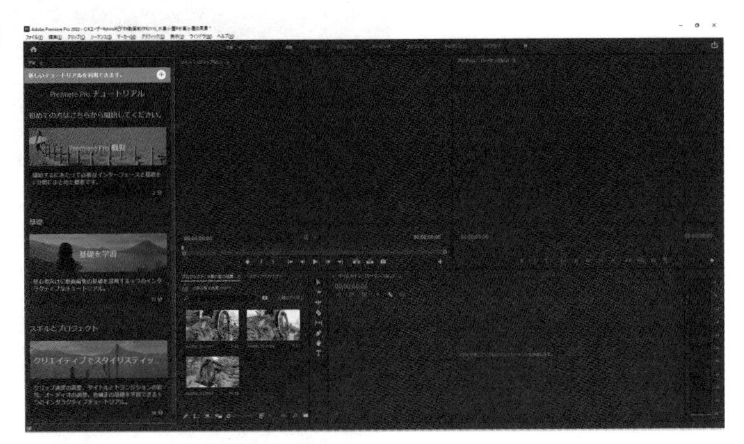

One Point

サムネイルが表示される

動画ファイルが読み込まれると、動画の中の任意の場所がサムネイルとして表示されます。基本的には動画の最初の部分がサムネイルになります。

Chapter » 3

Section » 03

動画をタイムラインに追加する

タイムラインは編集の中心部

Premiere Proに読み込んだ動画ファイルを編集するには、タイムラインに動画を追加します。タイムラインは時間経過で動画を表示できる領域で、編集作業では中心的な場所となります。

タイムラインに動画を配置する

1 プロジェクトパネルでタイムラインに追加する動画をクリックし、動画をタイムラインにドラッグ。

2 動画が配置される。

3 使う動画をタイムラインに並べる。

One Point

タイムラインの幅を調整する

タイムラインに複数の素材を並べていくと、タイムラインパネルの幅に表示しきれなくなります。そこで、タイムラインパネルの下のスライダーで、位置や幅を調整します。スライダーの左右にある「○」(ハンドル)をドラッグすると、タイムラインの幅が変わります。またスライダーを左右にドラッグすれば表示位置が移動します。

One Point

ちょうどよい幅にする

タイムラインパネルの幅は、タイムラインパネルが選択された状態で、キーボードの半角「¥」を押すと、読み込まれている素材がすべて表示される幅に調整されます。タイムラインパネルの中のどこか任意の場所をクリックするとタイムラインパネルが選択された状態になります。

One Point

はじめは適当に並べる

動画をタイムラインに配置するときは、はじめはおおまかに、バラバラに並べていても構いません。バラバラに並べた方が、それぞれの動画の前後をカットするトリミングや、再生位置の移動がしやすくなり、効率よく作業できることも多いです。

One Point

まとめて配置する

プロジェクトパネルで複数の動画を選択して、タイムラインにドラッグすると、選択した動画がつながった状態で配置されます。

Chapter » 3

Section » 04

動画の長さを調整する

前後の不要な部分を縮める

撮影した動画は、しばしば前後に不要な部分があります。そこでタイムラインに配置した動画の前後を切り取って長さを縮めます。前後を切り取ることを「トリミング」と呼びます。

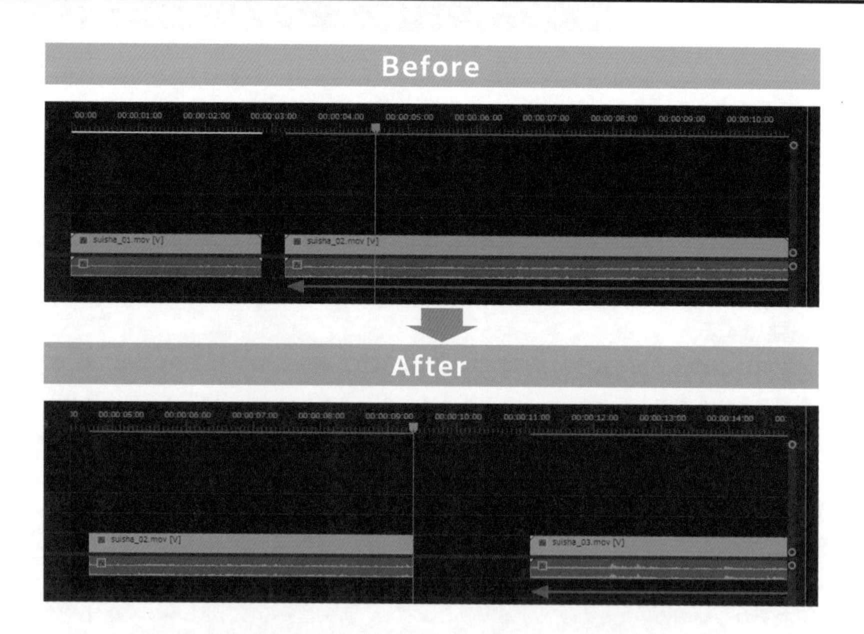

動画の前後部分をカットする

1 再生ヘッドを、動画をカットする部分に移動する。

One Point

前後の不要部分をカットする

動画を撮影すると、多くの場合は前後に不要な部分があります。この前後の部分をカットする作業を「トリミング」と呼びます。

One Point

編集で画面を広く使う

編集をするときには、できるだけ画面を広く有効活用できるようなワークスペースを使います。もっともよく使うワークスペースのレイアウトは「編集」で、特にタイムライン上の操作を行うときには「編集」に切り替えて操作すると効率が上がります。

One Point

編集する位置を拡大表示する

タイムラインの素材を編集するときは、編集する場所を拡大表示します。タイムラインパネルの下のスライダーで、両端の「○」（ハンドル）をドラッグして幅を調整し、スライダーが短くなるようにします。

One Point

再生ヘッドを正確な位置に移動する

再生ヘッドは、はじめにドラッグして大まかに移動します。また、移動先の位置（目盛り）をクリックしても再生ヘッドを移動できます。次に、右上のプログラムパネルでプレビューを見ながら、「１フレーム進む」、「１フレーム前へ戻る」を使って、１フレームずつ確認しながら微調整します。

2 動画の先頭部分にマウスカーソルを合わせて、再生ヘッドの位置まで移動する。

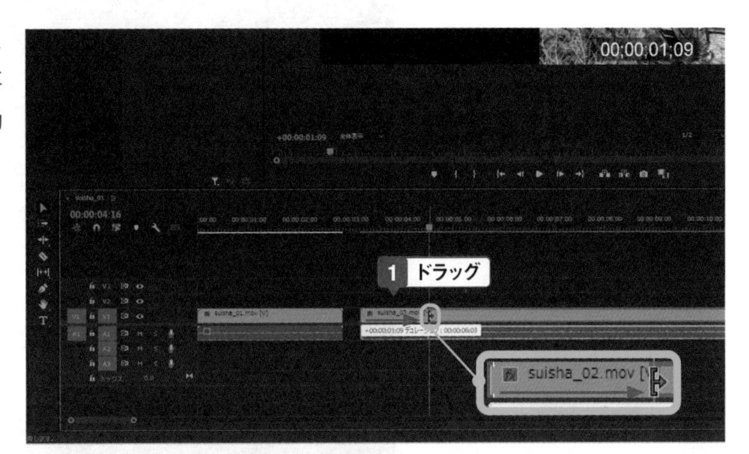

3 動画の先頭部分がカットされる。

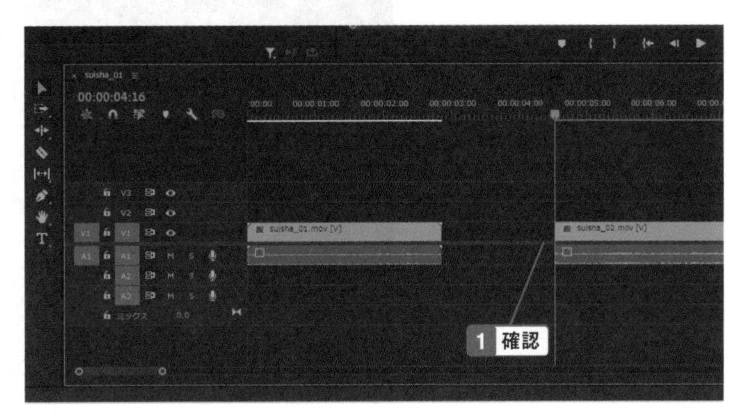

4 再生ヘッドを、末尾のカットする部分に移動する。

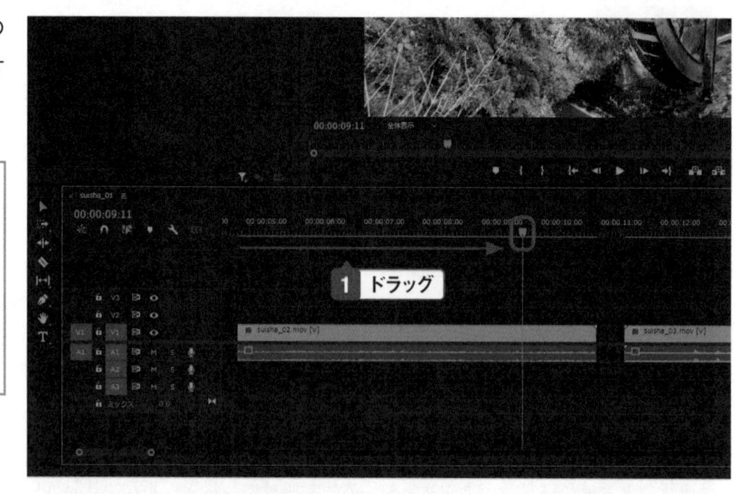

One Point

タイムラインを移動する

編集する部分がタイムラインに表示されていないときは、タイムラインパネルの下のスライダーをドラッグして、表示範囲を移動します。

5 動画の末尾部分にマウスカーソルを合わせて、再生ヘッドの位置まで移動する。

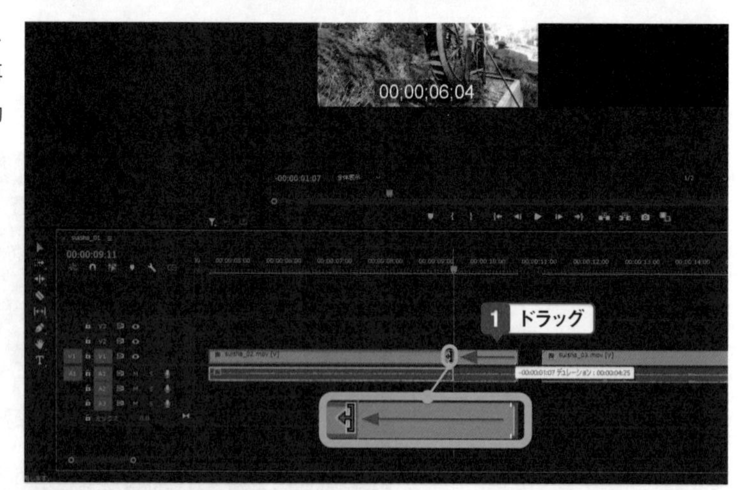

6 動画の末尾がカットされる。

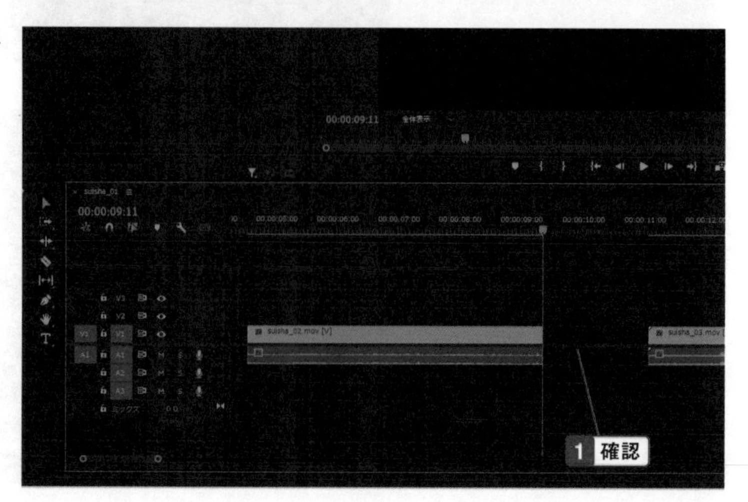

Chapter » 3

Section » 05

動画の途中を削除する

中央の不要な部分を削除する

動画の撮影では、途中に不要な部分が入ってしまうことがあります。雑音が入ってしまったり、通行人が横切ったり、セリフを噛んでしまったときなど、その部分が不要であれば、カットして前後を繋げます。

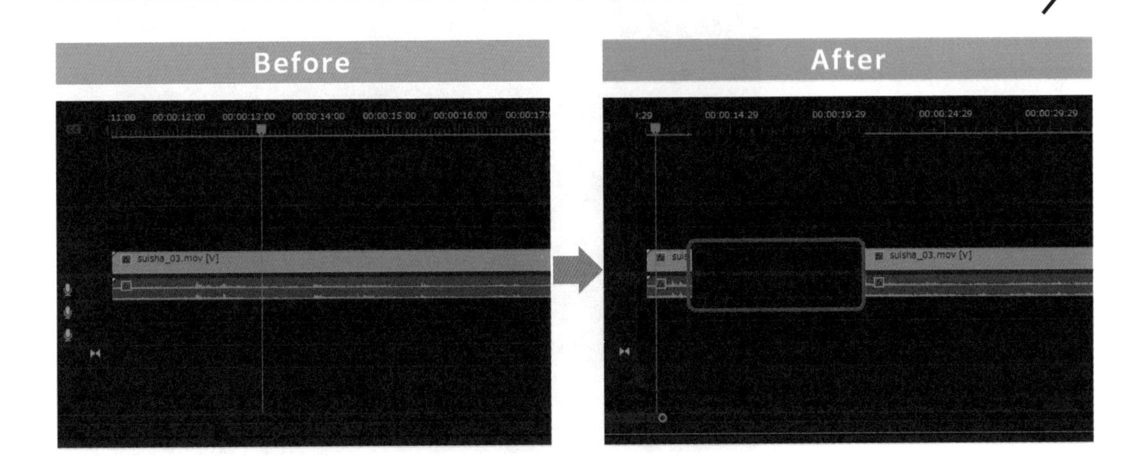

動画の途中をカットする

1 動画をカットする部分に再生ヘッドを移動し、「レーザーツール」をクリック。

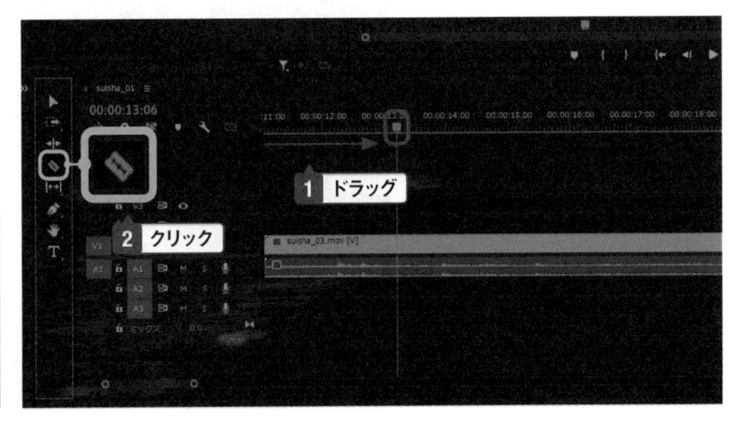

One Point

レーザーツール

レーザーツールは、カミソリのアイコンです。タイムラインの動画や音声の上でクリックすると、その位置で分割します。

2 再生ヘッドの位置をクリック。

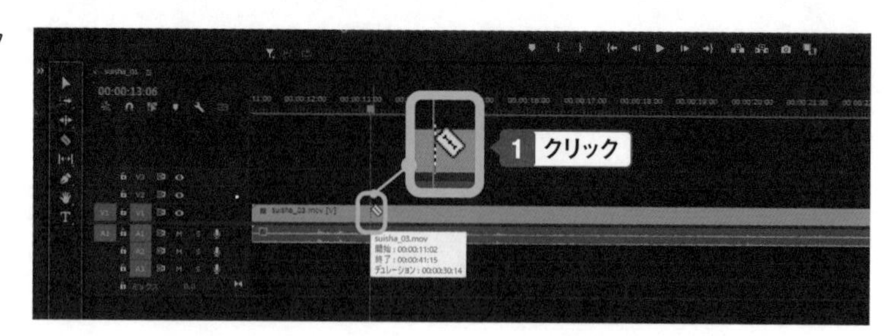

One Point

再生ヘッドを使って位置を確認する

再生ヘッドを移動することにより、プレビューでその位置の映像を確認できます。レーザーツールでカットするときは、再生ヘッドを移動しなくても直接タイムライン上で動画をクリックすることもできますが、再生ヘッドを移動してカットする位置を確認してからレーザーツールで分割した方が確実です。

3 動画が分割される。

One Point

再生ヘッドを移動して確認する

レーザーツールで動画を分割したあとに、再生ヘッドを少し移動すると、分割した位置に細い線が表示されているのが確認できます。

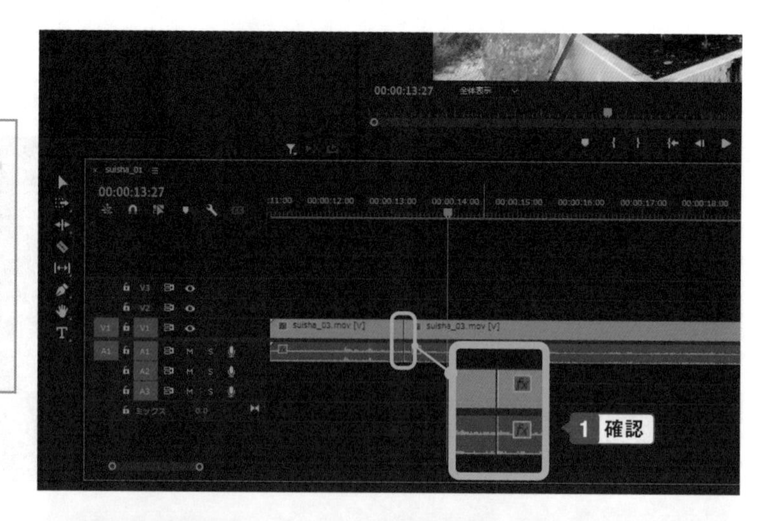

4 同様に、不要部分の末尾をレーザーツールでクリック。

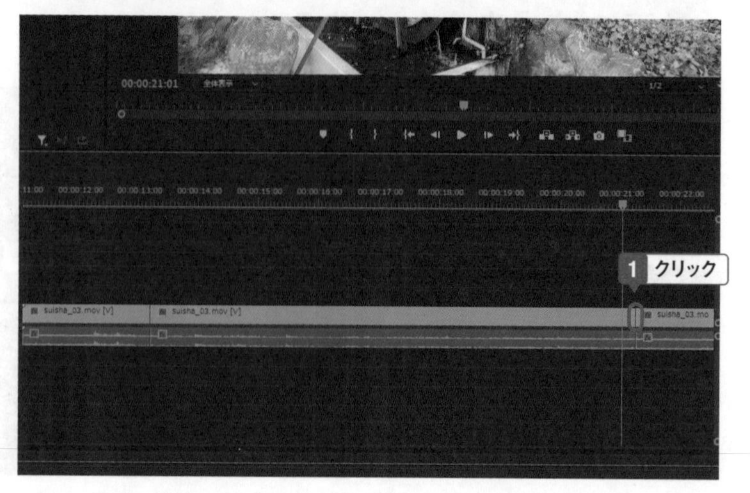

5 動画が3つに分割される。

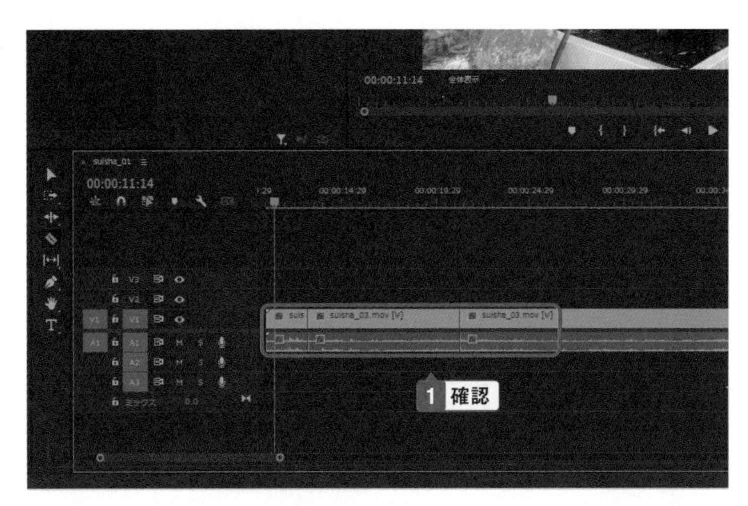

6 「選択ツール」をクリックし、不要部分をクリックして「Delete」キーを押す。

7 不要部分が削除される。

Chapter » 3

Section » 06

動画の再生位置を移動する

動画の先頭を「0秒」の位置に合わせる

動画の前後をトリミングしたり、長さを調整したりすると、その分だけ何も表示されない状態ができてしまいます。特に動画の最初になる部分は、「0秒」の位置に合わせておくことが必要です。

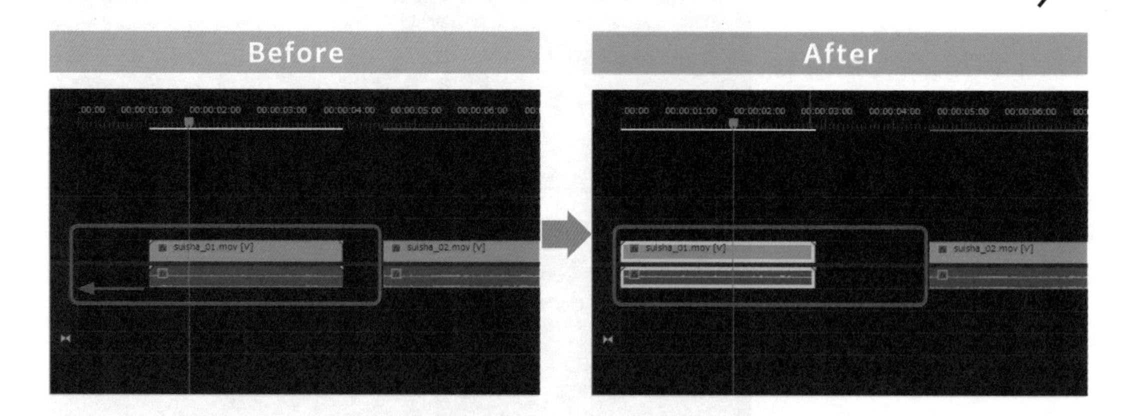

動画の位置を移動する

1 「スナップ」を「オン」にする。

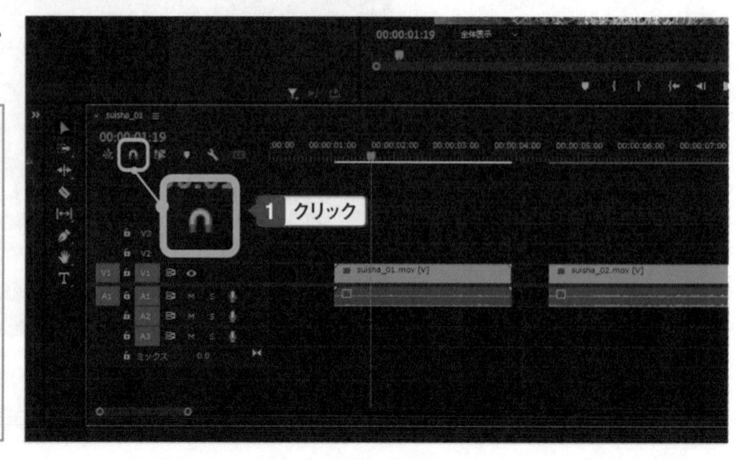

One Point

スナップを使う

「スナップ」を使うと、動画を特定の時間や他の動画にぴったりと合うように移動できます。スナップは、タイムラインパネル上部の磁石のアイコンをクリックしてオン／オフを切り替えます。アイコンが青色で表示されている状態が「オン」です。

2 タイムラインで位置を移動する動画をクリック。

3 選択した動画をドラッグして移動する。

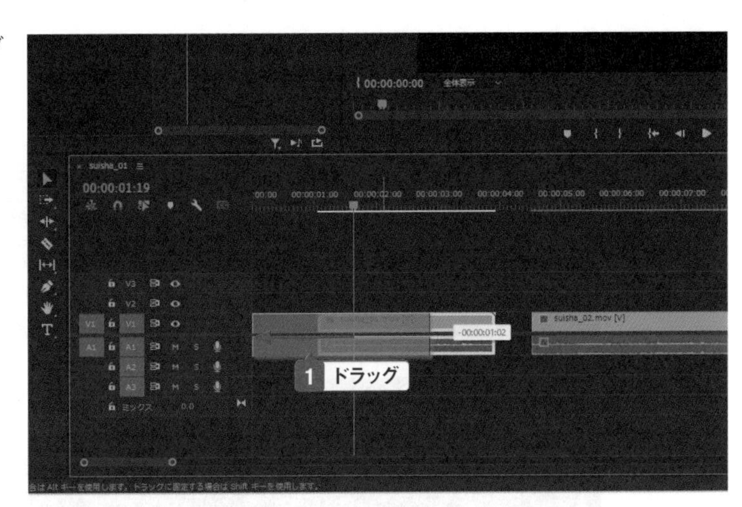

4 動画の位置が移動する。

One Point

先頭に位置を合わせる

動画をドラッグして移動するときに、先頭位置を合わせると、先頭部分に近づいたところで自動的にぴったりと合うようになります。少しずつ動画を移動して、先頭部分に合ったところでドラッグを終了すると、簡単に「0秒」の位置に合わせられます。

Chapter » 3

Section » 07

素材を繋げる

タイムライン上で連結する

タイムラインには複数の動画や写真なども配置できます。これらの素材を連続して再生するようにするには、それぞれの素材をタイムライン上で連結します。素材を近づけると自動的にぴったりくっつきます。

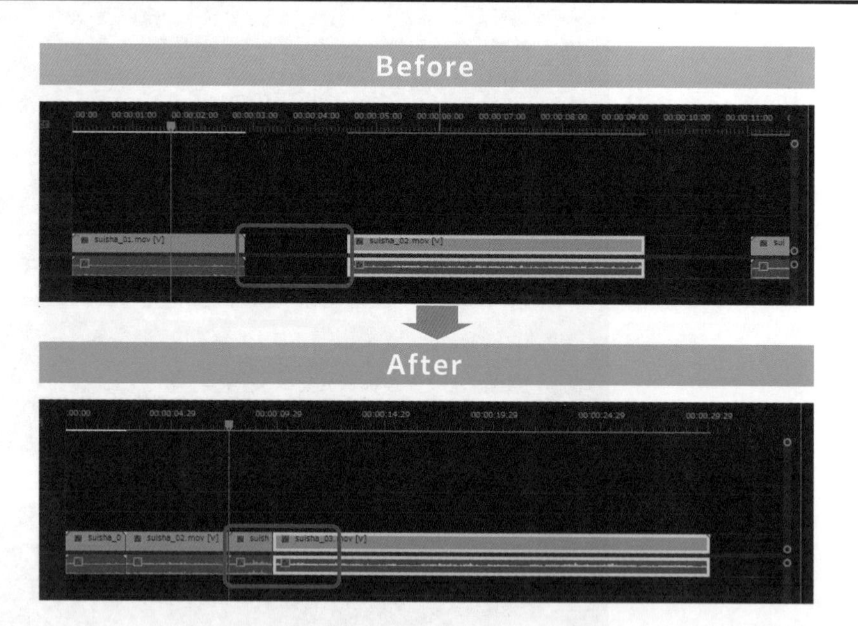

複数の動画を連続して再生する

1 「スナップ」を「オン」にする。

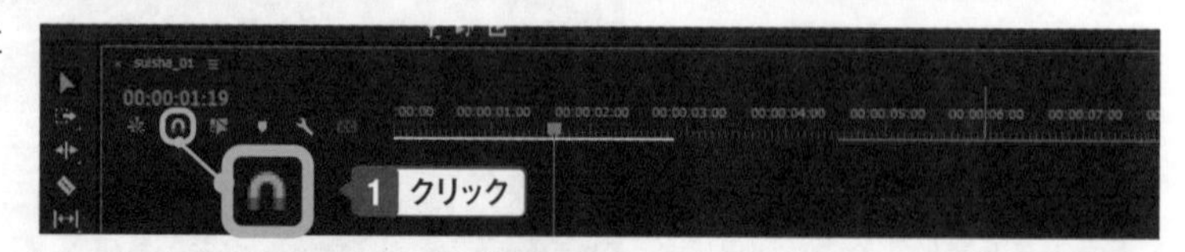

2 タイムラインで動画をクリック。

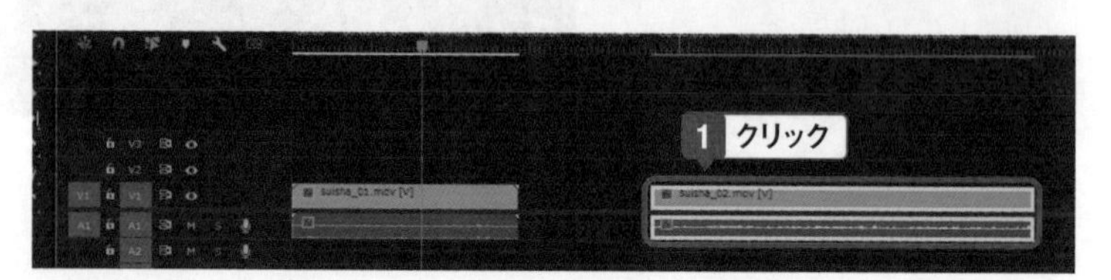

3 動画をドラッグして移動する。前の動画の末尾と合わせると、境界に「▼」が表示される。

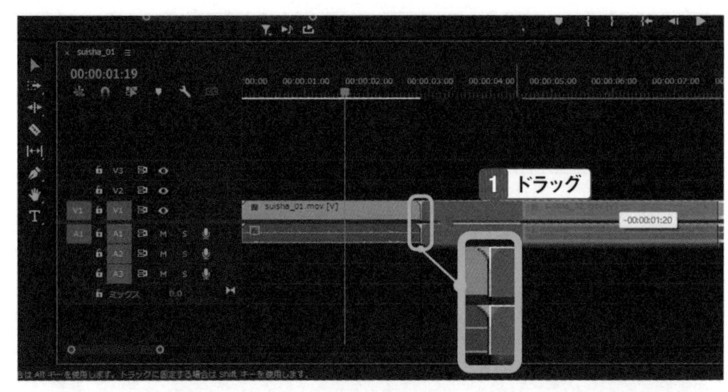

4 動画が接続される。

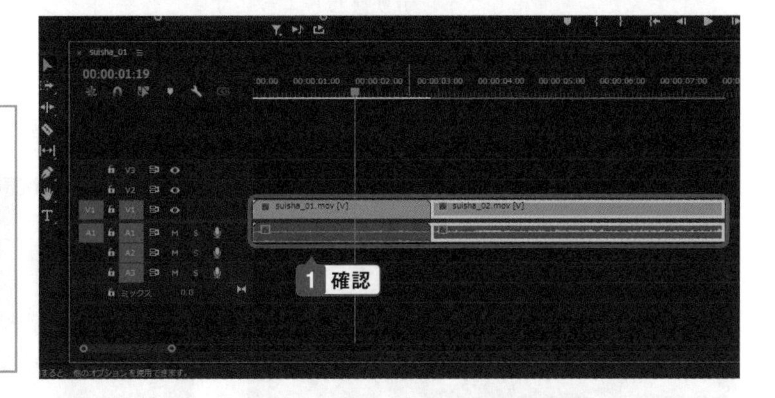

One Point

リップル作業

このように、動画の間の「隙間」のことを「リップル」と言います。リップルを削除し、隙間を埋めることを「リップル」「リップル作業」と呼ぶこともあります。

5 同様に他の動画も接続する。

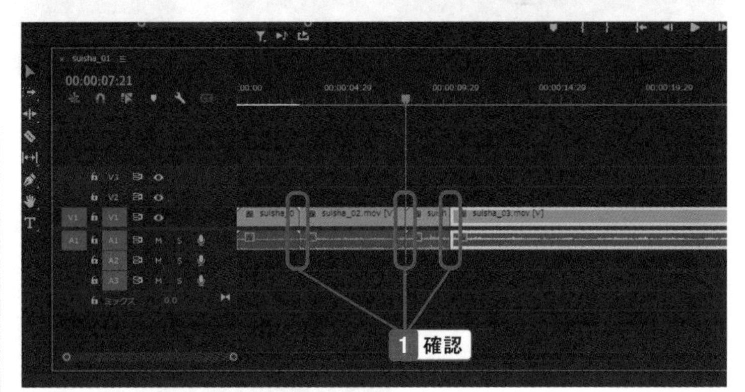

One Point

ショートカットキーでリップル作業をする

動画の間にある隙間をクリックして選択し、「スペース」＋「Delete」を押すと、隙間が削除されて、動画が接続されます。慣れてきたらキーボードで作業すると効率よく編集ができます。

One Point

右クリックで削除する

動画の隙間を右クリックして「リップル削除」をクリックすると、隙間が削除され、同時に隙間を詰めて動画が接続できます。

Chapter » 3

Section » 08

画面の切り替えをスムーズにする

つなげた素材に「トランジション」効果を追加

タイムライン上でつないだ素材は、再生するとその瞬間に切り替わります。これをスムーズにだんだんと変化しながら切り替わるようにすることを「トランジション」効果といいます。

Before

After

エフェクト「クロスディゾルブ」を加える

1 プロジェクトパネルの「>>」をクリックし、「エフェクト」をクリック。

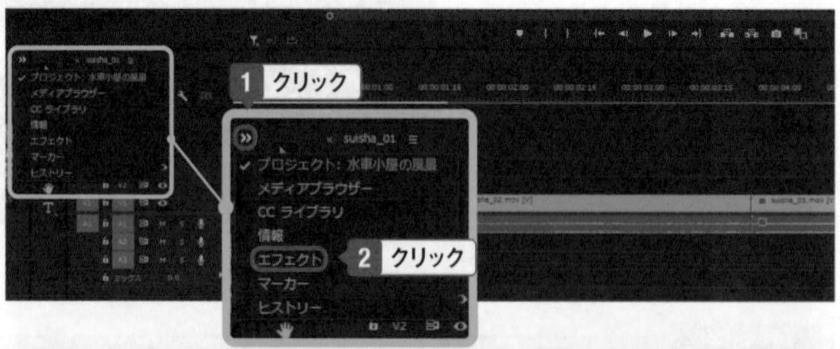

2 エフェクトパネルに切り替わる。「ビデオトランジション」左側の「>」をクリック。

3 「ディゾルブ」（又は「Dissolve」）左側の「>」をクリック。

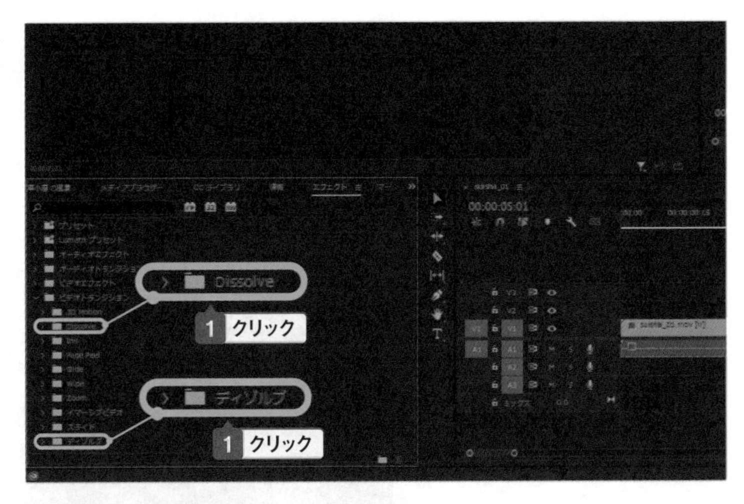

4 「クロスディゾルブ」を映像の境界にドラッグ。

> **One Point**
>
> **表示幅を拡大する**
>
> 「クロスディゾルブ」エフェクトをドラッグするときに、境界が見えにくい場合は、タイムラインの下のスクロールバーで幅を広げます。

5 クロスディゾルブが適用される。

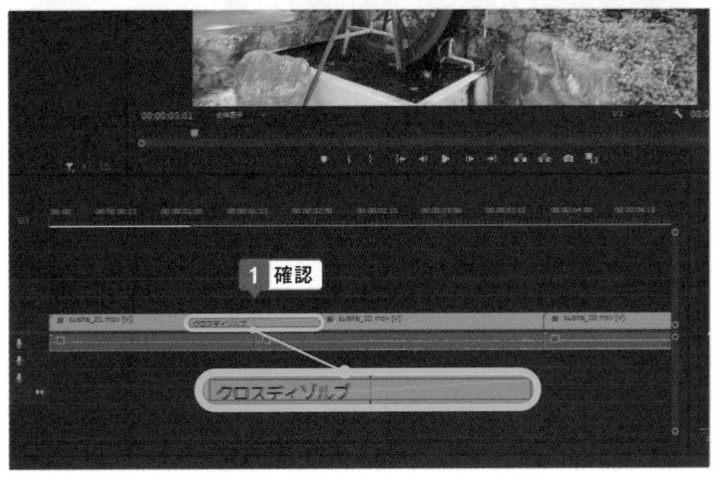

6 映像の境界が重なって少しずつ切り替わるようになる。

> **One Point**
> **ディゾルブを削除する**
> 追加したディゾルブを削除するときは、ディゾルブをクリックして選択し、「Delete」キーを押します。

> **One Point**
> **クロスディゾルブが片方にしか配置できない場合**
> クロスディゾルブは、タイムラインに表示される「クロスディゾルブ」の幅だけ映像が重なります。たとえば映像の継ぎ目の後ろ側の映像に対しては、継ぎ目よりわずかに前の部分にも映像が必要になります。実際にはこの部分に、トリミングでカットした部分を使っています。
> そのため、トリミングしていない映像にクロスディゾルブを適用しようとすると、切り替える分の映像が存在しないので、配置できません。しかし、Premiere Proは自動的に自然になるように継ぎ目部分の映像を延長するなどの処理を行い、映像が少しずつ切り替わるようになります。

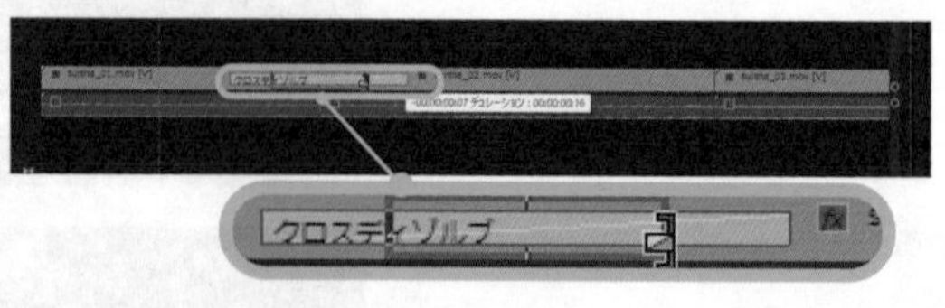

片側の映像に余裕があるときは、片側に寄せて「クロスディゾルブ」を配置する

両側の映像どちらにも余裕がないときには、中央に「クロスディゾルブ」を配置すると境界部分の映像（1コマ分）を連続再生して補完する。

> **One Point**
> **ディゾルブの時間を調整する**
> ディゾルブやクロスディゾルブなどで、画面を変化する時間を長くしたり短くしたりするには、タイムラインに追加したディゾルブの両端部分をドラッグして幅を調整します。

Chapter » 3

Section » 09

動画の前後にフェードイン・フェードアウトを加える

「ディゾルブ」効果を加える

動画のはじまりにいきなり「パッ」と映るのではなく、だんだんと現れる「フェードイン」を加えます。同様に動画の最後もだんだんと消える(フェードアウトする)ようにします。この効果を「ディゾルブ」といいます。

Before

After

「ディゾルブ」を追加する

1 タイムラインパネルで動画を選択して、エフェクトパネルを表示する。その後「ビデオトランジション」の「ディゾルブ」(又は「Dissolve」)左側の＞をクリックして「ディゾルブ」(又は「Additive Dissolve」)を表示する。

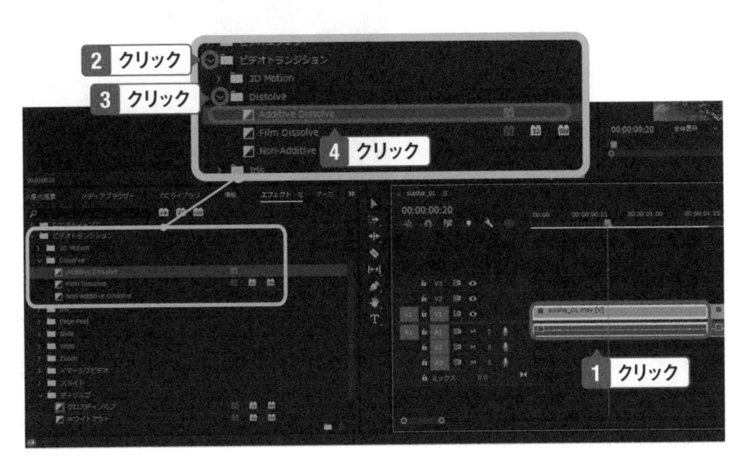

2 「ディゾルブ」(又は「Additive Dissolve」)を映像の先頭にドラッグ。

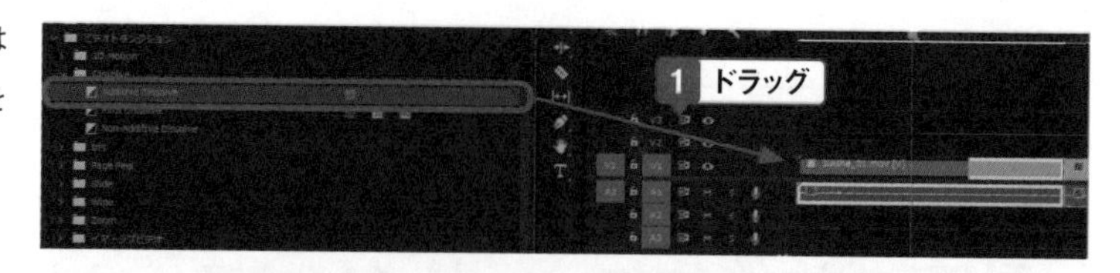

3 映像の先頭にディゾルブが追加され、画面が黒から少しずつ現れる(フェードインする)ようになる。

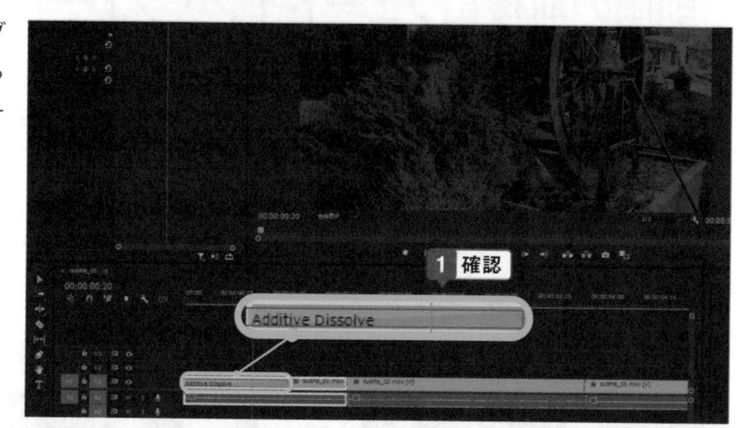

4 同様に、映像の末尾にディゾルブを追加する。

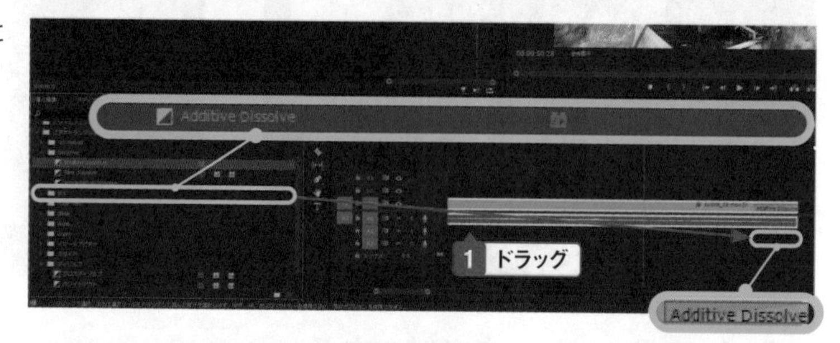

5 映像の末尾が少しずつ黒い画面に変わる(フェードアウト)ようになる。

One Point

ディゾルブの種類

ディゾルブには「ディゾルブ」のほかに、「クロスディゾルブ」や「フィルムディゾルブ」があります。「クロスディゾルブ」は2つの画面を重ねながら切り替えます。一方で「フィルムディゾルブ」と「ディゾルブ」は似ていますが、切り替わる途中の経過がわずかに違います。

Chapter 4

動画に文字やBGMを追加する

テレビでもネット動画でも、見ていて楽しい動画や興味を惹く動画には、文字やBGM、効果音などが効果的に使われています。場面を補足したり強調したりするテロップや、雰囲気を盛り上げるBGMは、動画編集に欠かせません。ここでは文字や音楽を追加した動画を作ってみましょう。

Chapter » 4

Section » 01

文字を追加する

テロップも「タイトル」と呼ぶ

文字を入れた動画は誰でも作りたいと思うことの1つです。動画編集では、画面に追加する字幕の「テロップ」も、画面いっぱいに表示される文字も、一般的に「タイトル」と呼びます。

Before

After

文字をタイムラインに追加する

1 再生ヘッドを、文字を追加したい位置に移動して「横書き文字ツール」をクリック。

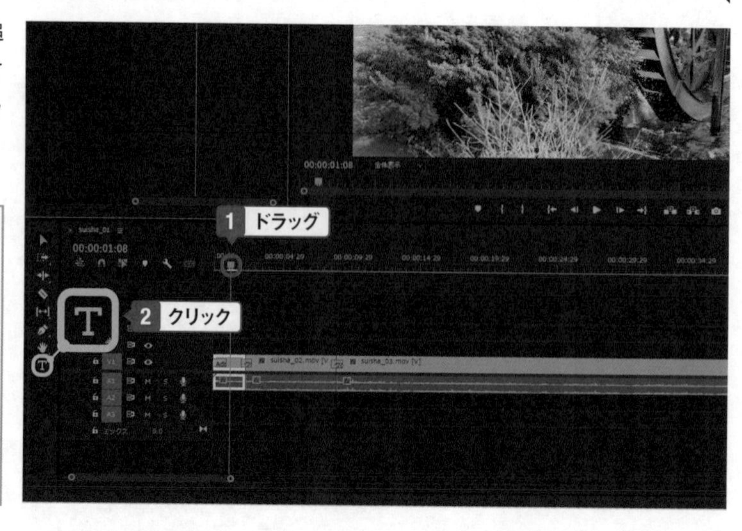

One Point

再生ヘッドの位置

文字を追加するときの再生ヘッドの位置は、おおまかな場所で構いません。プレビューを見ながら文字を映像に重ねて大きさや位置がわかりやすい場所を表示しておきます。あとから文字を表示する位置を調整します。

2 プレビュー上で文字を追加する位置をクリック。

One Point

テンプレートを使う

文字を追加するときに、あらかじめ動きやスタイルを設定したテンプレートを使う方法はSection5-04を参照してください。

3 カーソルが表示される。

4 文字を入力。

One Point

文字は「グラフィック」で扱う

文字を入力すると、タイムラインに「グラフィック」としてピンク色のブロックが追加されます。文字は写真などの画像と同じ、静止画として扱います。

5 「選択ツール」をクリックして、文字を確認する。

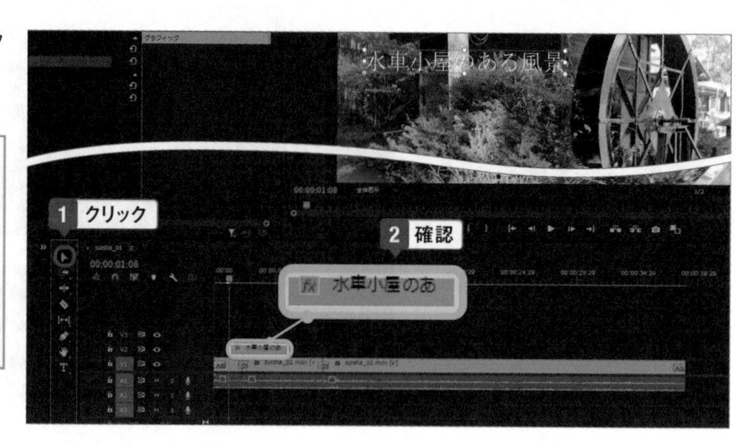

One Point

タイムラインに重ねる

文字を追加すると、タイムラインでは映像の上に重ねられます。これは「映像の上に文字を重ねて表示する」ということを表しています。

文字を移動、拡大・縮小する

1 文字が選択された状態で、文字の枠内をドラッグして移動。

2 四隅のハンドル（○）をドラッグして、文字枠の大きさを拡大・縮小する。

One Point

文字サイズの変更

文字のサイズは、文字枠を拡大・縮小しても変更可能ですが、フォントのサイズを変更しても同じように文字を拡大・縮小できます。1つの文字枠内で、文字によってサイズを変えたい場合は、フォントサイズの変更で行います。

Chapter » 4

Section » 02

文字のスタイルを変更する

色と「縁取り」で大きな効果

タイトルで追加した文字は、ワープロと同じようにフォントやサイズ、文字色などを変更できます。特に文字色と「縁取り」は動画を見やすくする最大のポイントで、目立つ色と太めの縁取りで飛躍的に印象が変わります。

Before

After

フォントやサイズを変える

1 タイムラインで文字を選択する。エフェクトコントロールパネルを表示して、「テキスト」左側の「>」をクリック。

2 テキストの設定が表示される。

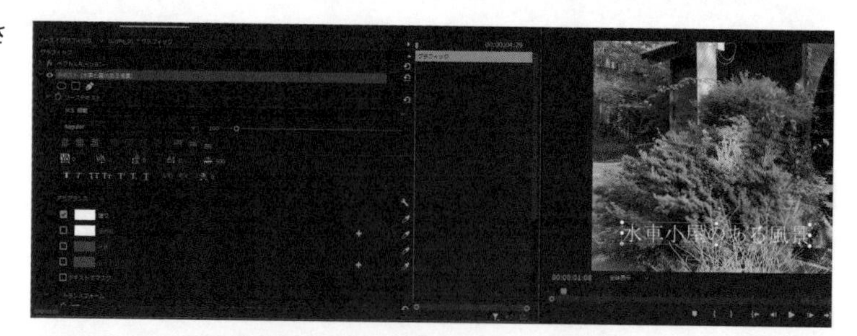

3 「横書き文字ツール」をクリックして、文字を選択する。

One Point

ダブルクリックで選択

「選択ツール」が選択されている状態ならば、文字枠をダブルクリックしても、文字枠に入力した文字全体を選択することができます。

4 フォントを選択して、文字サイズを変更する。

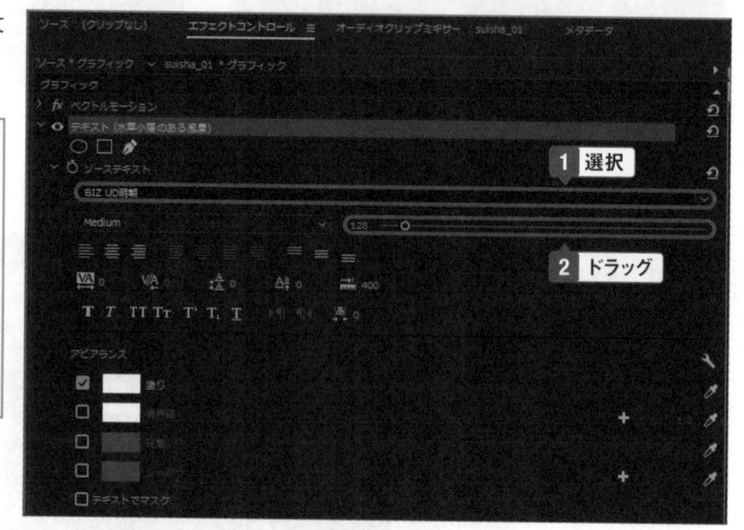

One Point

さまざまな書式設定

エフェクトパネルの「テキスト」では、フォントや文字サイズのほかにも、段落内での文字の配置（左揃え、中央揃え、右揃えなど）や、文字間隔など、ワープロアプリと同じように文字の書式を設定できます。

縁取りを追加する

1 「境界線」のチェックをオンにして、色の枠をクリック。

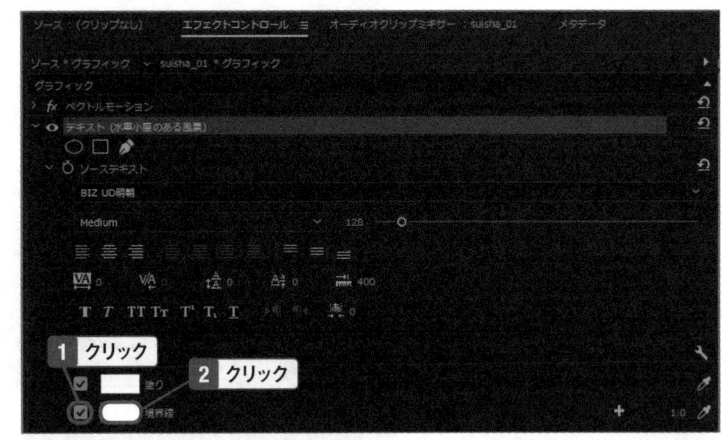

2 縁取りの色をクリックして、「OK」をクリック。

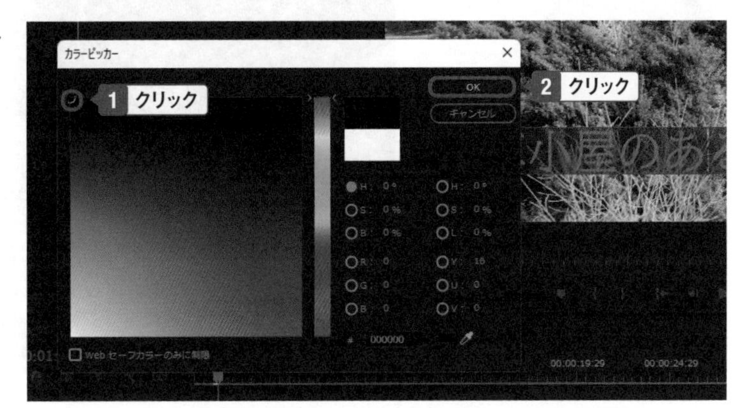

3 文字に細い縁取りが付く。

One Point

縁取りは太くする

動画では文字の縁取りを太くすると見やすくなります。初期設定では「1pt」の縁取りが付きますが、このままではほとんど見えません。そこで縁取りを太くします。

4 縁取りの太さを調整する。

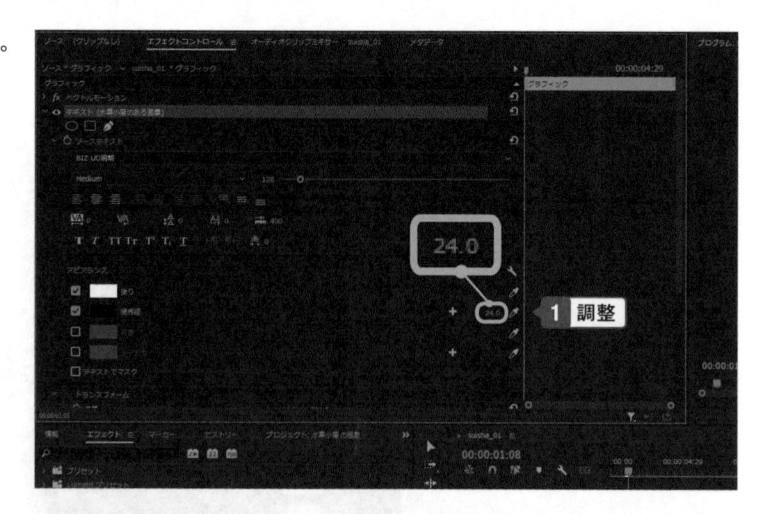

5 「選択ツール」をクリックして確認する。

One Point

「エフェクト」ワークスペースで編集する

「エフェクト」ワークスペースで「エッセンシャルグラフィックス」の「編集」タブでも設定できます。

Chapter » 4

Section » 03

文字を表示するタイミングを変更する

文字情報も動画の1つ

動画に追加した文字は、動画ファイルに直接書き込まれるのではなく、あくまで「文字の動画が重なっている」という状態です。したがって、動画と同じようにタイミングを調整できます。

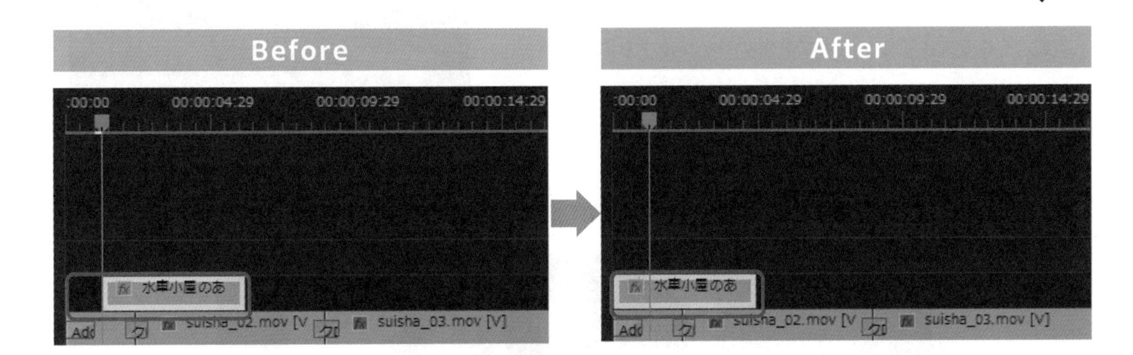

タイムラインで文字を移動する

1 タイムラインで文字のグラフィックをクリック。

2 表示する位置にドラッグ。

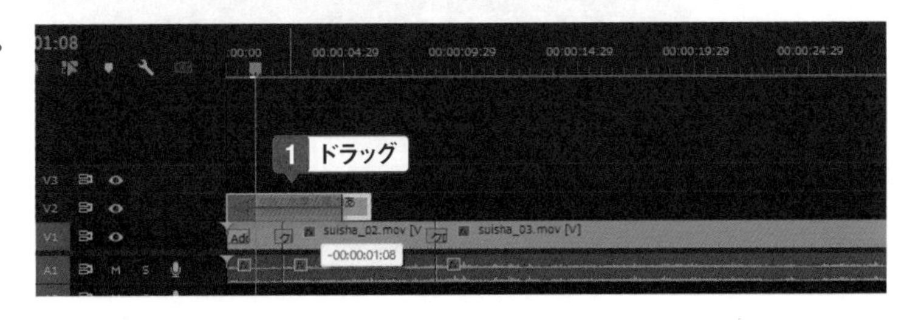

3 文字の表示位置が移動する。

One Point
文字にディゾルブを追加する

文字はタイムライン上でグラフィック（静止画）として扱われ、グラフィックにも映像と同様にエフェクトを追加することができます。そこで文字でも、例えば前後にディゾルブを追加すると、「だんだん表示されてだんだん消える」という効果を付けることができます。

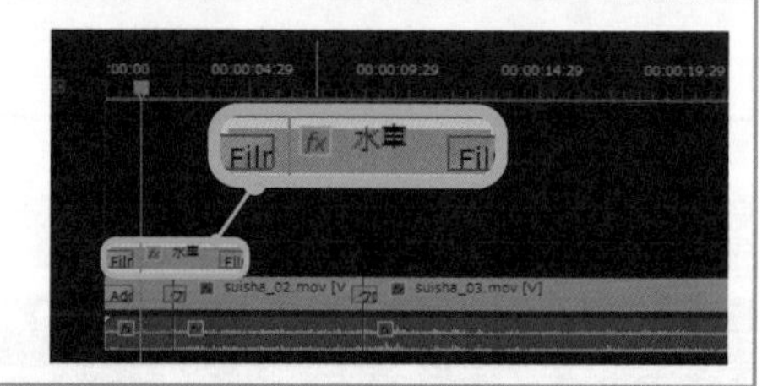

One Point
再生しながら確認する

文字を表示させるタイミングは、プログラムパネルで動画を再生しながら確認すると、もっとも自然なタイミングを見つけることができます。プログラムパネルでは、再生や一時停止のほかに、1フレームずつ移動することもできますので、微調整も可能です。

Chapter » 4

Section » 04

文字を表示する時間を変更する

タイムラインで長さを調整

文字を表示する時間は、動画と同じようにタイムラインで長さを調整して設定します。追加した文字も「文字が表示される動画」として扱いますので、前後を伸ばしたり、途中でエフェクトを加えることもできます。

Before

After

文字を表示する長さを調整する

1 タイムラインで文字のグラフィックをクリック。

One Point

タイムラインを拡大する

時間を調整するときは、タイムラインの幅を拡大すると正確に調整できます。

2 端をドラッグして、再生時間を変更する。

One Point

前後で調整する

文字は特別なエフェクトを使っていない限り、「静止画」です。映像のように途中の不要な部分をカットする必要はないので、前後のどちらかを短縮・延長して再生時間を調整します。

One Point

ワークスペースをリセットする

編集をしていると、ワークスペースで表示しているパネルの状態が変わってきます。見やすくするためにパネルの大きさを拡大していたり、操作によって別のパネルが表示されたりして、表示の状態が変わっていると、操作に戸惑うことがあります。

そのようなときには、ワークスペースの表示を最初の状態にリセットします。

ワークスペースのタブで［≡］をクリックして、［保存したレイアウトにリセット］をクリックすると、最初の状態に戻ります。

また、もし自分が使いやすい状態になっているなら［このワークスペースへの変更を保存］をクリックすると、今の状態を保存できます。ただし今の状態を保存すると、最初の状態には戻せないので、操作に慣れてきてから自分なりに使いやすいワークスペースを保存していく方がよいでしょう。

Chapter » 4

Section » 05

BGMを追加する

別に用意した音声の情報を追加する

動画にBGMを追加すると印象が変わり、見ていて飽きない動画になります。動画にBGMを追加するには、別の音楽や音声のファイルを用意して、動画に重ねて音量などを調整します。

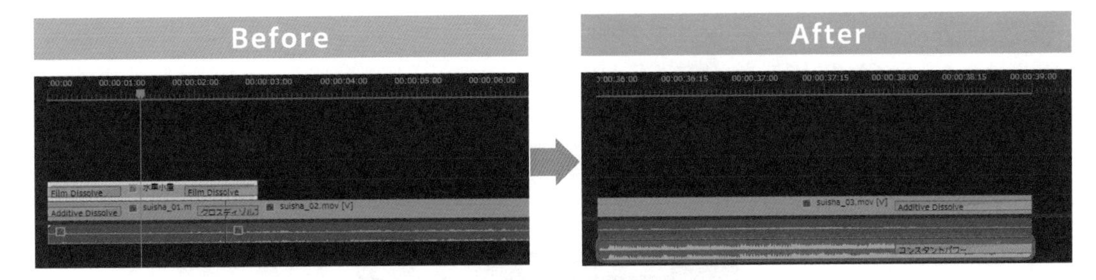

タイムラインに音声ファイルを追加する

1 プロジェクトパネルに音声ファイルを読み込む。

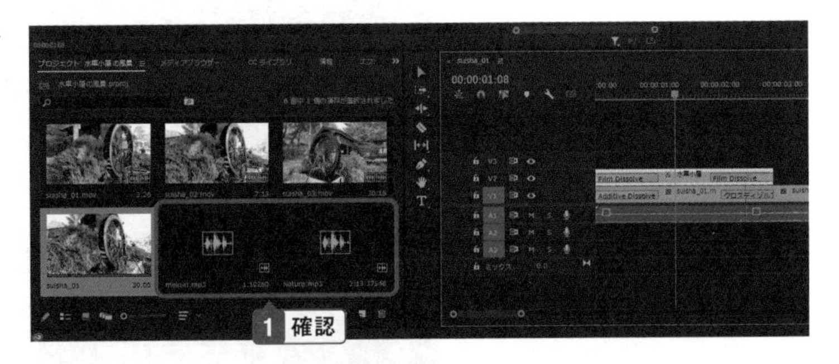

2 BGMに使うファイルをクリック。

3 タイムラインにドラッグ。

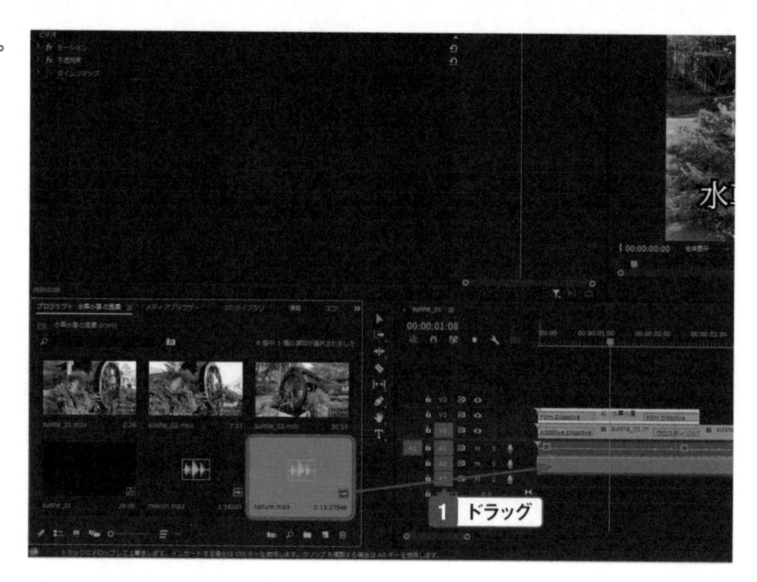

One Point

音声はタイムラインの「A1」～側にドラッグする

タイムラインは、映像の「V1」～と音声の「A1」～に分かれています。音声ファイルは「A1」～側にドラッグして配置します。このとき、重なりの上下関係を考えて配置しますが、音声の場合は通常、重ねると「混ざる」状態になるので、上下関係はそれほど厳密に考える必要はありません。

4 音声が配置される。

音声の前後をカットする

1 タイムラインで音声データの最初の部分をドラッグしてカットする。

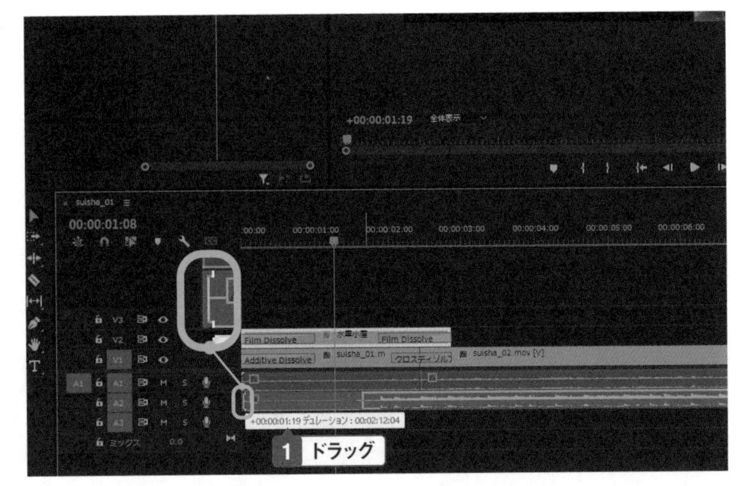

2 音声データを移動する。

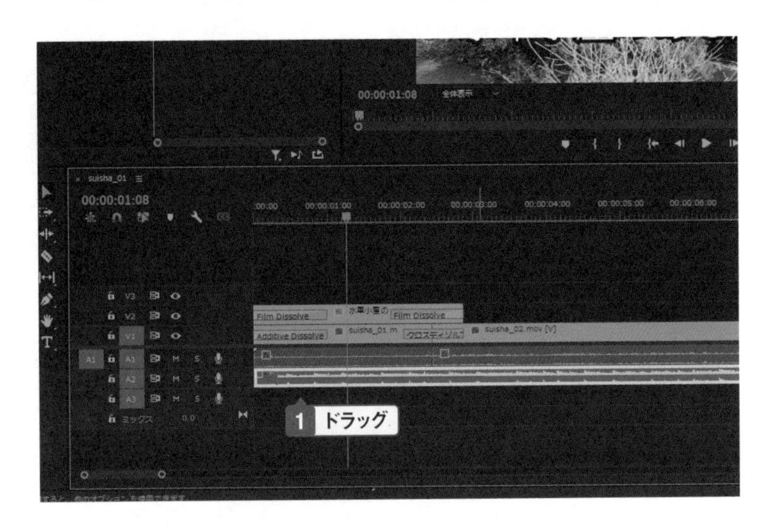

3 末尾部分も同様に不要な部分をカットして、映像の末尾に揃える。

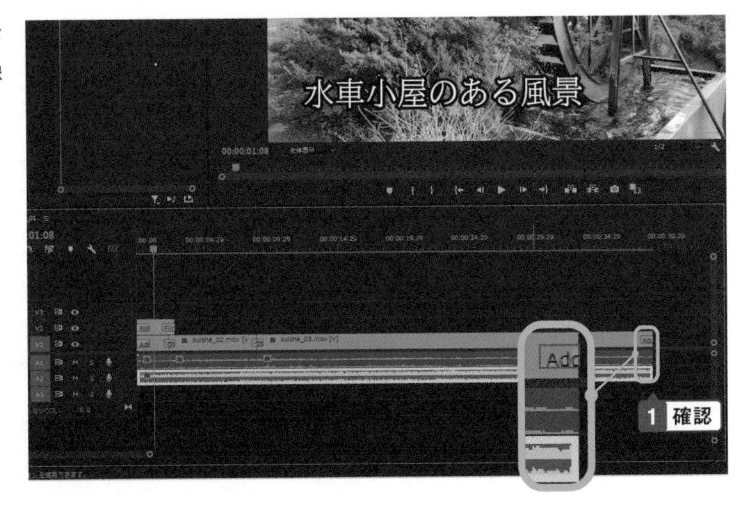

音声にフェードイン・フェードアウトを付ける

1 「エフェクト」パネルを表示する。

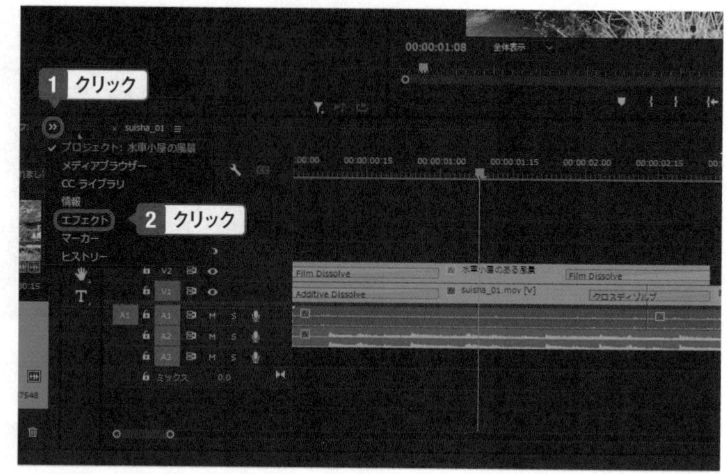

2 「オーディオトランジション」の「クロスフェード」を表示して、「コンスタントパワー」をクリック。

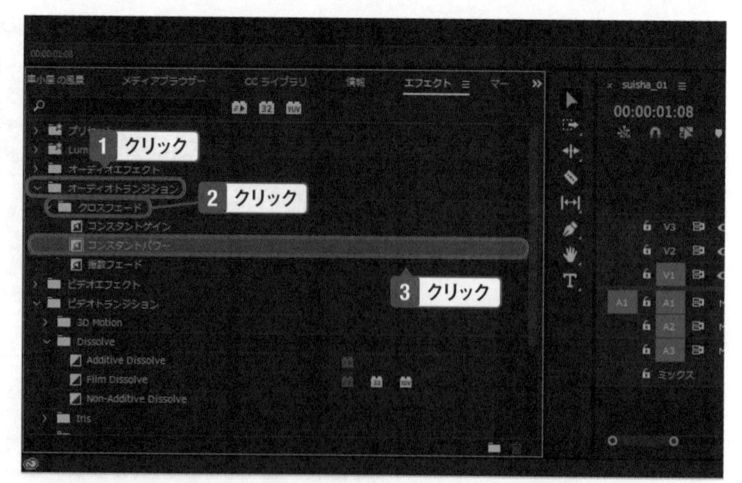

3 「コンスタントパワー」を音声データの最初の部分にドラッグ。

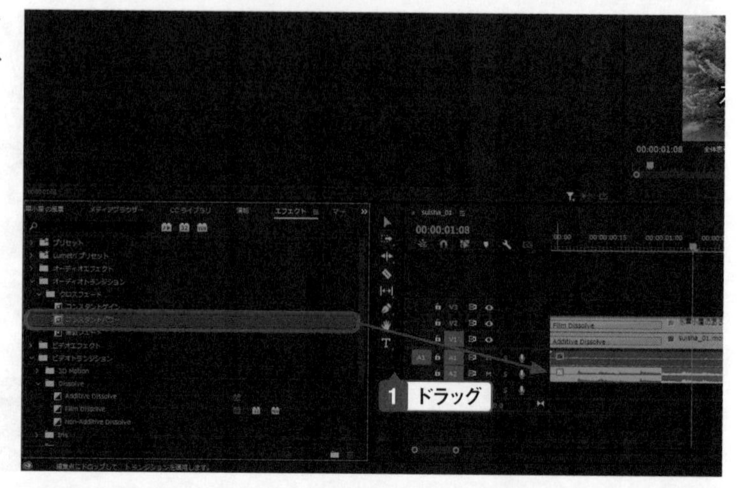

4 音声データが「フェードイン」で再生されるようになる。

5 同様に、音声データの末尾に「コンスタントパワー」を追加する。

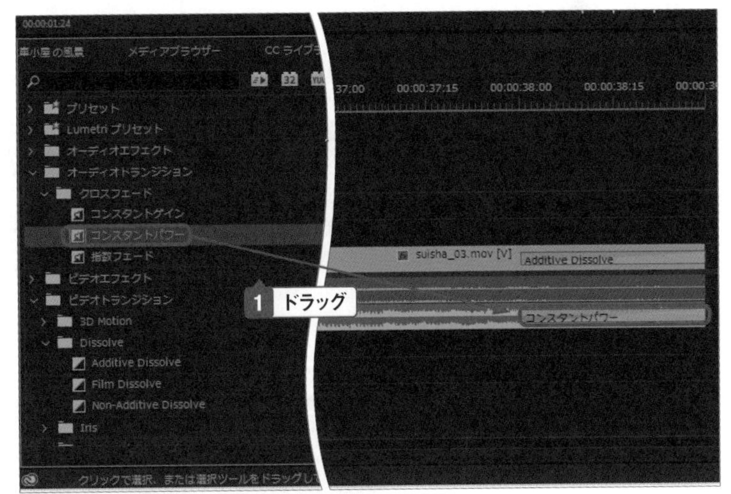

One Point

クロスフェードの違い

「クロスフェード」には、「コンスタントパワー」「コンスタントゲイン」「指数フェード」の３種類があります。これらはそれぞれ音声の変化の状態に違いがあり、次のようになります。

人の聴覚を考慮すると、一般的には「コンスタントパワー」がもっとも自然に感じる変化になります。

- **コンスタントパワー**：膨らんだ円弧状に変化する
- **コンスタントゲイン**：一定の割合で直線的に変化する
- **指数フェード**：凹んだ円弧上に変化する

Chapter » 4

Section » 06

動画の音声を削除する

動画の「映像」と「音声」を切り離す

音声を同時に録音した動画データは「映像」と「音声」から構成されています。通常は同時に再生しないと、映像と音声がずれてしまうため結合した状態になっていますが、音声が不要なら、映像と音声を切り離して削除します。

Before

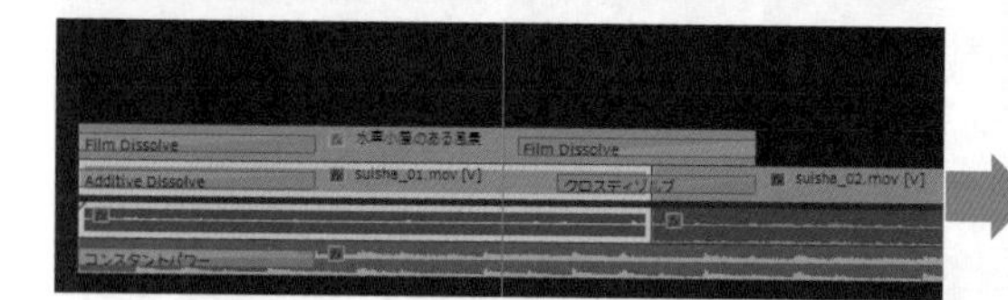

After

映像の音声を削除する

1 タイムラインの幅を調整する。

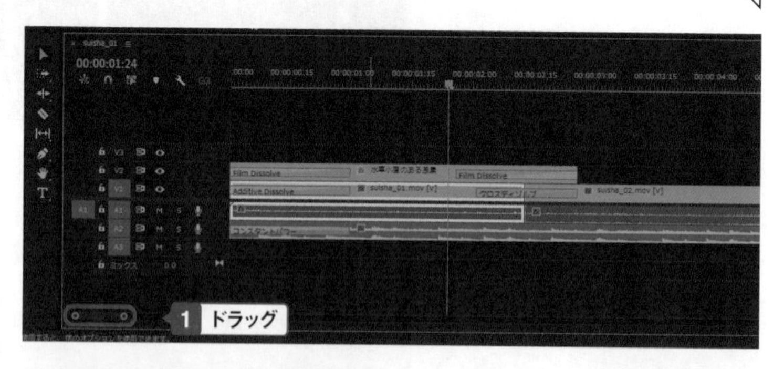

2 タイムラインの動画を右クリックして、「リンク解除」をクリック。

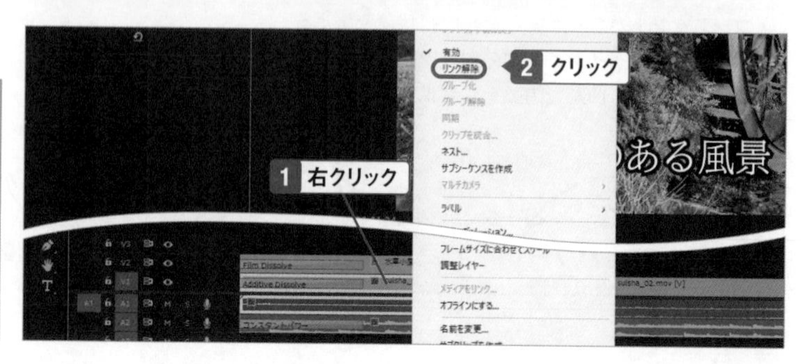

One Point

映像だけの動画ファイルもある

音声データが含まれていない動画ファイルをタイムラインに配置すると、映像部分だけが表示されます。

One Point

動画は「映像」＋「音声」

動画ファイルは、映像と音声で構成されています。Premiere Proのタイムラインに動画ファイルを配置すると、映像と音声がリンクされた状態になるので、移動しても映像と音声がずれません。映像だけ、あるいは音声だけを使いたいときには、リンクを解除して映像と音声を個々に編集できるようにします。ただしリンクを解除すると、どちらかを移動してしまうと映像と音声が合わなくなるので注意しましょう。

3 映像と音声が分割される（分割すると、前の手順では上下に白枠があったものが、上だけ白枠になる）。

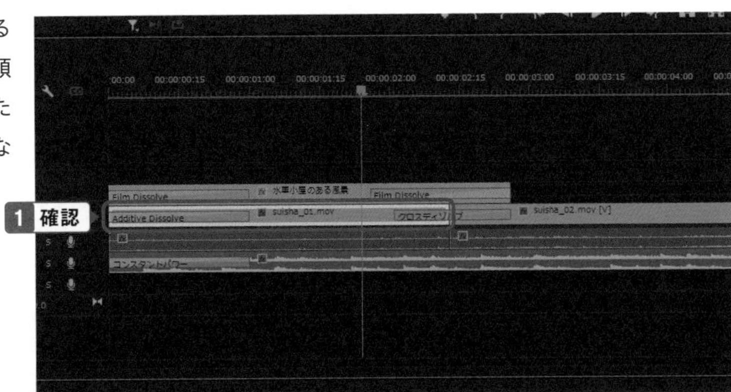

4 音声をクリックして「Delete」キーを押す。

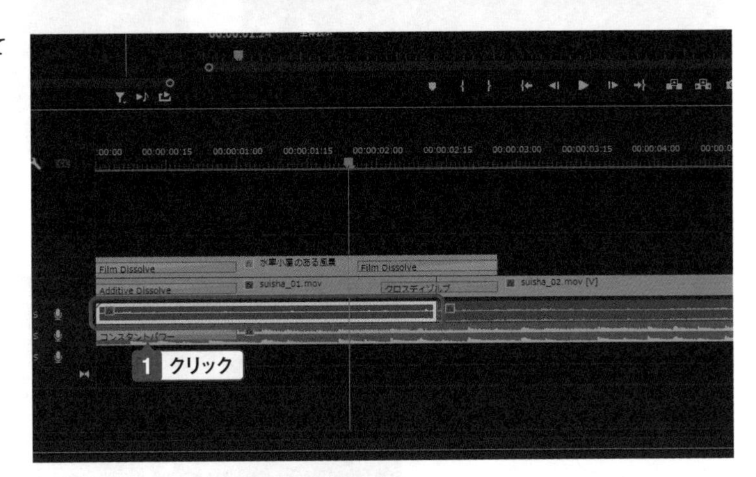

5 音声が削除される。

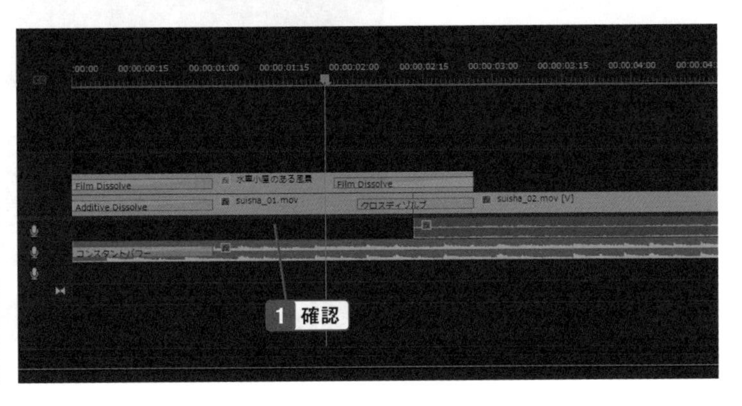

One Point

タイムラインの空白行

タイムラインで映像や音声を削除したときに、空白行ができてしまうことがあります。タイムラインは特に詰めて使う必要はなく、空白行があっても問題ありません。

Chapter » 4

Section » 07

音量を調整する

元の動画の音声が聞こえる程度に

BGMは、あまり音量が大きいと、元の動画の音声が聞こえなくなってしまいます。元の動画の内容にもよりますが、音量を示す数値の「db」(デジベル)値を調整して、聞きやすい状態にします。

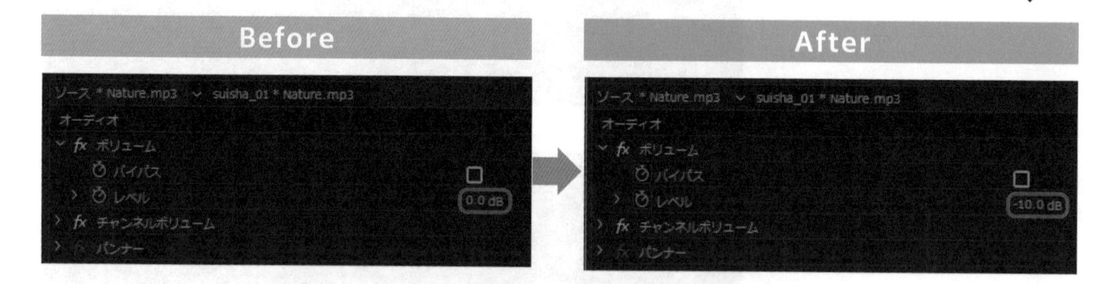

ボリュームの「db」値を変える

1 「エフェクトコントロール」パネルを表示して、音声データをクリック。

2 「ボリューム」左側の「>」をクリックして「レベル」を表示する。

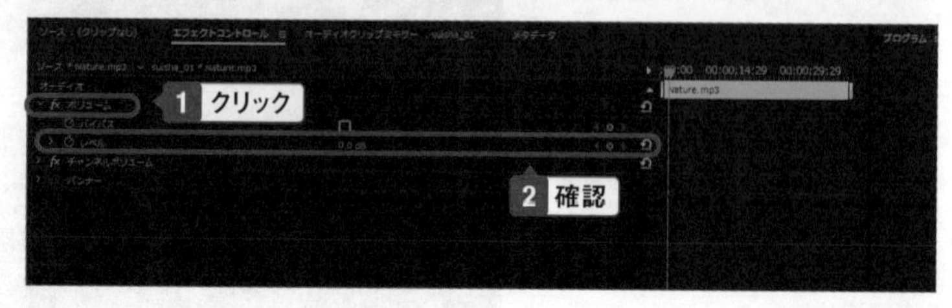

3 再生ヘッドを音声データの最初の位置に移動する。

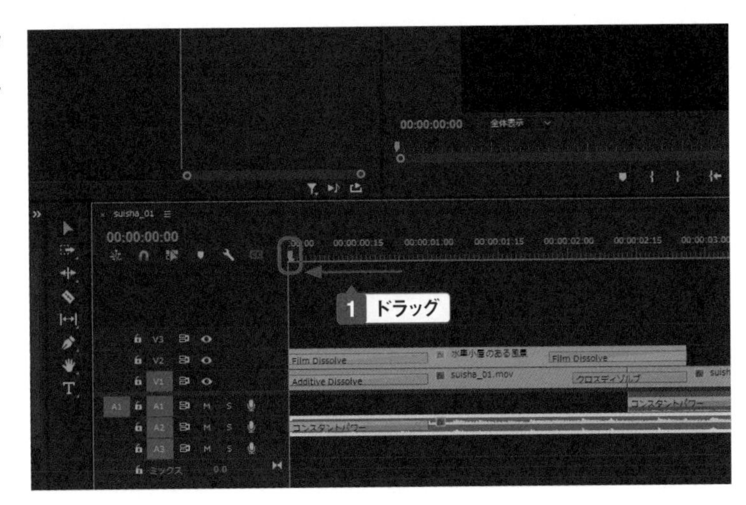

> **One Point**
>
> **全体を調整するときは必ず最初に**
>
> 音声データ全体の音量を調整するときは、必ず再生ヘッドを音声データの最初の位置に移動してから設定します。再生ヘッドが音声データの途中の位置にある状態で音量を調整すると、「その位置から」音量が変更されてしまいます。なお、任意の位置で調整する方法は Chapter5 の「キーフレーム」という機能を使います。

4 数値をクリックしてレベルの値を変更する。

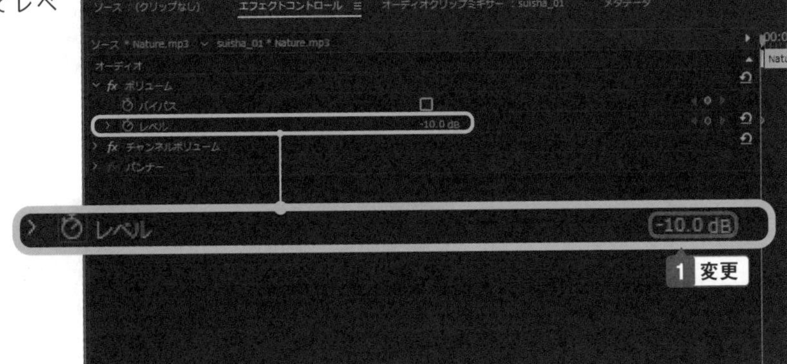

> **One Point**
>
> **マウスで数値を素早く調整する**
>
> エフェクトコントロールパネルではさまざまな設定を行います。数値を変更、設定するときには、マウスポインターを数値に合わせた状態で、上下にマウスをドラッグすると値を変えることができ、素早く調整できます。

Chapter » 4

Section » 08

効果音を追加する

音をピンポイントで追加する

動画の中で一瞬のできごとに合った音を加えると、イメージが強調されて印象が残ります。YouTubeで人気になっている動画ではしばしば「ドドン」や「じゃーん」といった音を効果的に使っています。

Before

After

動画のポイントで効果音を流す

1 プロジェクトパネルに音声ファイルを読み込む。その後、効果音に使うファイルをクリックし、タイムラインにドラッグして配置する。

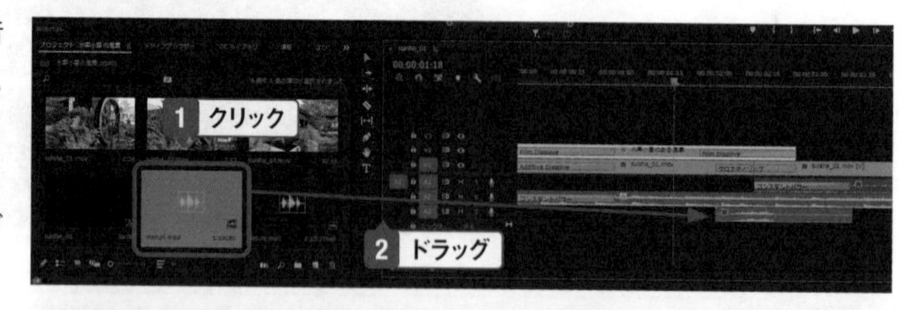

2 位置と長さを調整する。

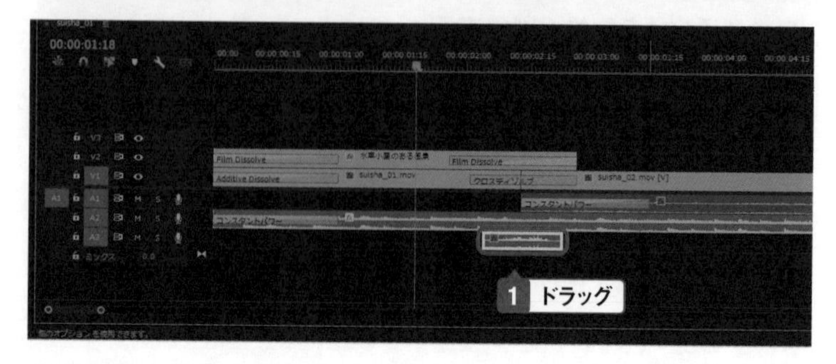

One Point

再生してタイミングを調整する

効果音は短い音声データで、一般的には映像のタイミングに合わせて使われます。そのため、映像とうまく合わせることがとても重要です。映像と音声のタイミングは、実際に人の感覚で見て調整するのがもっとも確実な方法です。音声データの波形を見ながらだいたいの位置に合わせて、再生しながら細かく移動して調整しましょう。

One Point

効果音を収集する

効果音を使うと、映像に変化が生まれ、より人の目を映像に惹きつけます。効果音はインターネット上で多数配布されていますので、さまざまな場面の効果音をダウンロードして、用意しておきましょう。

インターネット上で配布されている効果音には、有料のものも無料のものもあり、それぞれ商用利用の条件など規定がありますので、よく確認して、用途に合ったものを集めておきます。

「効果音ラボ」(https://soundeffect-lab.info/)は規約の範囲内で自由にダウンロードして使うことができる。

ジャンルに分類されたさまざまな効果音をダウンロードできるので、好みのデータを集めておくと便利。

Chapter » 4

Section » 09

ノイズを小さくする

避けられない「ホワイトノイズ」を軽減する

動画を撮影すると、ほとんどの場合「ジー」という音がかすかに聞こえています。これを「ホワイトノイズ」といいます。防音室で撮影しない限り避けられないノイズなので、編集で軽減します。

After

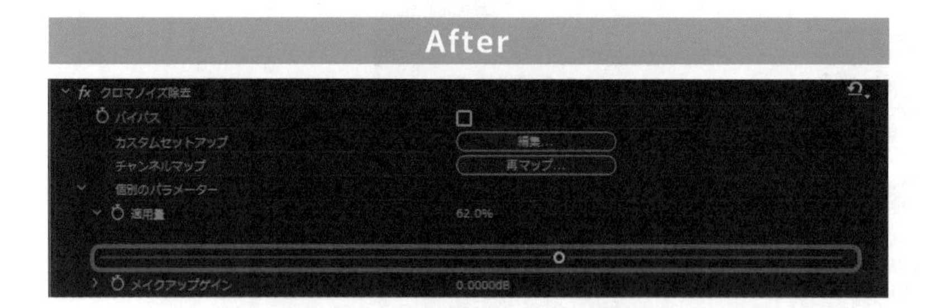

ホワイトノイズを軽減する

1 タイムラインにノイズを軽減する音声データを表示する。

2 「エフェクト」をクリック。

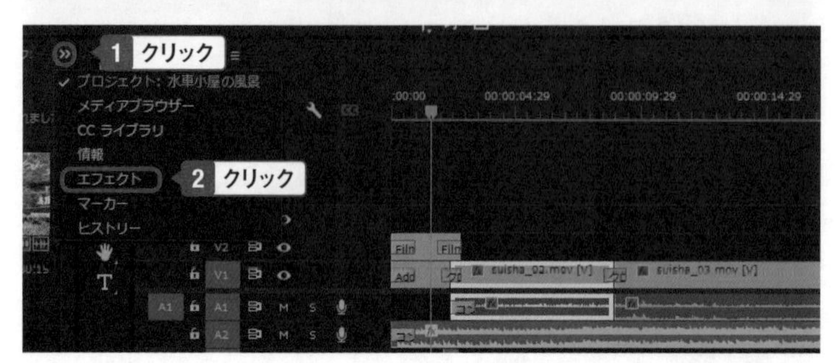

3 「エフェクト」パネルで「オーディオエフェクト」を表示する。その後、「ノイズリダクション／レストレーション」を表示する。

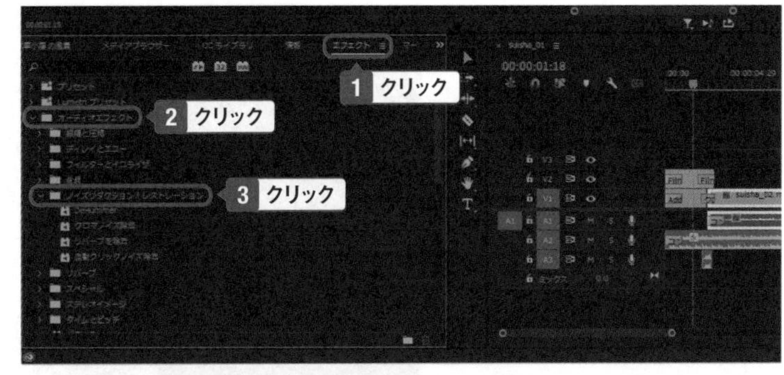

4 「クロマノイズ除去」を音声データにドラッグ。

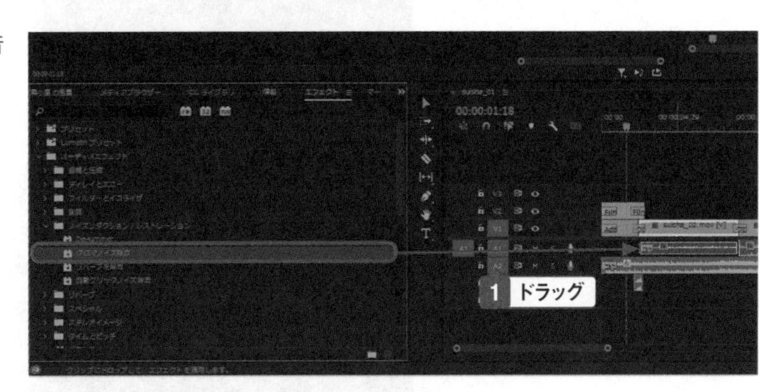

5 音声データに「クロマノイズ除去」が追加されると、「エフェクトコントロール」パネルに追加される。

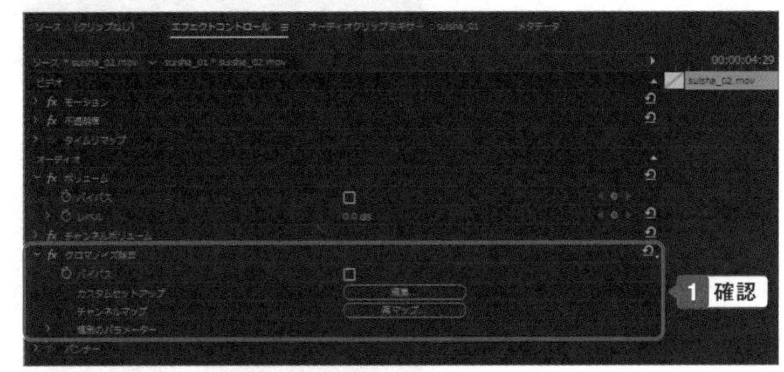

6 「個別のパラーメーター」を表示する。

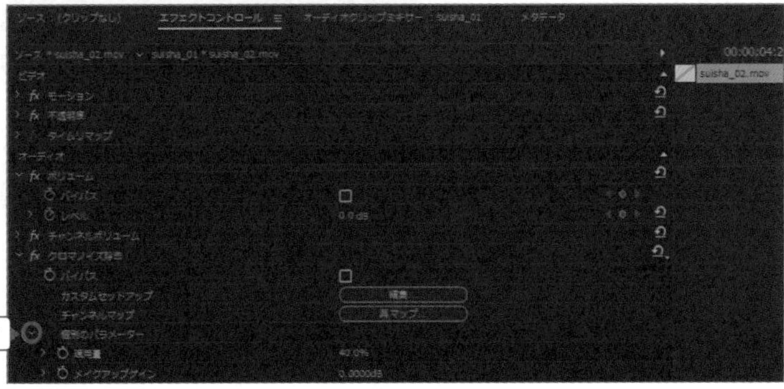

7 「適用量」を表示する。

8 「適用量」を調整する。

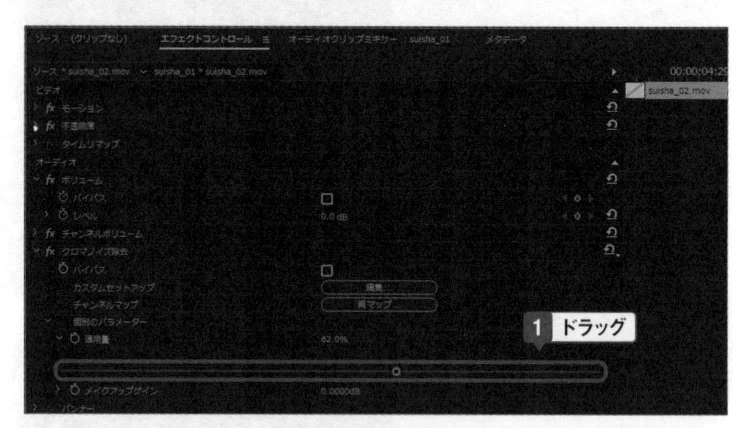

9 同様に他の音声データにも「クロマノイズ除去」を追加して「適用量」を調整する。

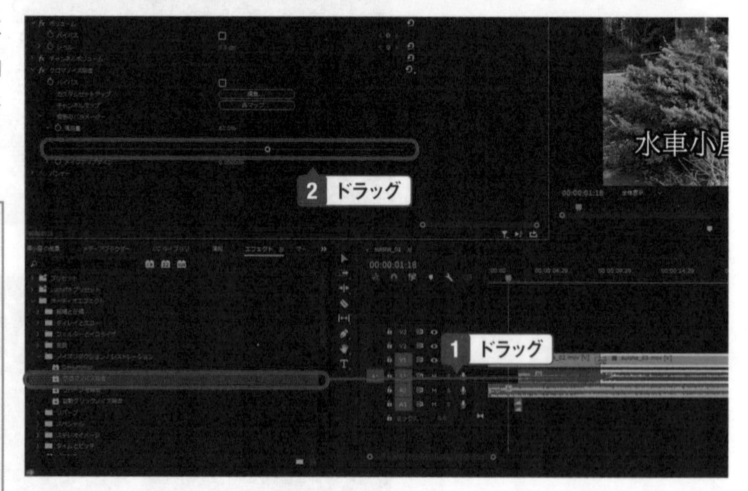

One Point

クロマノイズ除去の適用量

「クロマノイズ除去」で「適用量」を大きくすると、ホワイトノイズは軽減されますが、一方で通常の音声（声や環境音など）が「こもる」感じになります。

軽いホワイトノイズであれば40%程度、かなり耳障りなホワイトノイズであれば80%程度で試し、微調整するとよいでしょう。

Chapter 5

キーフレームを使って動きを付ける

動画を編集していると、「ここでこれを動かして、ここまでで消える」といったタイミングに合わせた動きを付けたくなることがあります。このような動きは「キーフレーム」を使うと自在に操ることができます。本格的に動画を編集するときの大きなポイントになります。

Chapter » 5

Section » 01

キーフレームとは

時間経過で映像に変化をつける

撮影した映像をつないでタイトルをつけ、簡単なエフェクトを加えれば、一応の見栄えが整った動画が完成します。ただこれよりももっと凝った動きのある動画を作りたいなら、キーフレームが重要になります。

キーフレームは動きの時間を指定する

「キーフレーム」は、動画のさまざまな設定を、タイミングを指定しながら行う機能です。「フレーム」とは動画の1コマのことで、「キー（Key）となるフレーム」という意味です。

キーフレームを使うと、動画に自分の思うような変化を付けることができるようになります。Premiere Proには、動画にさまざまな変化を付けられるエフェクトやモーショングラフィックス（テンプレート）などがありますが、それらはあくまであらかじめ用意されているものなので、限られた範囲での加工しかできません。一方でキーフレームを使うと、ほぼ無限に自分が考えるような加工ができます。言い換えれば、テンプレートや各種のエフェクトも、Premiere Proのさまざまな機能とキーフレームを組み合わせて使うと再現できると言えるでしょう。

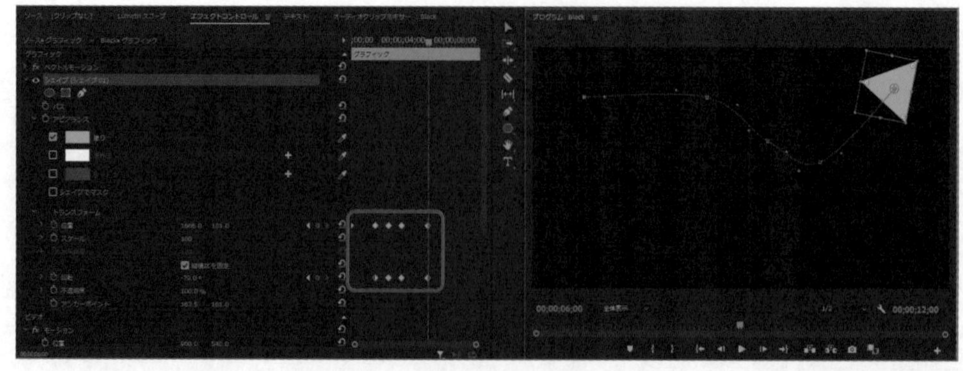

キーフレームを使うと、ただの文字にも「文字が左からだんだん現れる」といったような動きをつけることができるようになる。

キーフレームは、基本的にエフェクトコントロールパネルで行います。エフェクトコントロールパネルを見ると、エフェクトの右側に空間があることがわかります。この場所は選択している素材の再生範囲を示し、この空間にキーフレームを「打つ」ことで、再生範囲の中の位置を指定します。

キーフレームは、より自由な動画編集を行うための肝の1つとも言えます。まずはキーフレームを打つ簡単な編集をしてみましょう。すぐに理解できるはずです。

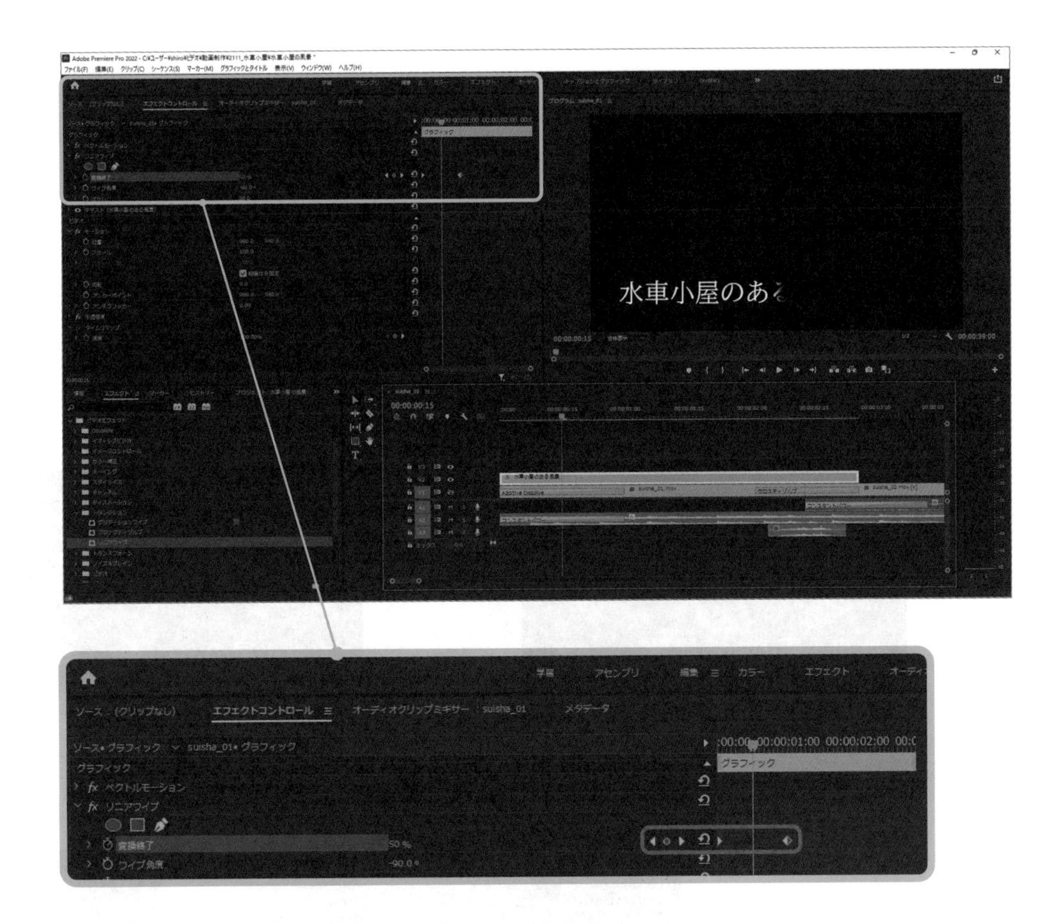

キーフレームは、エフェクトコントロールパネルを使ってタイミングとそのときの状態を指定しながら設定していく。

One Point

キーフレームを「打つ」

キーフレームを設定することを「打つ」と言うことがあります。エフェクトコントロールパネルでキーフレームを設定するタイミングを決定すると、その位置にマークが表示されます。「打つ」という由来は定かではありませんが、その操作感覚が、まるで「ピンを打っている」ようなイメージから、打つと言われているのかもしれません。

Chapter » 5

Section » 02

文字を少しずつ表示する

ワイプを使って少しずつ現れる

キーフレームを使って、動画に配置した文字を少しずつ現れるように表示します。文字に対して「リニアワイプ」のエフェクトを追加し、リニアワイプの「変換終了」の値を変化させます。

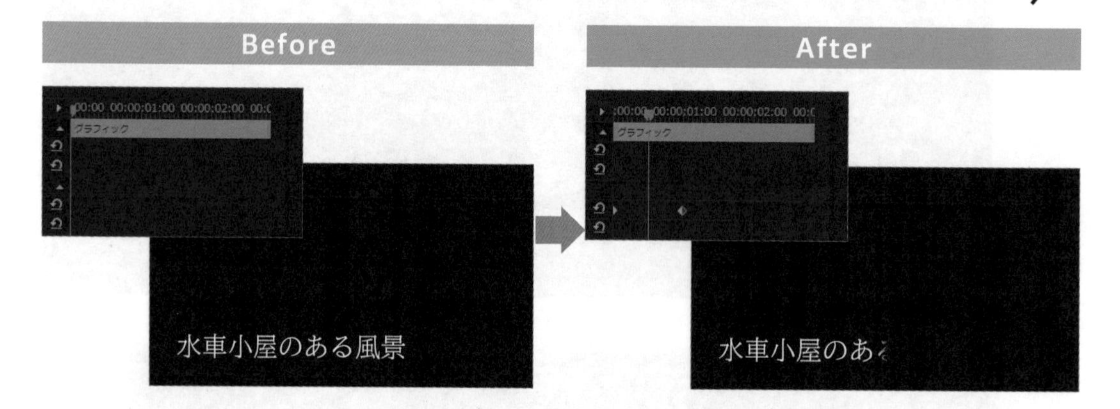

文字グラフィックにリニアワイプを追加する

1 タイムラインに文字を配置し、文字を入力したグラフィックを選択する。その後、エフェクトパネルで「ビデオエフェクト」の「トランジション」にある「リニアワイプ」をクリック。

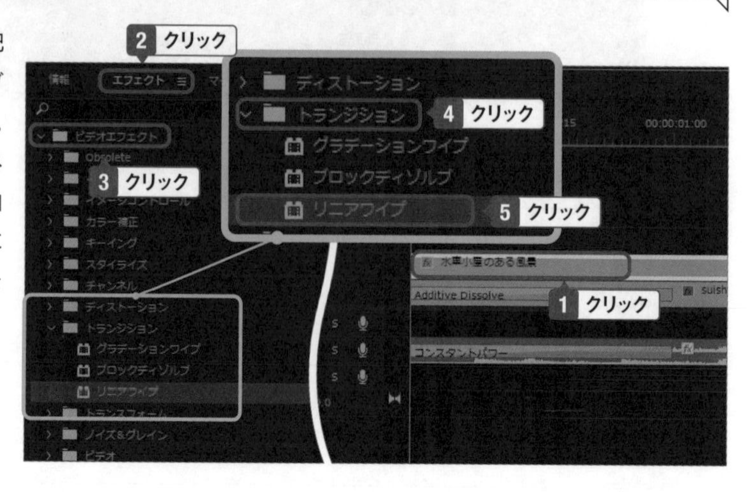

One Point

タイムラインを拡大する

タイムラインは編集しやすいように、文字が表示される部分を拡大します。

One Point

文字以外を非表示にする

ここでは見やすいように、文字以外の映像を非表示にしています。タイムラインでメインの映像になる「V1」の「トラック出力の切り替え」をクリックすると、映像の表示／非表示を切り替えることができます。

2 リニアワイプをタイムラインにドラッグ。

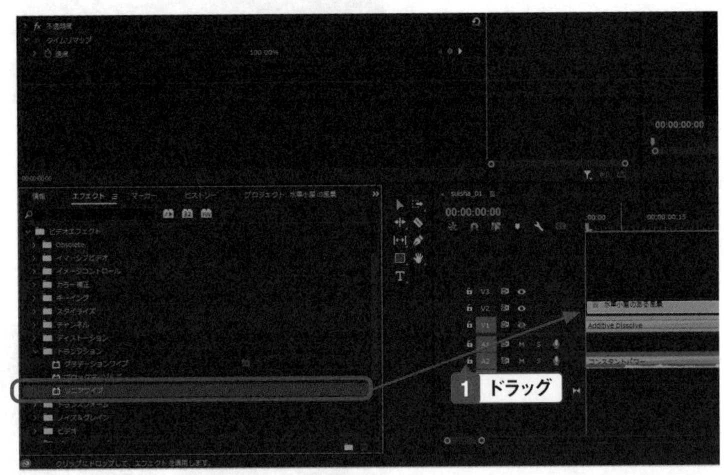

3 文字の枠にリニアワイプが追加される。

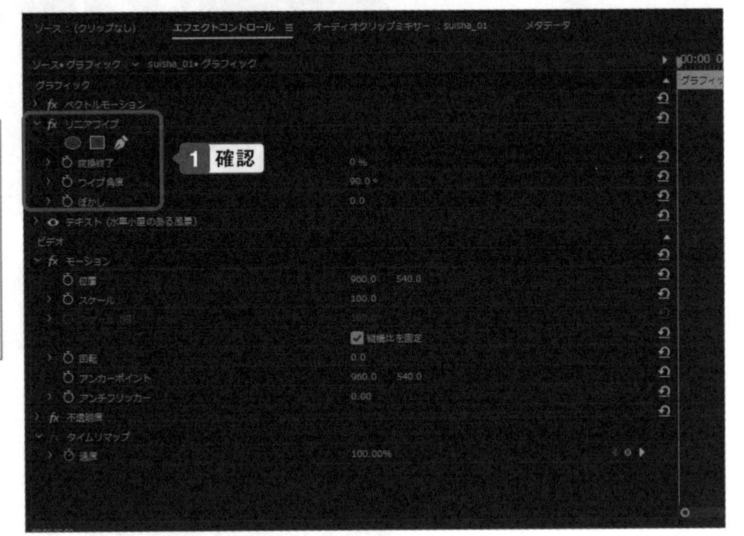

One Point

エフェクトコントロールパネルを確認する

リニアワイプを追加すると、エフェクトコントロールパネルに「リニアワイプ」の項目が追加されます。

キーフレームを使ってリニアワイプを設定する

1 エフェクトコントロールパネルにリニアワイプが追加されていることを確認し、再生ヘッドを文字グラフィックの先頭に移動する。続いて、変換終了の「アニメーションのオン／オフ」（ストップウォッチの形のアイコン）をクリック。

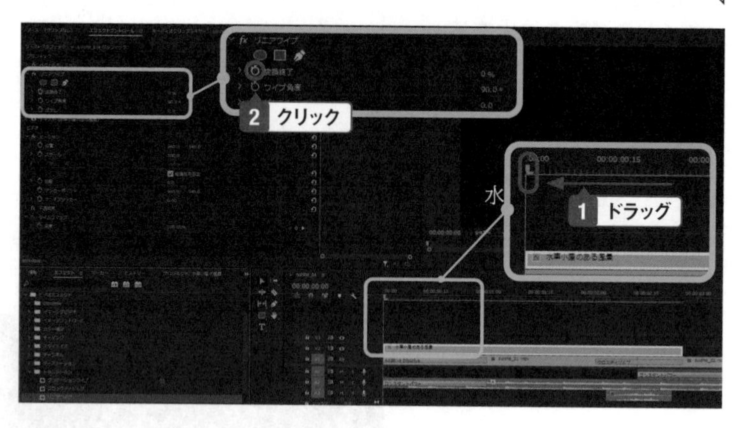

One Point

「アニメーションのオン／オフ」

「アニメーションのオン／オフ」をクリックして、オンにすると、その項目にキーフレームを打てるようになります。

2 「アニメーションのオン／オフ」が「オン」になる。同時に、エフェクトコントロールパネル右側の再生ヘッドの位置に、キーフレームが打たれる。

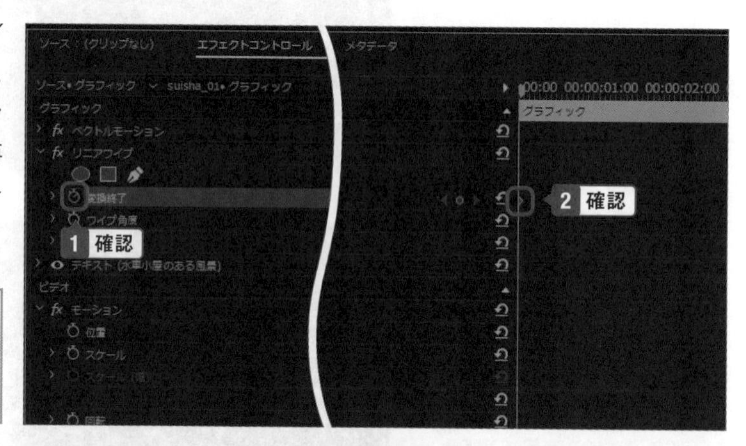

One Point

キーフレームの記号

キーフレームは、「◇」「▷」「◁」で表示されます。

3 「変換終了」の値を「100%」に変更する。

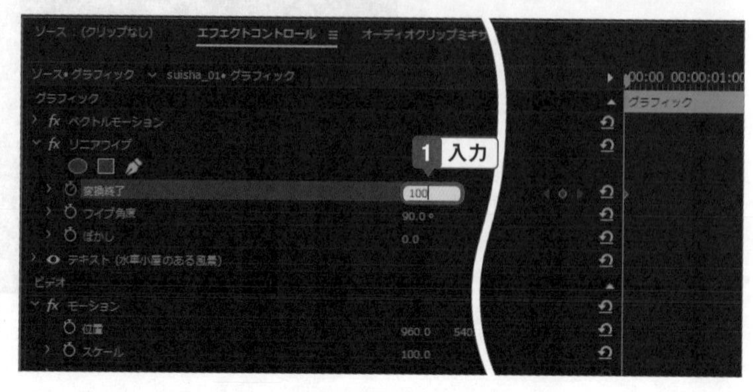

One Point

「変換終了」の値

リニアワイプの「変換終了」の値は、「100%」でまったく見えない状態、「0%」ですべて見えている状態を示しています。

4 同様に、「ワイプ角度」の値を「-90.0°」、「ぼかし」を「50.0」に変更する。

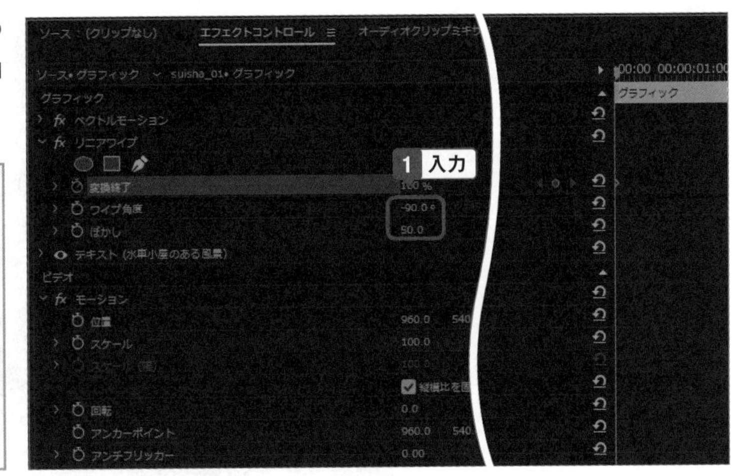

One Point

「アニメーションのオン／オフ」がオフの場合

「ワイプ角度」と「ぼかし」は「アニメーションのオン／オフ」をオフにしたまま値を変更しています。この場合、再生時間全体に設定した数値が適用されます。

One Point

「ワイプ角度」と「ぼかし」

「ワイプ角度」は、表示していく方向を示す値です。-90°にすることで左から右側への移動になります。「ぼかし」は表示される部分のぼかし度合を設定します。「0」でまったくぼかしがない状態です。

5 再生ヘッドを、文字がすべて表示される位置に移動する。その後、「変換終了」の「キーフレームの追加／削除」をクリック。

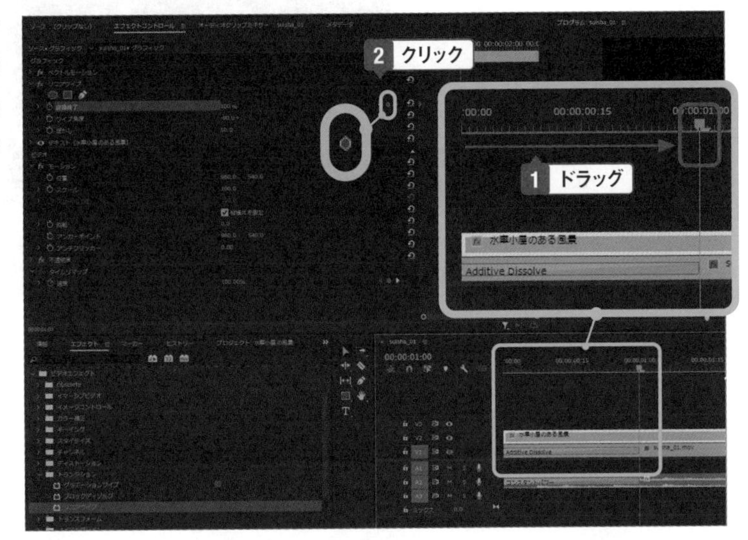

6 キーフレームが打たれる。

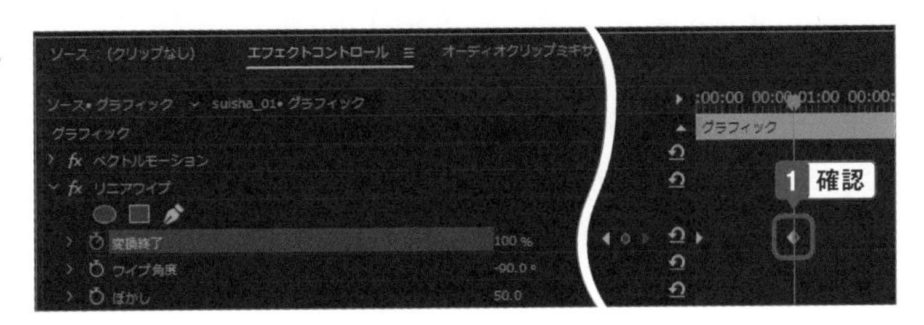

7 「変換終了」の値を「0%」に変更する。

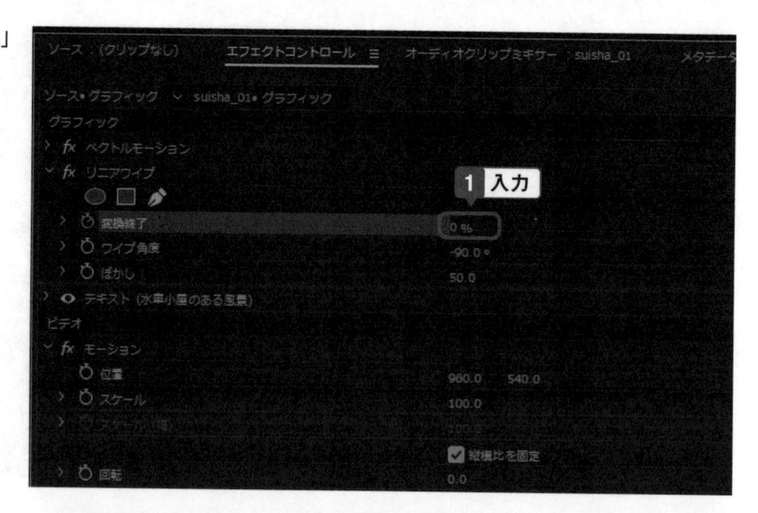

8 再生して途中の変化を確認する。

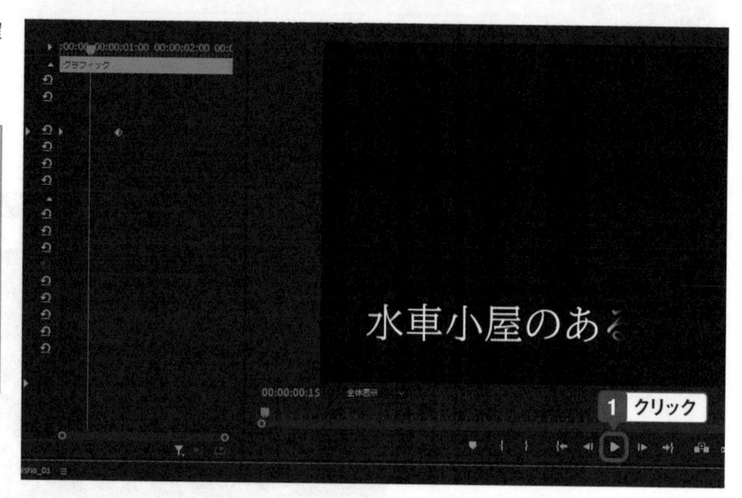

> **One Point**
>
> **キーフレームの間の変化**
>
> キーフレームは、開始位置と終了位置を指定して、その時点での状態を登録します。その間の変化は自動的に設定され、なだらかに変化するようになります。

> **One Point**
>
> **文字も「グラフィック」**
>
> Premiere Proでは、動画上に配置した文字も「グラフィック」(画像)として扱います。つまり「文字の形をした図形」というイメージです。写真や図形などと同じようにエフェクトを加えることができます。

Chapter » 5

Section » 03

文字が流れるタイトルを作る

画面内を文字が移動する

キーフレームを使うと、文字を動かすことができます。文字をはじめ動画の枠外に配置し、時間の経過とともに動画の枠内に配置するようにキーフレームを設定すると、その間の位置はキーフレームによって自動的に設定されます。

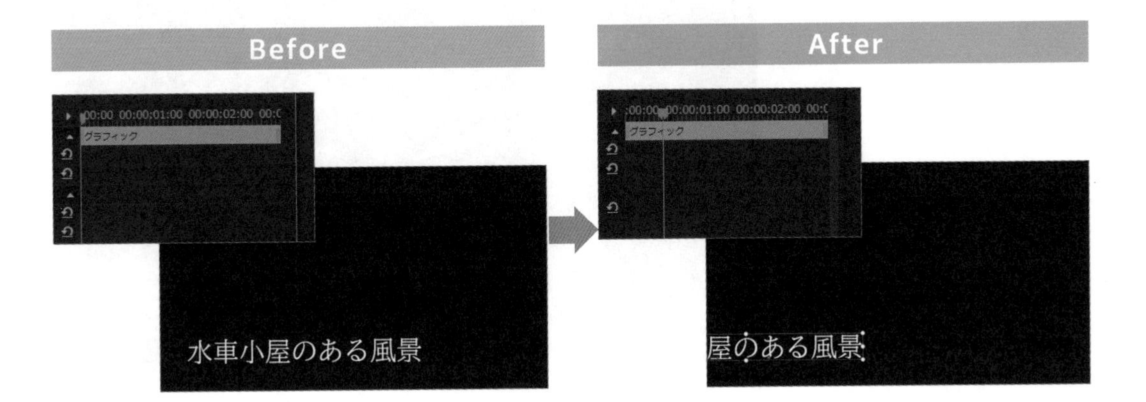

文字をスタート地点に移動する

1 タイムラインに文字を配置して、エフェクトコントロールパネルで「テキスト」左側の「>」をクリック。

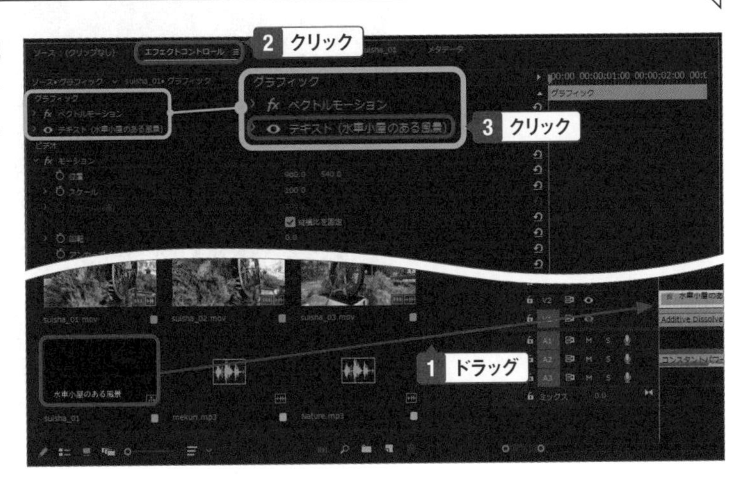

2 「ソーステキスト」左側の「∨」をクリック。

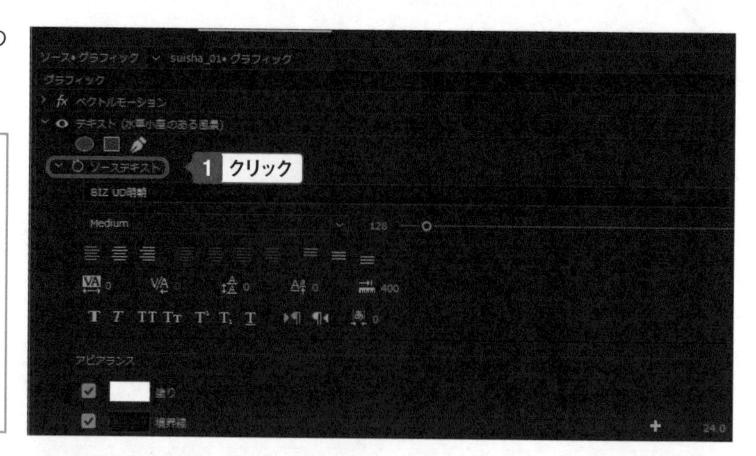

One Point

必要な項目を表示する

エフェクトコントロールパネルには、さまざまな情報が表示されます。限られた画面の広さの中で効率よく作業するには、必要な場所を表示して、操作しない場所は非表示にしたり閉じたりしておくとよいでしょう。

3 「選択ツール」で文字をクリック。

4 文字の周囲に枠とハンドルが表示される。

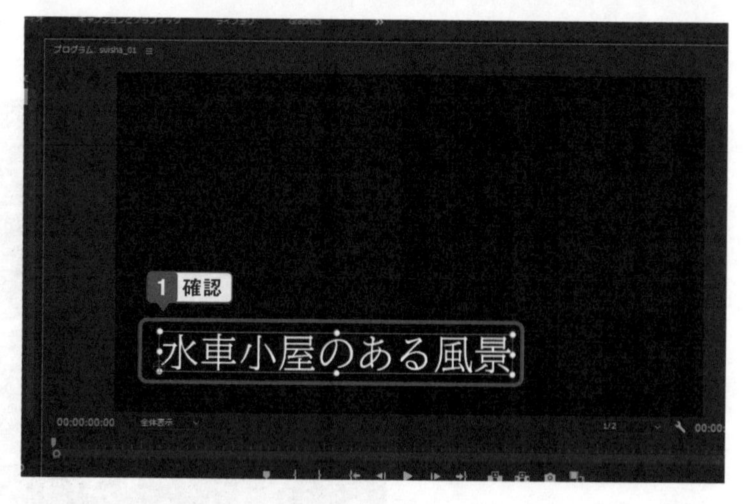

5 ドラッグして、映像の枠外に移動する。

キーフレームを打ちながら文字を移動する

1 エフェクトコントロールパネルの「トランスフォーム」で「位置」の「アニメーションのオン／オフ」をクリック。

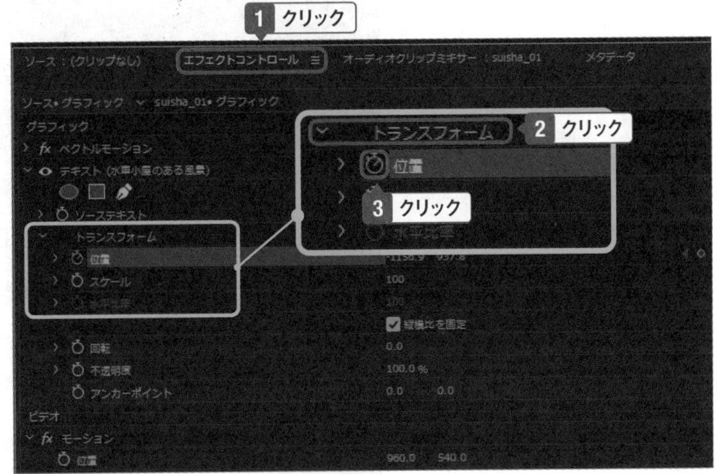

2 再生ヘッドを移動が終わる位置に移動する。

3 「キーフレームの追加／削除」をクリック。

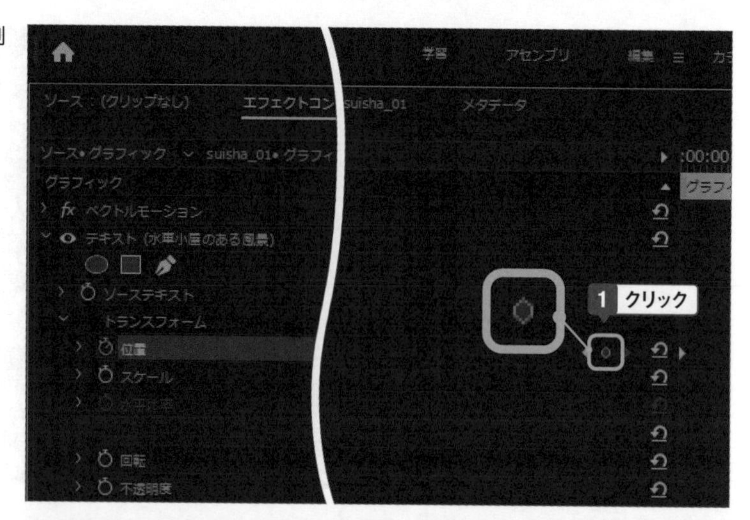

4 文字を選択して、終点の位置に移動する。

One Point

平行に移動する

「Shift」キーを押しながら移動すると、垂直または水平を保ちながら移動できます。

5 再生して動きを確認する。

Chapter » 5

Section » 04

大きさが変化するタイトルを作る

中心から全体に拡大するタイトルを作る

タイトルの大きさをキーフレームで指定すれば、時間経過で大きさが変わる動きを作ることができます。このとき、はじめのサイズを限りなく小さくしておくと、見えない状態から大きくなるといった動きになります。

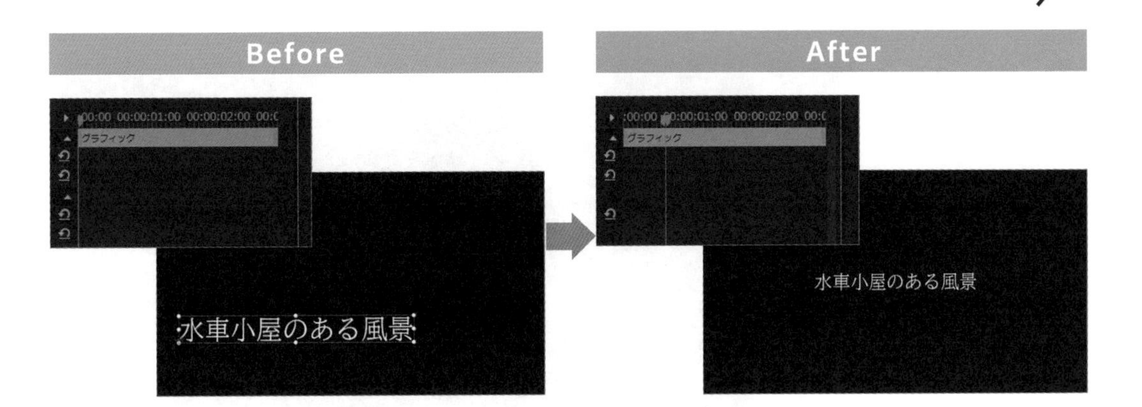

文字を中心に移動する

1 「選択ツール」で文字を選択する。その後、ワークスペースの「キャプションとグラフィック」(または「Graphics」)をクリック。

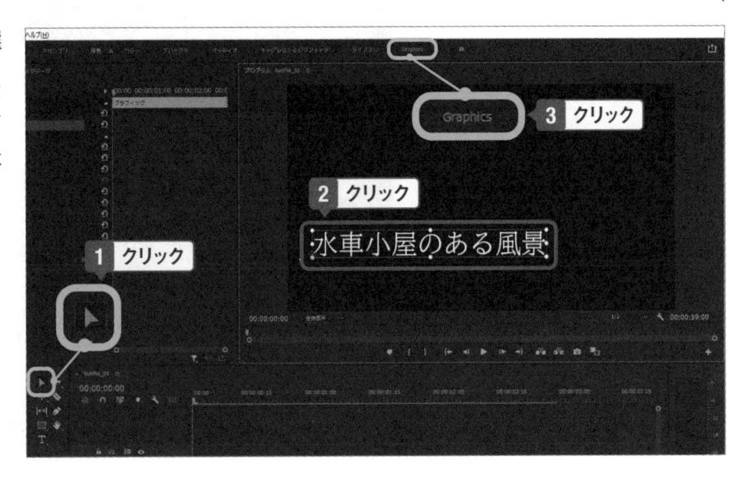

2 エッセンシャルグラフィックスパネルの「編集」をクリック。

3 「整列と変形」の「垂直方向に整列」をクリック。

4 「整列と変形」の「水平方向に整列」をクリック。

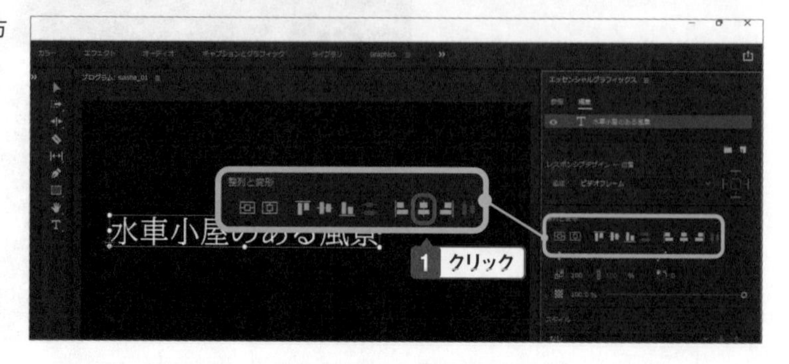

アンカーポイントを移動する

1 ワークスペースの「編集」をクリック。

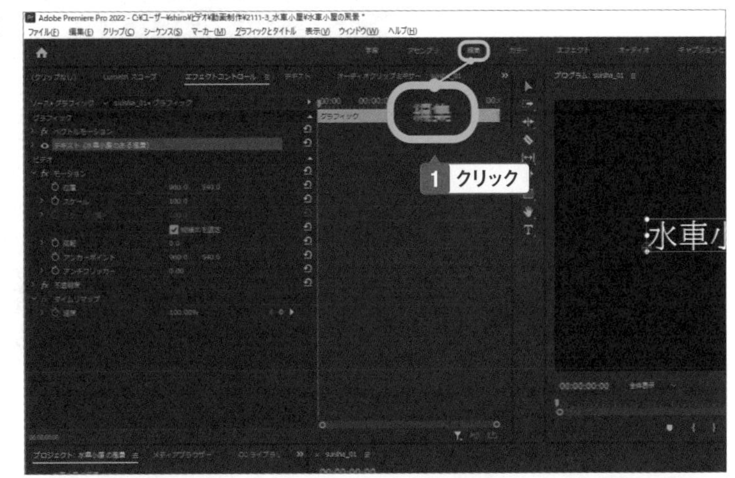

2 文字の左下に表示されているアンカーにマウスポインターを合わせる。

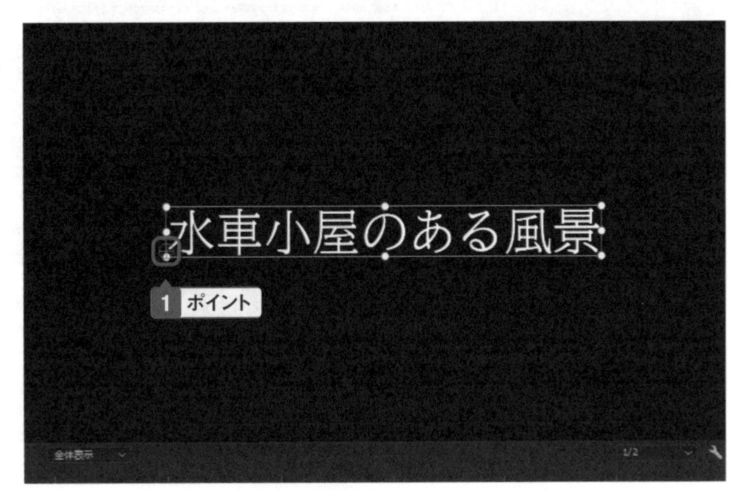

3 アンカーにマウスポインターを合わせると、ポインター[icon]の形が変わる。

> **One Point**
>
> **アンカー**
>
> アンカーとは「船のいかり」のことで、アンカーポイントはオブジェクトを動かす中心になる場所になります。いかりを海底に沈めると、船はその位置を中心に移動することに由来しています。

4 アンカーポイントを文字の中心にドラッグして移動する。

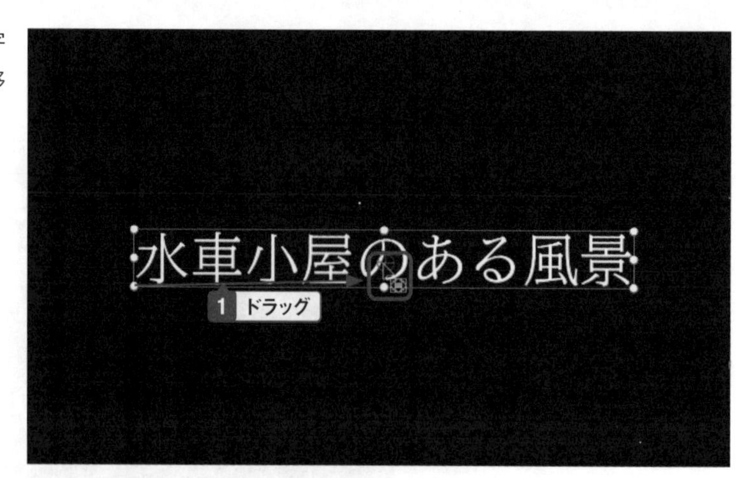

文字全体の大きさを変える

1 エフェクトコントロールパネルで「テキスト」左側の「>」をクリック。

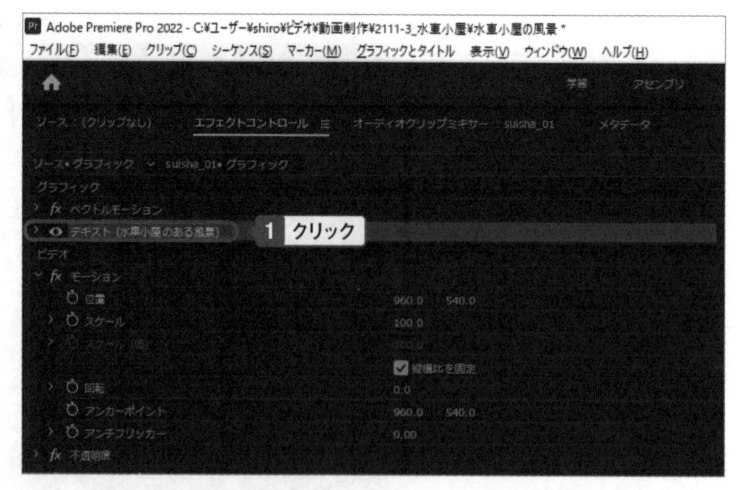

2 「ソーステキスト」左側の「>」をクリック。

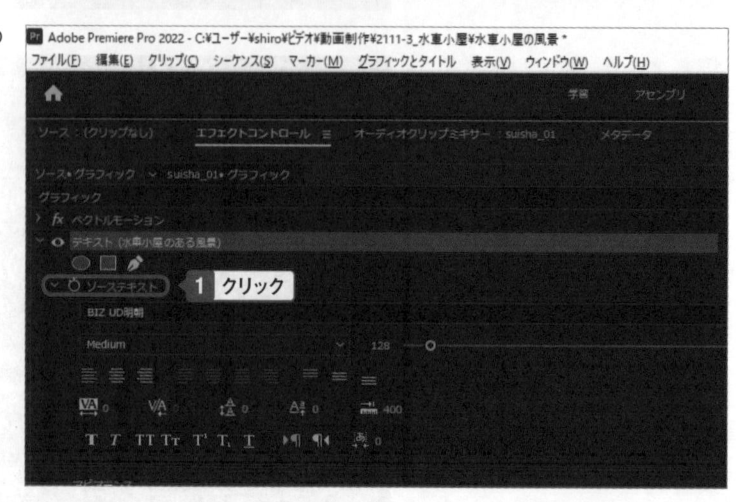

3 「トランスフォーム」の「スケール」の「アニメーションのオン／オフ」をクリック。

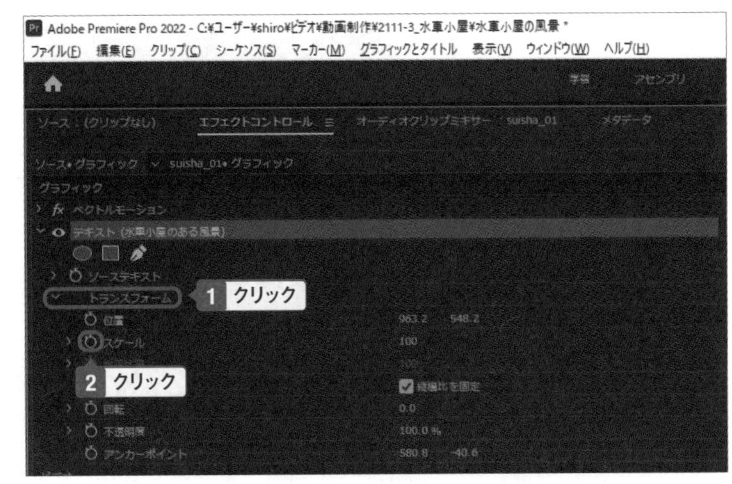

4 キーフレームが打たれる。

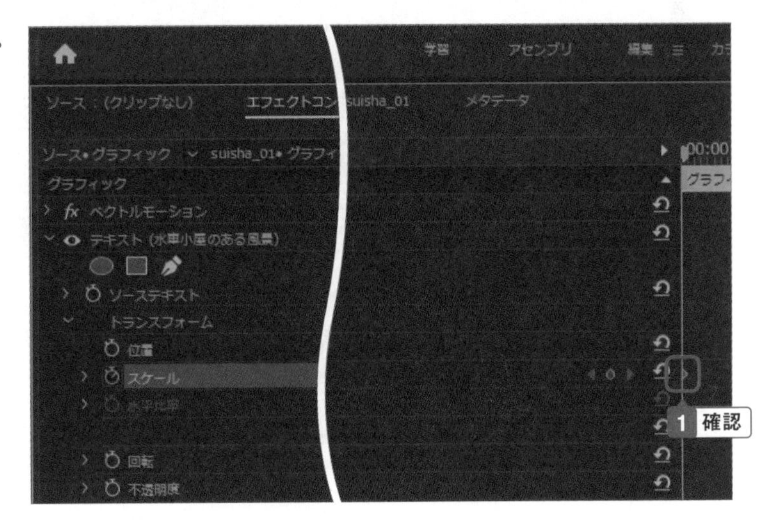

5 「スケール」の値に「0」を入力。

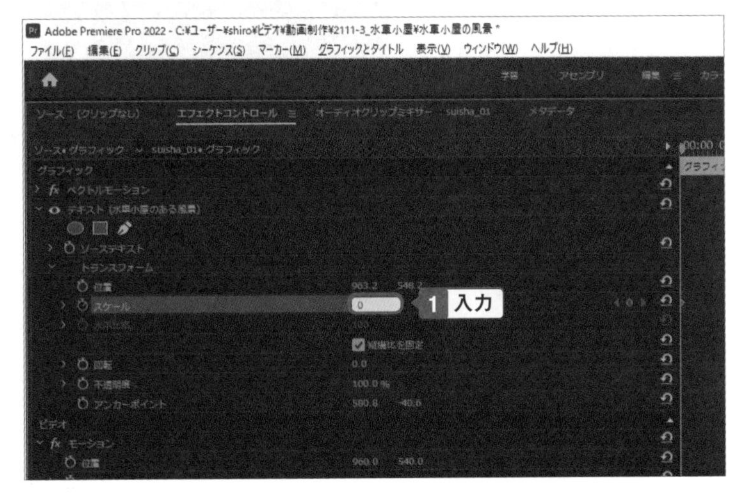

6 文字が表示されなくなる。

One Point

スケールはオブジェクトの大きさ

「スケール」はオブジェクトの大きさを設定します。元のサイズが「100」で、「0」にすれば大きさがなくなり、消えます。また逆に値を100より大きくすれば、オブジェクトが拡大されます。

7 再生ヘッドを変化が終了する位置に移動する。

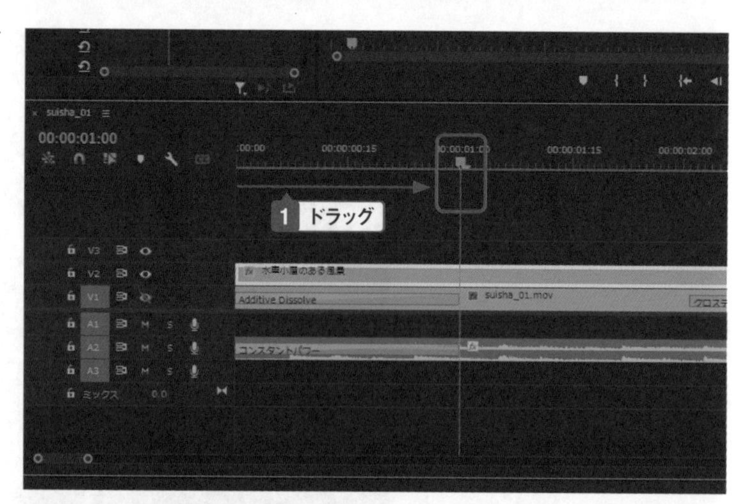

8 「スケール」の「キーフレームの追加／削除」をクリック。

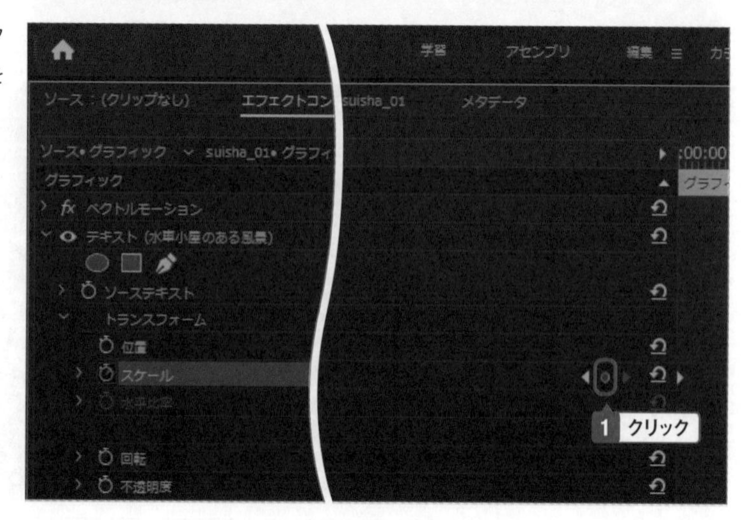

9 「スケール」の値に「100」を入力。

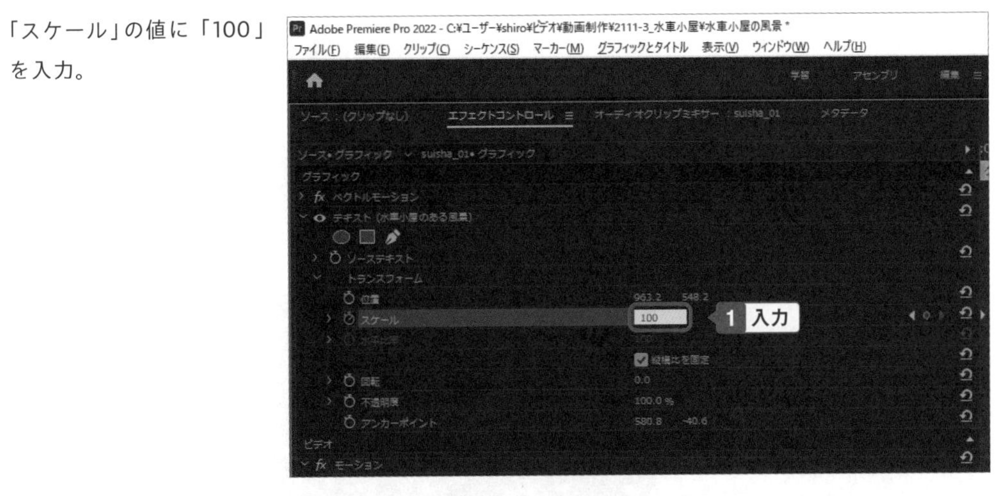

10 文字が現れる。

11 再生して動作を確認する。

自然な変化をつける

1 「スケール」左側の「>」をクリック。

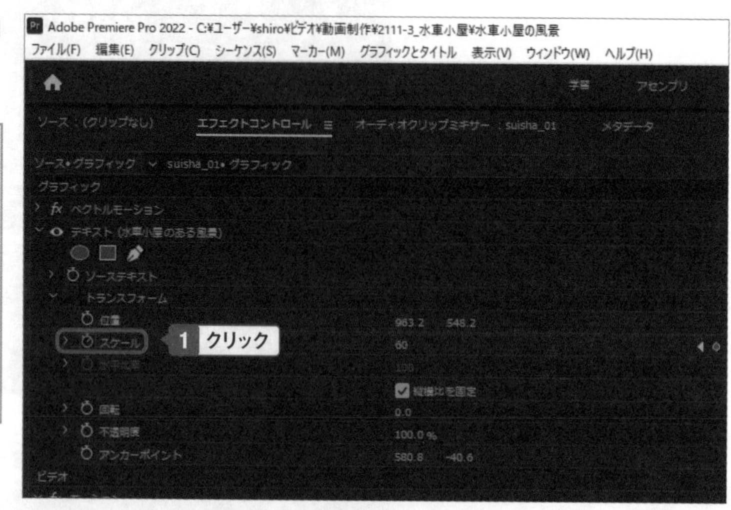

One Point

曲線的な変化をつくる

キーフレームで始点と終点を指定すると、その間は直線的に変化します。しかし直線的な変化は人の見た目には不自然に見えることがあります。そこで曲線的な変化をつけ、自然な印象に見えるようにします。

2 変化の状態を示す線が表示される。

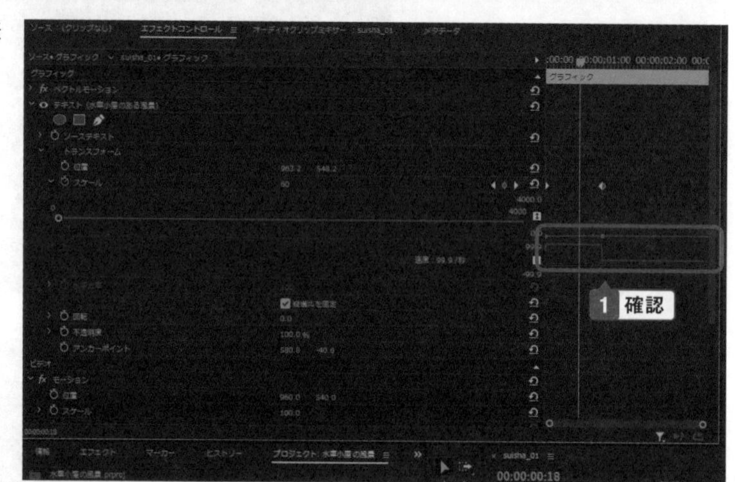

3 表示領域の下の線にマウスポインターを合わせると、ポインターの形状が変わる。

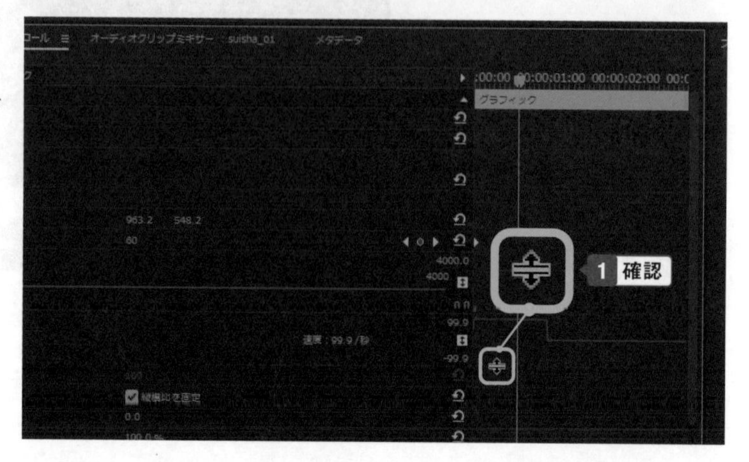

4 ドラッグして幅を広げる。

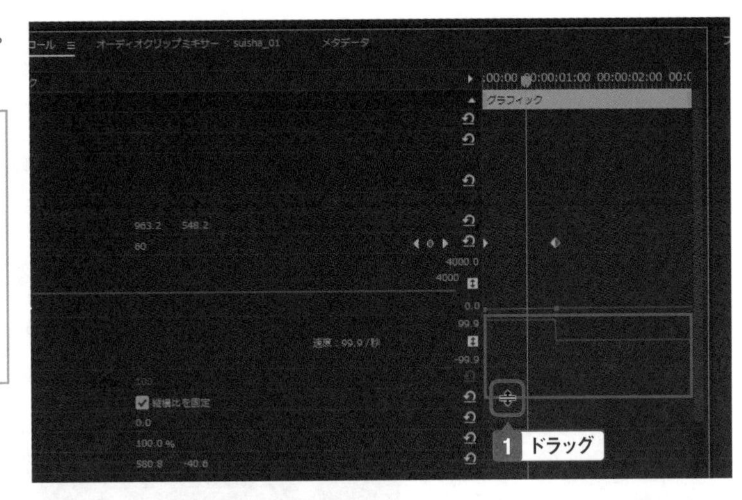

> One Point
>
> **作業しやすいように幅を広げる**
>
> 細かい設定や修正を行う場合、操作する場所を拡大して表示し、作業しやすくすれば、より正確な設定ができるようになります。

5 表示幅が広がる。

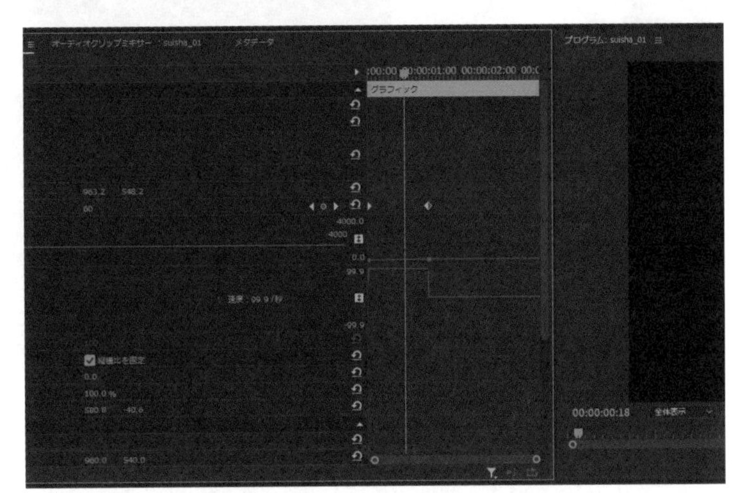

6 大きさの変化を示す線の終点にマウスポインターを合わせると、ポインターの形状が変わるので、その場所でクリック。

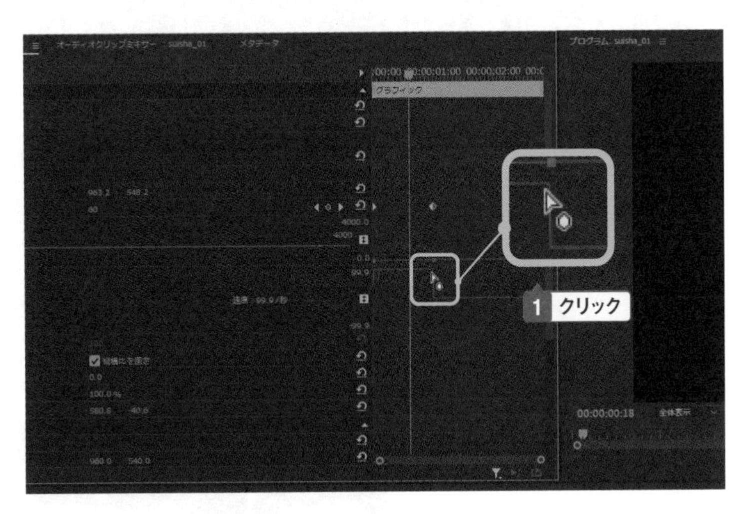

7 変化を示す線の始点と終点にハンドルが表示される。

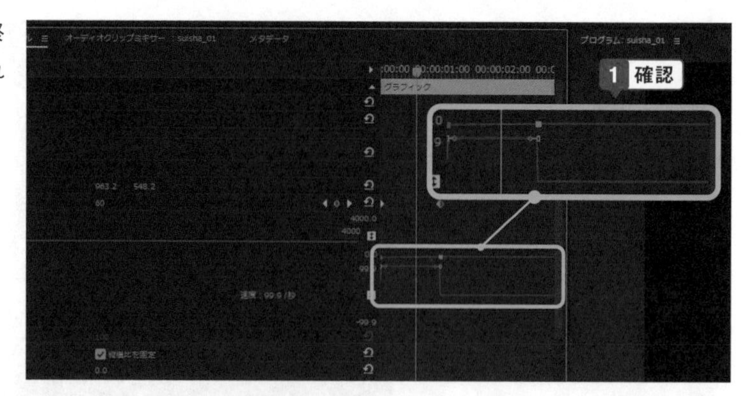

8 ハンドルをドラッグして形状を変える。

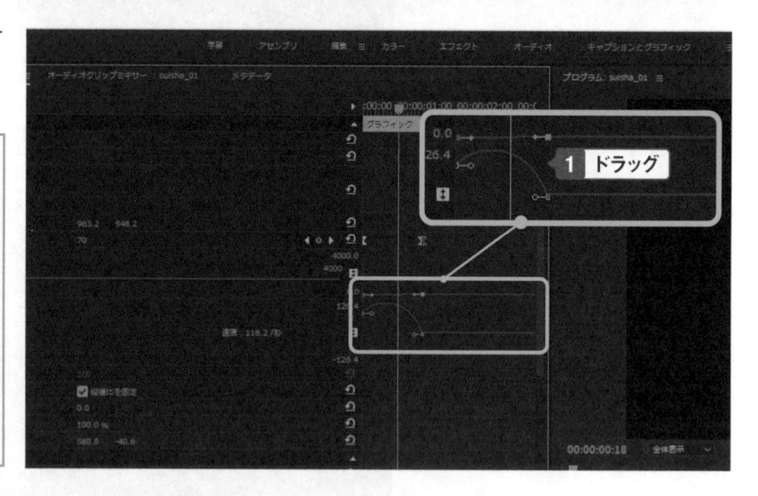

> **One Point**
>
> **自然に見える形状**
>
> 人の目に自然に見えるようにする方法はいくつかありますが、一例としてこの画面のように山の形に変化させます。形状を変えるにはコツがあるので、ハンドルをいろいろな方向にドラッグして試してみながら、感覚をつかんでいきましょう。

> **One Point**
>
> **ハンドルを動かす**
>
> 表示されるハンドルには2種類あります。変化を示す線上にあるハンドルと、そこから伸びる直線上にあるハンドルがあり、それぞれ違う役割を持っています。変化を示す線上にあるハンドルは、ハンドルがある位置の線を移動させます。そのハンドルから伸びる直線上にあるハンドルは、曲線の曲がり具合や方向を変化させます。

9 再生して変化を確認する。

Chapter » 5

Section » 05

図形を回転させる

動画に配置したグラフィックを回転させる

図形は動画にグラフィックとして配置します。1つの図形でも複数の図形でも、時間ごとに角度を変えながらキーフレームを設定していくことで自由に回転させることができるようになります。

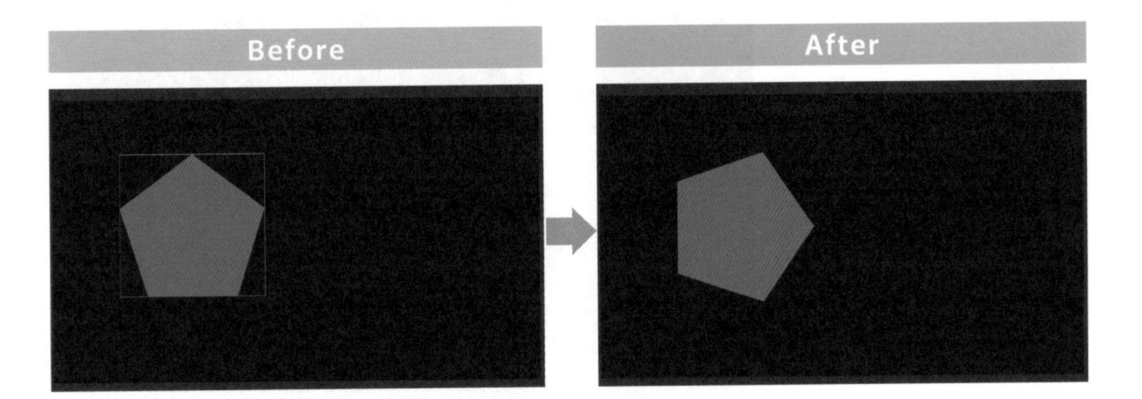

シェイプを描く

1 ワークスペースの「キャプションとグラフィック」をクリック。

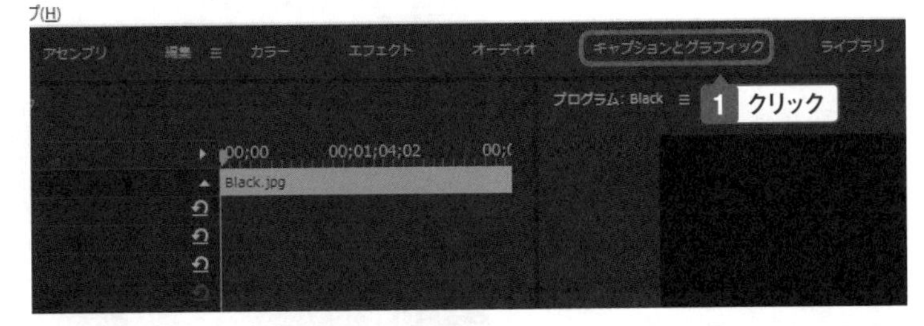

2 「長方形ツール」をクリックして押したままにする。

3 「多角形ツール」をクリック。

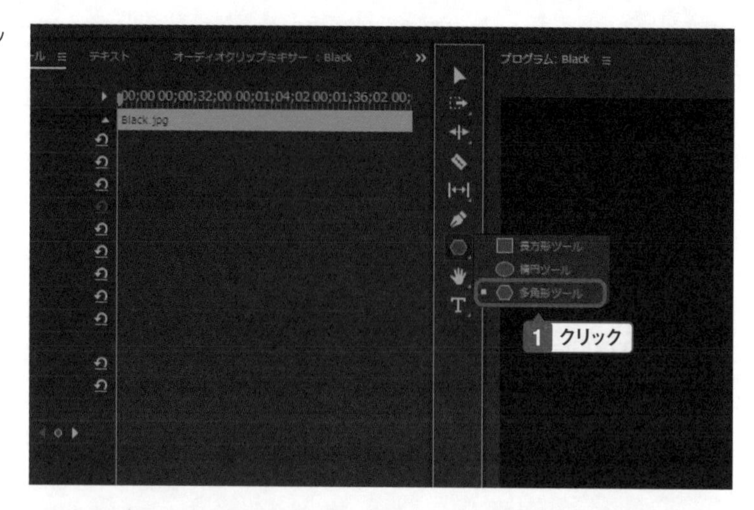

4 プログラムパネル上に図形を描く。

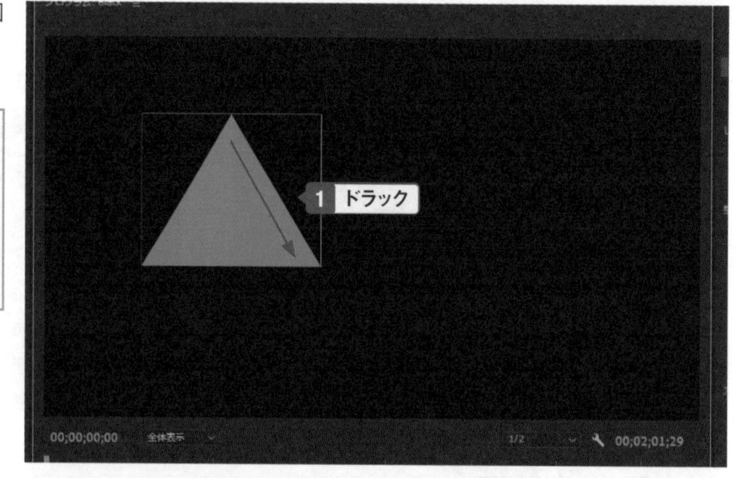

> **One Point**
> **多角形ツール**
> 多角形ツールで図形を描くと、三角形になります。はじめ三角形を書いて、角の数を変更して形を変えます。

5 エッセンシャルグラフィックスパネルの「編集」で、角の数と大きさを変更する。その後、塗りの色を変更する。

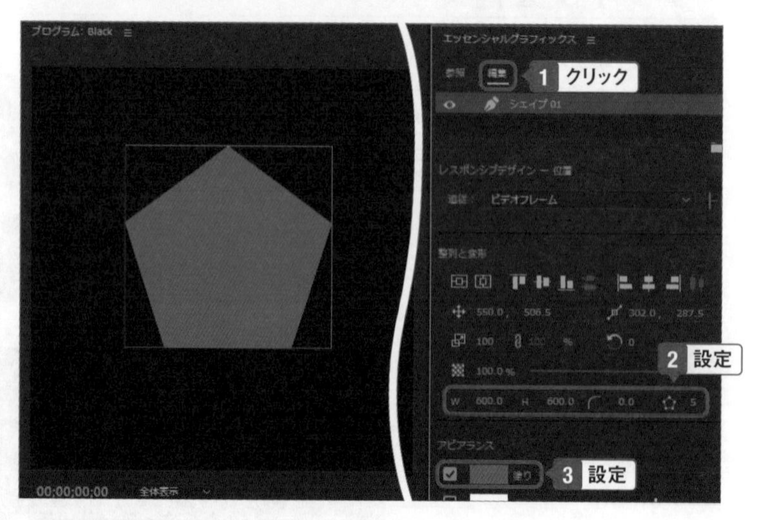

> **One Point**
> **エッセンシャルグラフィックスパネルを表示する**
> ［ウィンドウ］－［エッセンシャルグラフィックス］を選択すると現在のワークスペースにエッセンシャルグラフィックスパネルを表示できます。

6 タイムラインで表示する時間（再生時間）を調整する。

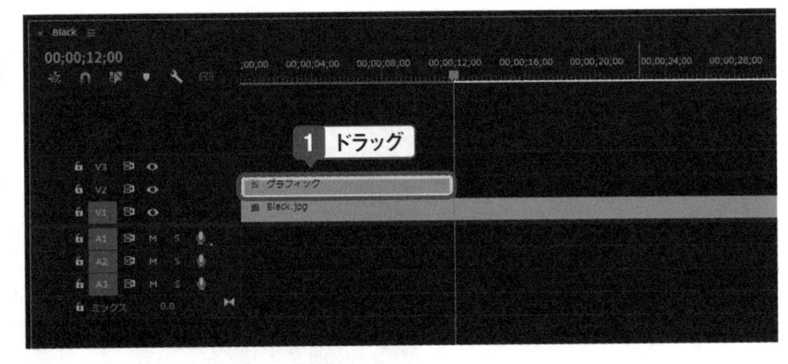

One Point

時間を入力する

タイムラインの時間をクリックして、直接数値を入力すると、その位置に再生ヘッドが移動します。ぴったりの時間に合わせたいときは、数値を入力した方が簡単で確実です。

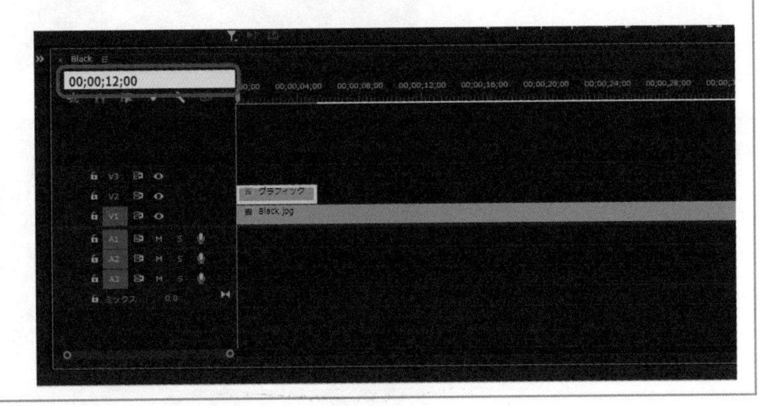

図形の回転を設定する

1 再生ヘッドを動画の最初の位置に移動して、エフェクトコントロールパネルの「シェイプ（シェイプ01）」左側の「>」をクリック。

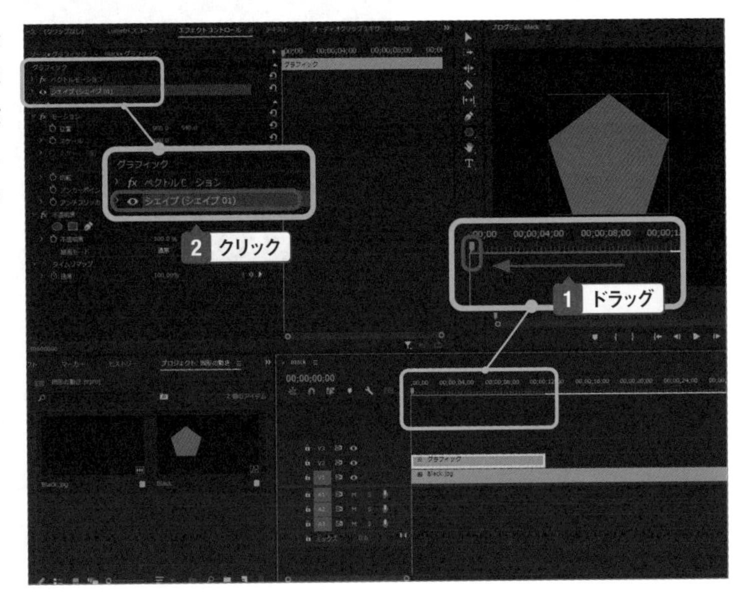

2 「トランスフォーム」で「回転」の「アニメーションのオン／オフ」をクリック。

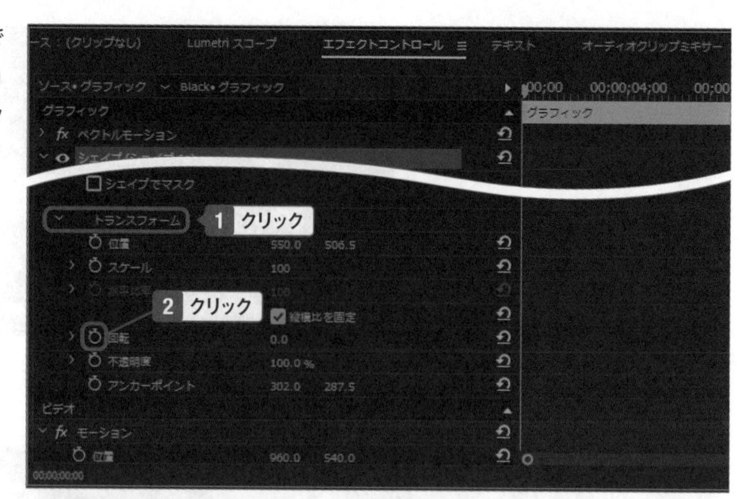

3 再生ヘッドを最後の位置に移動して、「回転」の「キーフレームの追加／削除」をクリック。

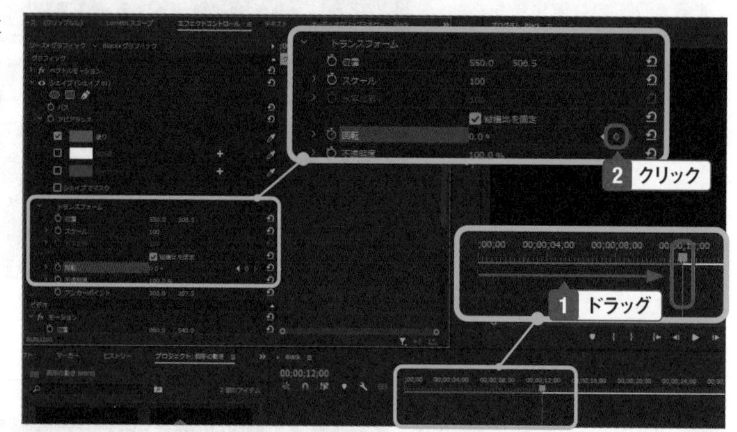

4 回転する角度を入力。

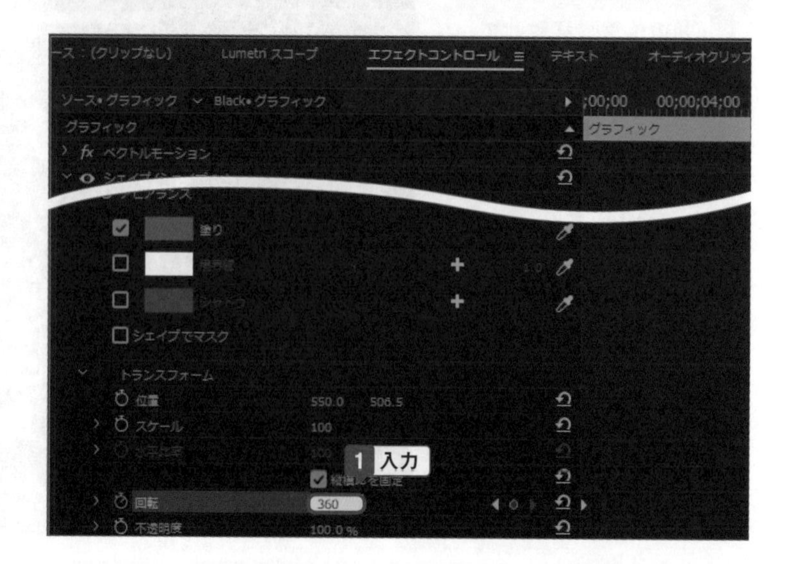

5 角度が設定される。

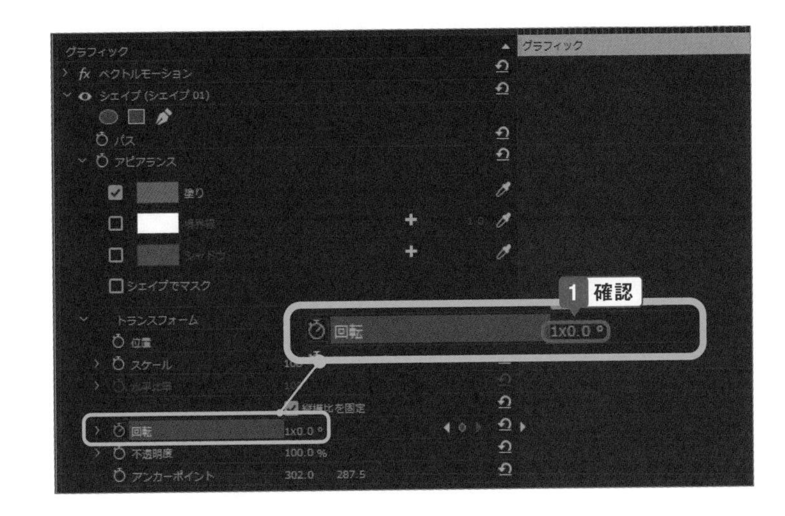

One Point

1回転の表示

1回転の場合、360度回転します。そこで角度に「360」と入力すると、「1x0.0」と表示されます。これは「1回転して0度」という意味になります。2回転させるときは「720」または「2x0.0」となります。

6 再生して動作を確認する。

One Point

回転の軸を変える

図形を描くと、基本的に図形の中心に軸が設定されます。この軸になる点を「アンカーポイント」と呼びます。アンカーポイントは図形を選択したときに表示され、アンカーポイントをドラッグして移動すると、回転する軸を変えることができます。

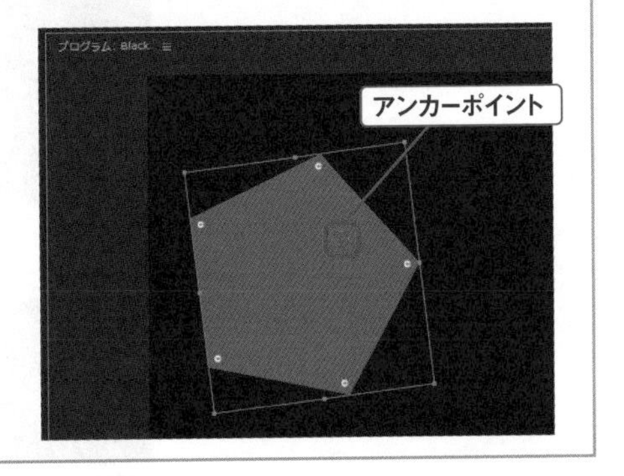

Chapter » 5

Section » 06

図形を移動する

オブジェクトを移動する

配置したオブジェクトに、キーフレームで位置を移動しながら設定します。キーフレームを複数設定すると、複雑な動きも可能になります。また同時に大きさを変えて、より自由な動きを出すこともできます。

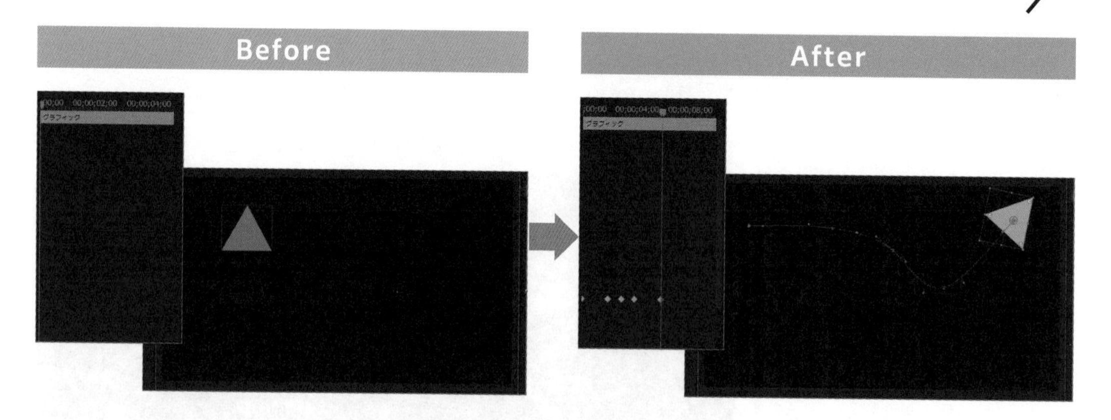

図形を描く

1 ワークスペースの「キャプションとグラフィック」をクリック。

2 「長方形ツール」をクリックして押したままにする。

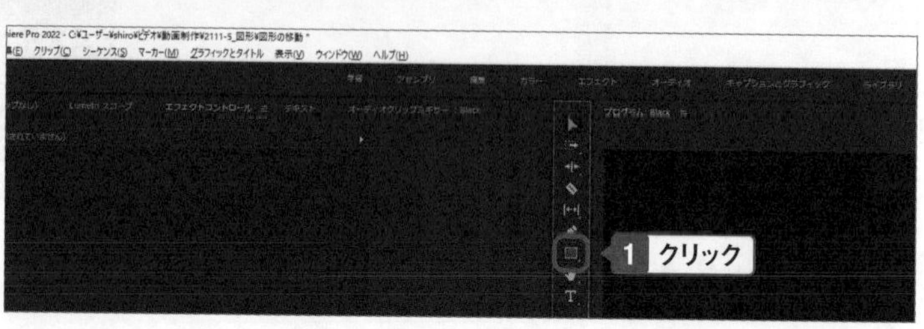

3 「多角形ツール」をクリック。

4 プログラムパネル上に図形を描く。

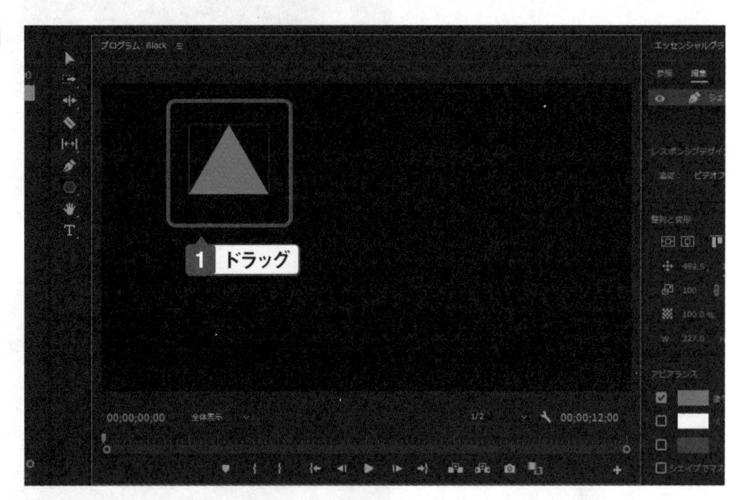

5 エフェクトコントロールパネルの「編集」で色や大きさを変更する。

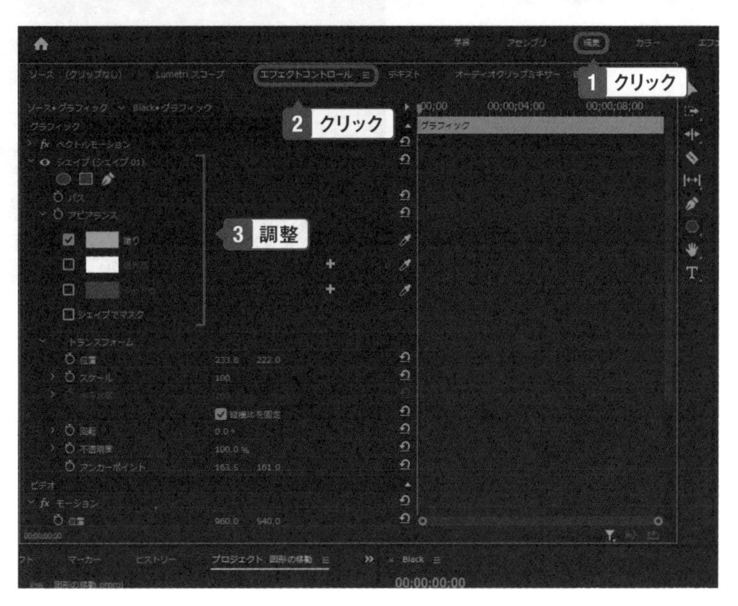

6 「選択ツール」をクリックし、図形の回転、位置や大きさの調整をする。

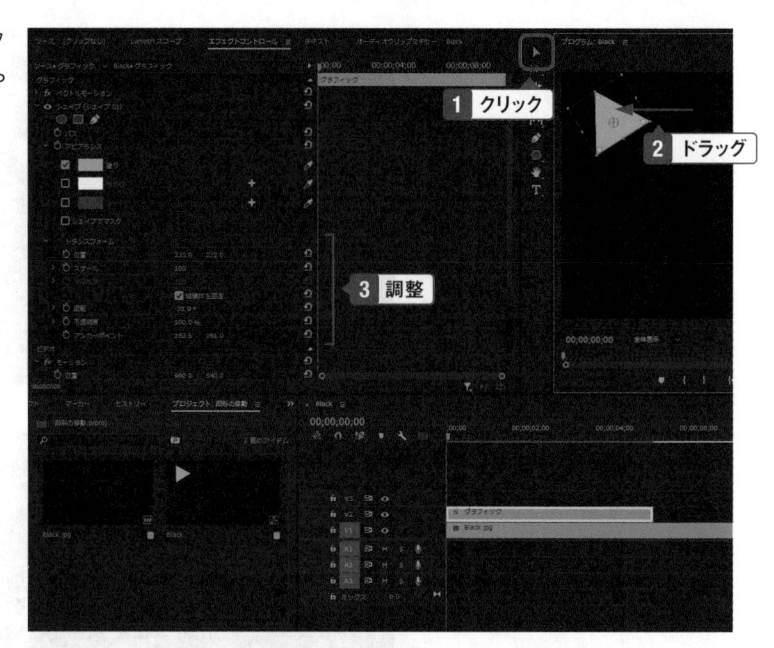

7 タイムラインで表示する時間（再生時間）を調整する。

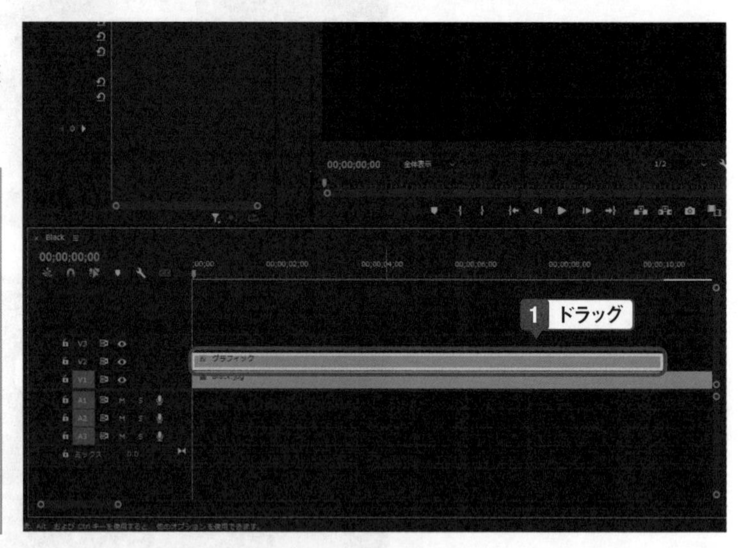

One Point

色や大きさの調整

図形の色を変更するときは、グラフィック（またはGraphics）パネルを使うか、エフェクトコントロールパネルで「シェイプ」の「アピアランス」で行います。大きさはグラフィック（またはGraphics）パネルを使うか、図形を選択してハンドルを使って調整します。

One Point

「編集」ワークスペースで図を描く

図を描いたり文字を配置したりするときは「キャプションとグラフィック」ワークスペースや「エフェクト」ワークスペースも便利ですが、簡単なものであれば「編集」ワークスペースでも可能です。「編集」ワークスペースは頻繁に使うので、ワークスペースの表示を変えずに作業すると編集スピードのアップにもつながります。

多角形の角の数のように「エッセンシャルグラフィックスパネル」で設定するときは、必要に応じて別のワークスペースを使うか、［ウィンドウ］メニューからエッセンシャルグラフィックスパネルを表示します。

図形を直線上で移動する

1 再生ヘッドを最初の位置に移動して、「シェイプ（シェイプ01）」左側の「>」をクリック。

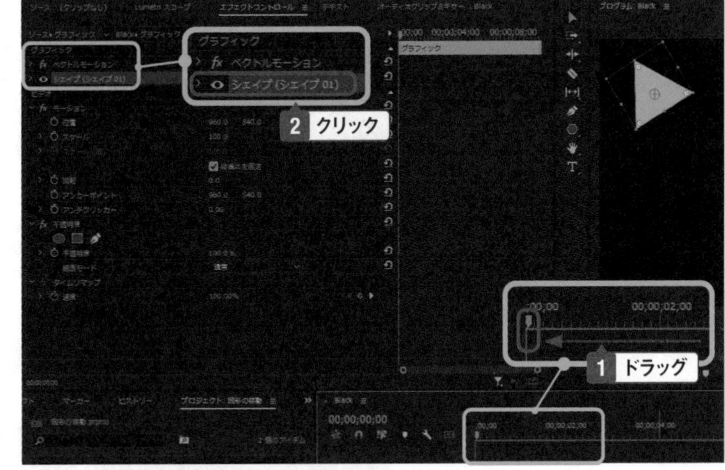

2 「トランスフォーム」で「位置」の「アニメーションのオン／オフ」をクリック。

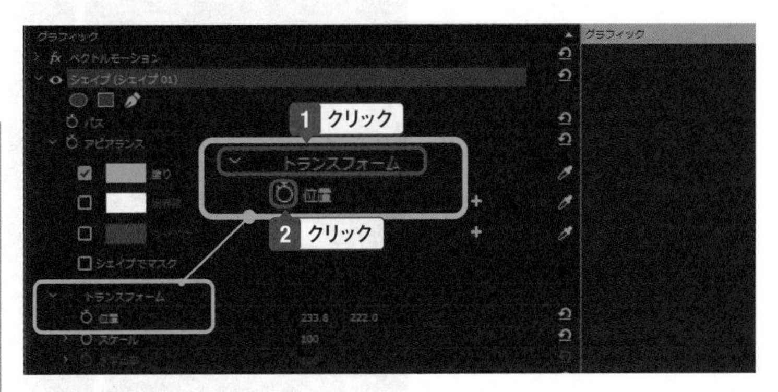

One Point

「ビデオ」の中の「位置」ではない

エフェクトコントロールパネルには「位置」の項目が複数あります。「ビデオ」の中にある「位置」は映像全体の位置です。ここで描いた図形だけを移動する場合は、図形（シェイプ）の中の「位置」で設定します。

3 キーフレームが打たれる。

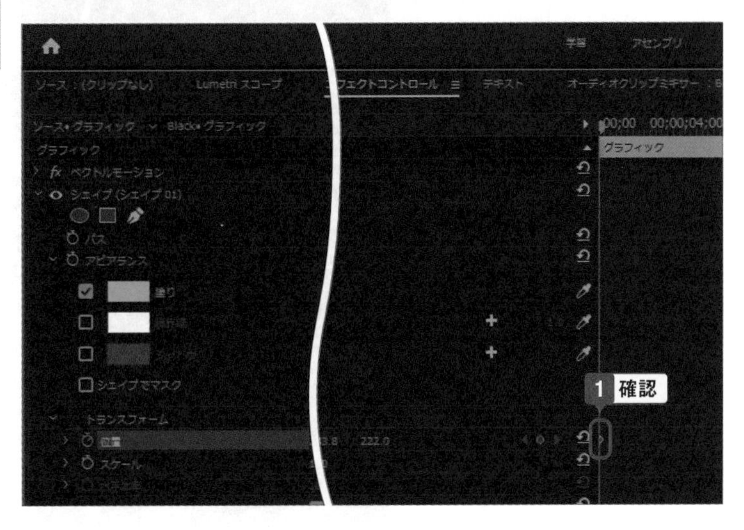

4 再生ヘッドを移動が終了する位置に移動して、「位置」の「キーフレームの追加/削除」をクリック。

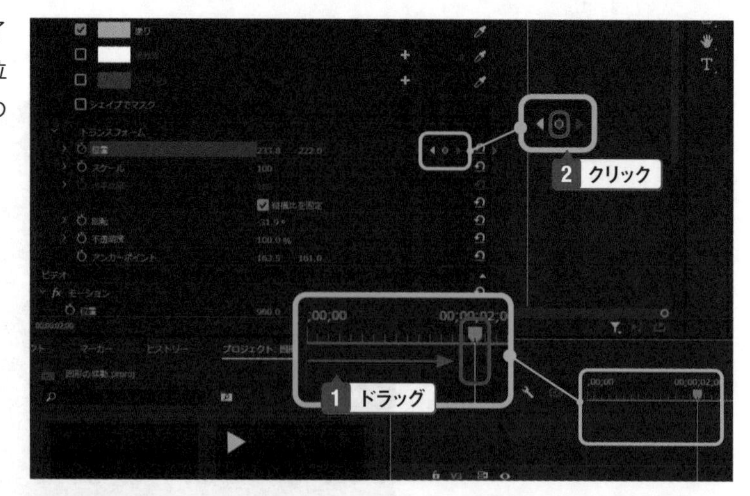

5 キーフレームが打たれる。

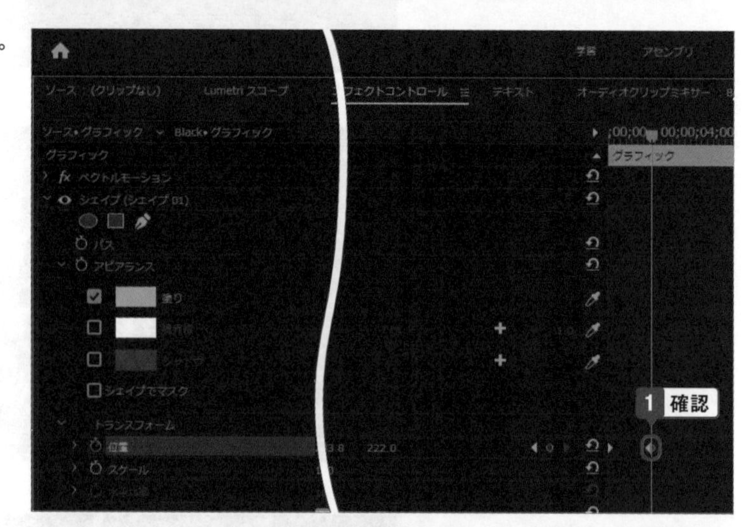

6 図形を移動した後、再生して動作を確認する。

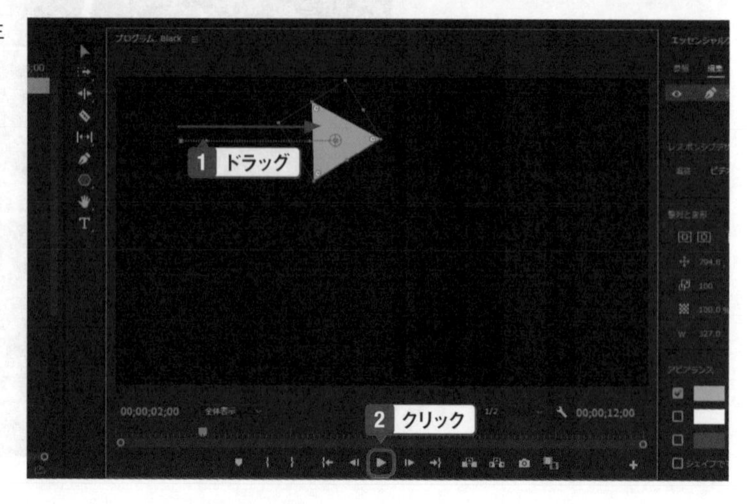

自由な曲線で移動する

1 再生ヘッドを、移動を開始する位置に移動する。その後、エフェクトコントロールパネルの「トランスフォーム」で「回転」の「アニメーションのオン／オフ」をクリック。

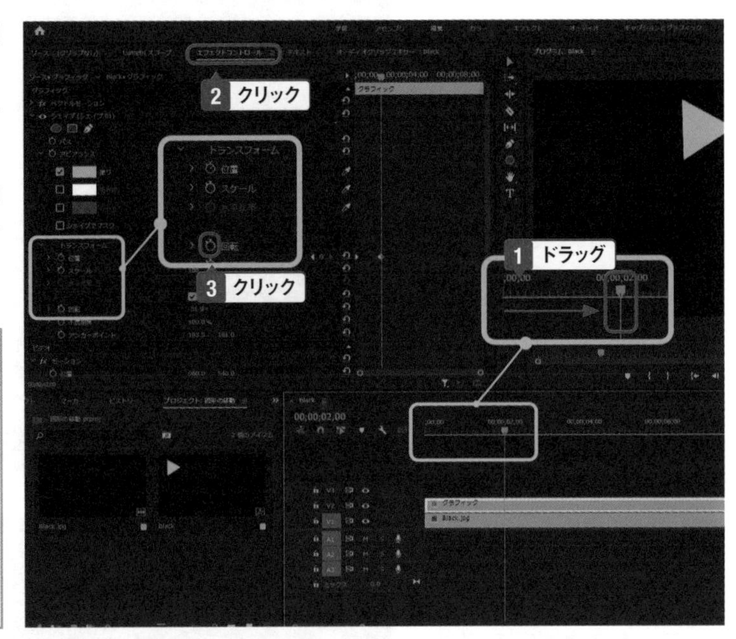

One Point

図形の向きを変える

ここでは、図形を曲線移動するときに、図形の角度を変えることで向きを変えます。そのため「回転」にもキーフレームを打ちます。回転が不要であれば、「回転」にキーフレームを打つ必要はありません。

One Point

キーフレームの位置に移動する

エフェクトコントロールパネルでキーフレームの「<」または「>」をクリックすると、再生ヘッドをキーフレームが打たれている位置に移動できます。再生ヘッドの現在位置に対して、「<」では1つ前のキーフレーム、「>」では1つ後のキーフレームに移動します。

2 キーフレームが打たれる。

3 再生ヘッドを移動して、「位置」と「回転」にキーフレームを打つ。

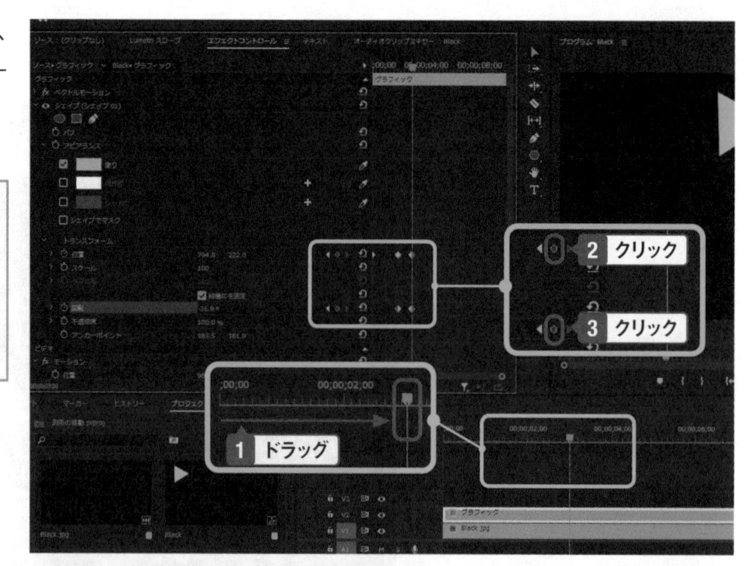

One Point

少しずつ移動する

曲線的に移動するときは、移動する曲線に沿って少しずつ再生ヘッドを動かして位置を決めていきます。

4 図形を移動して回転する。

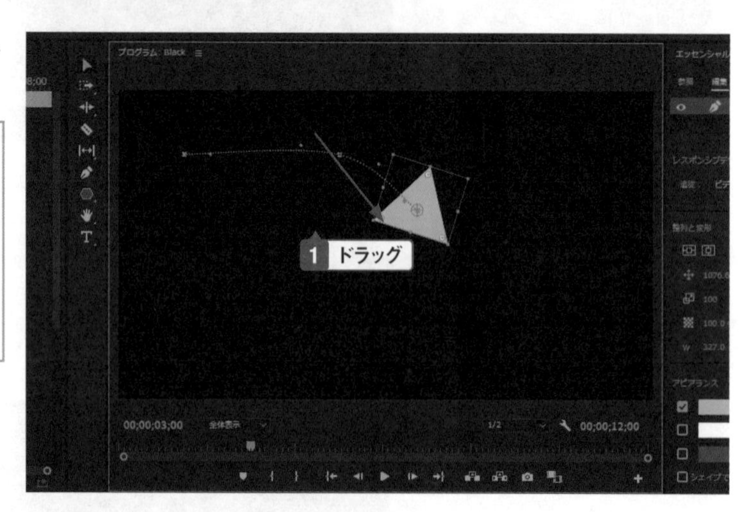

One Point

表示される軌跡が移動する線

図形を移動すると、軌跡が表示されます。この奇跡に沿って図形のアンカーポイントが移動します。

One Point

キーフレームを繰り返し打つ

図形や画像、文字など動画上に配置したものを動かすときには、動きに合わせてキーフレームを打っていきます。キーフレームとキーフレームの間では、平均的に動くように自動的に設定されます。より複雑な動きをつけるときには、キーフレームは動きに変化のある場所に繰り返して打ちます。たとえば「方向が変わる」「角度が変わる」「速度が変わる」のように、動きが変わる場所にキーフレームを打ちます。手間のかかる作業ですが、いろいろ試しながらキーフレームの打ち方に慣れていきましょう。

5 同様の手順を繰り返し、図形の移動を設定する。

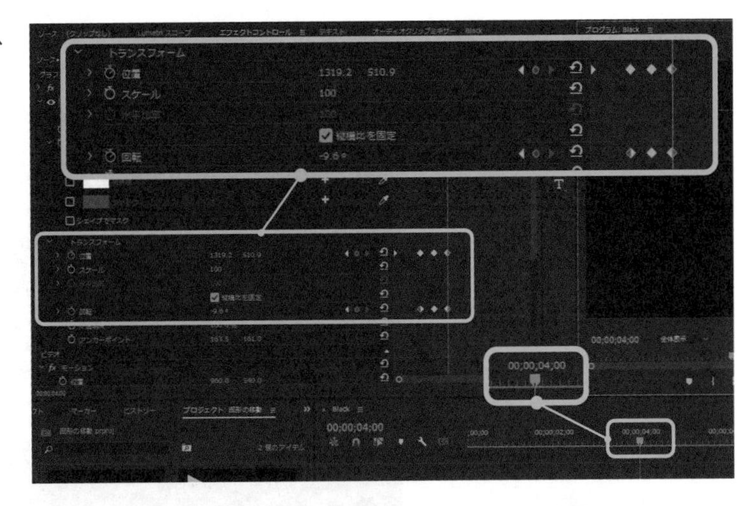

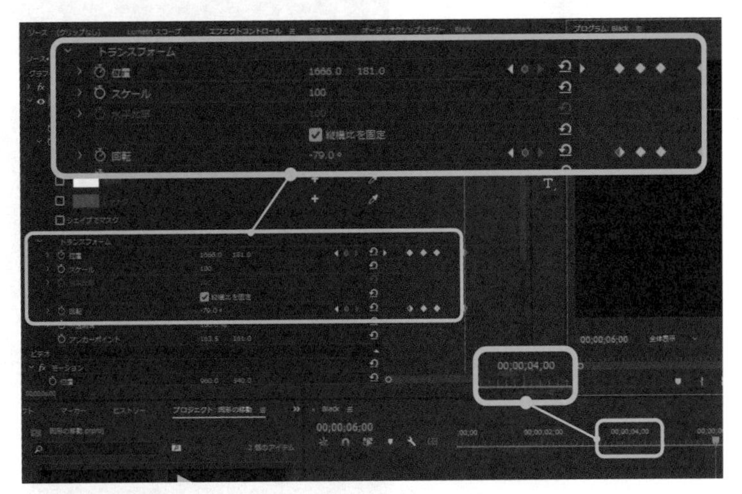

6 再生して動作を確認する。

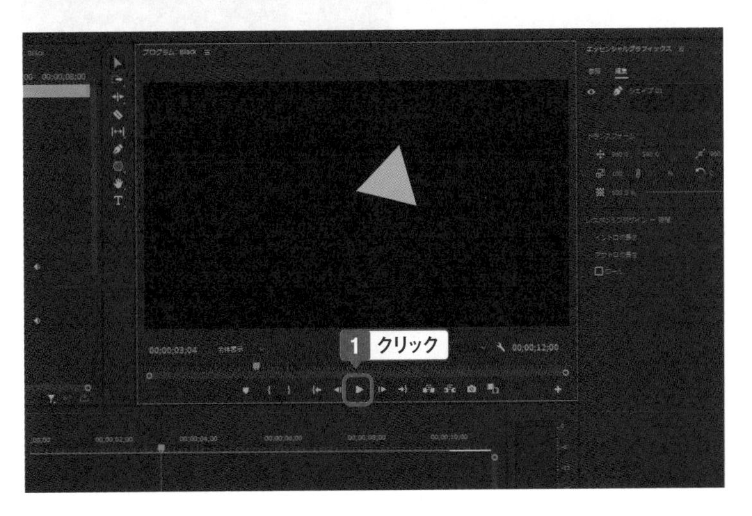

曲線を修正する

1 移動の軌跡に表示されているハンドルをドラッグして、曲線の形状を調整する。

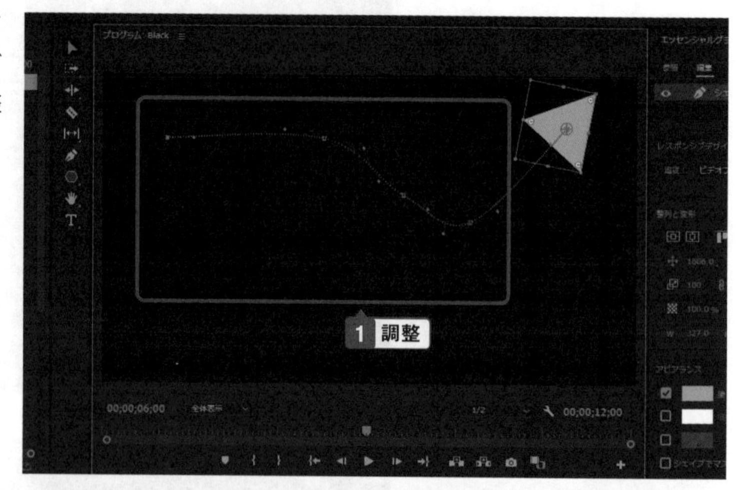

2 なだらかな形状になるように修正したら、再生して動作を確認する。

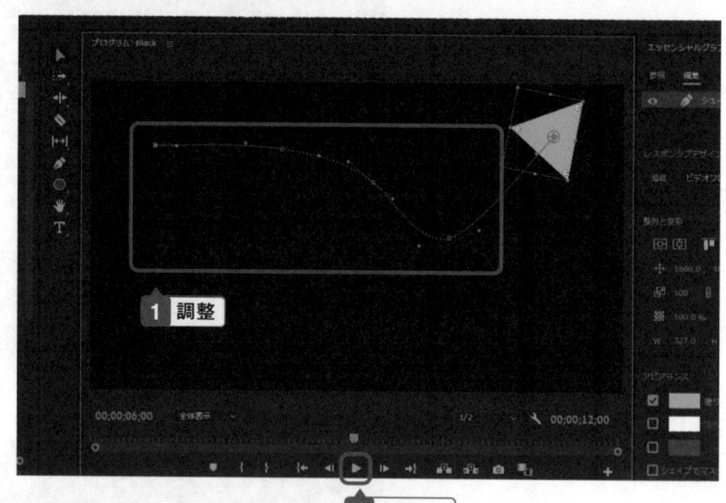

One Point

ハンドルを移動すると速度が変わる

ハンドルの中心は、キーフレームと関連します。そのためハンドルを移動するとキーフレーム間の距離が変わるため、移動速度が変わります。

Chapter » 5

Section » 07

図形の移動速度を変化させる

複数のキーフレームを使う

オブジェクトが移動するときは、初期状態で２つのキーフレームの間を定速で移動します。移動速度を変化させることで、より自然な動きを再現したり、ダイナミックな動きを出すこともできるようになります。

Before

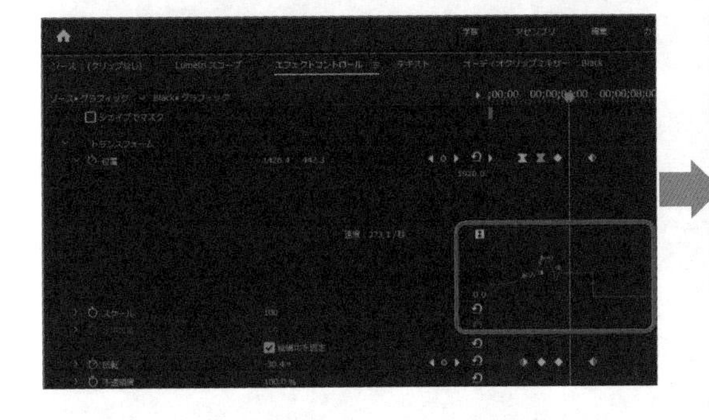

After

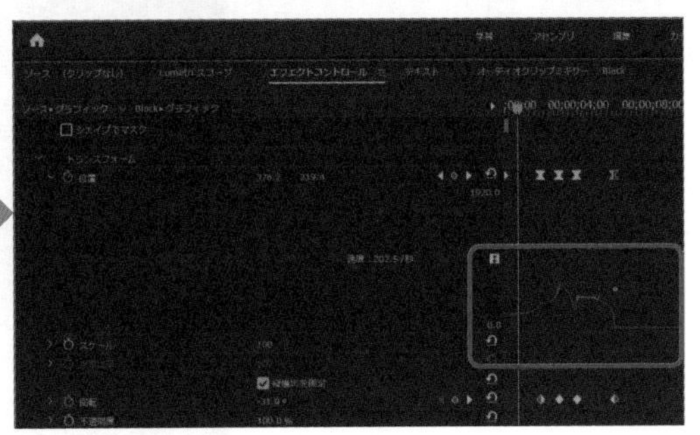

移動速度を変化させる

1 エフェクトコントロールパネルで「トランスフォーム」の「位置」左側の「>」をクリック。

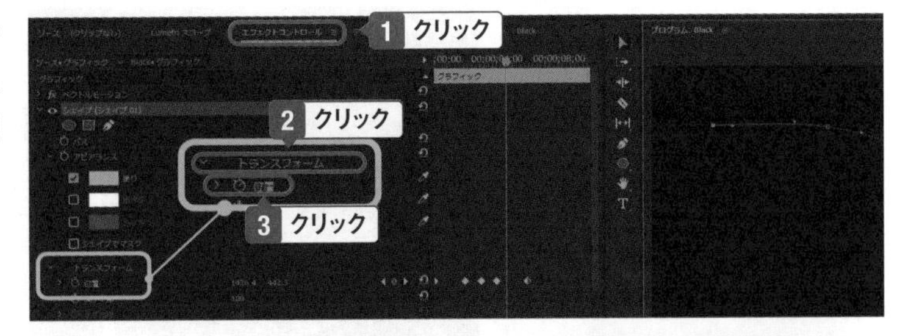

2 速度の変化を示す線が表示される。

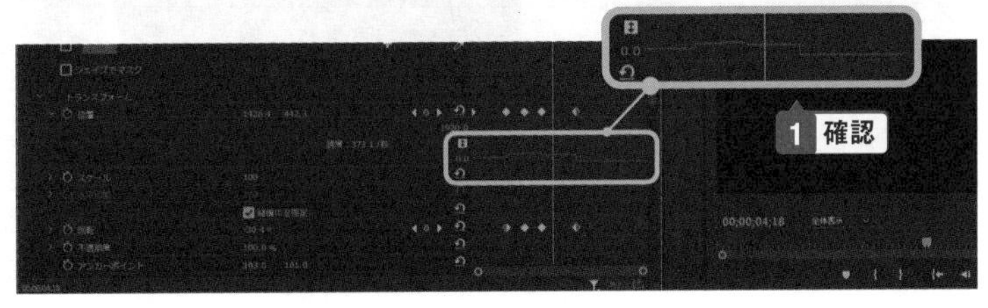

3 項目の境界線をドラッグして幅を広げる。

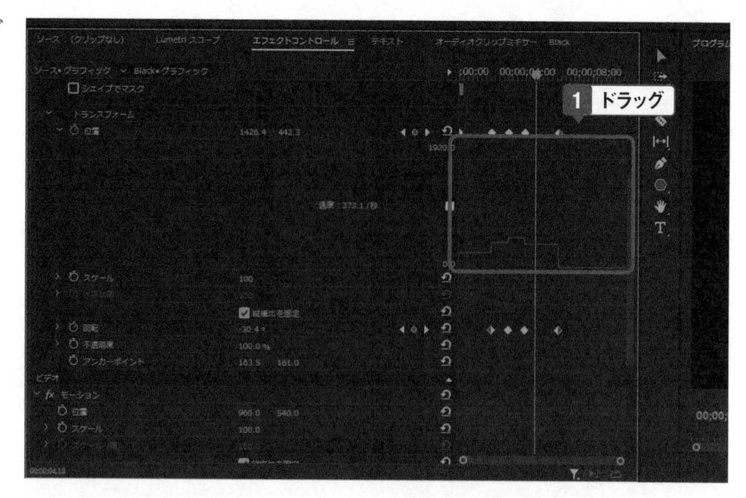

4 キーフレームをクリック。

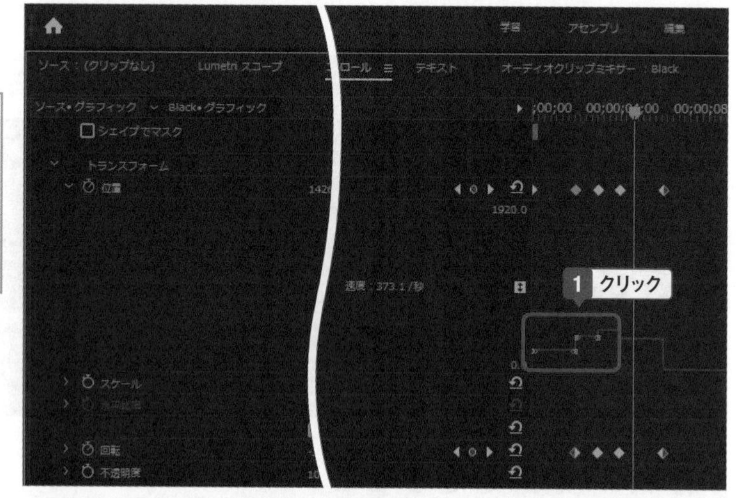

One Point

線にハンドルが表示される

キーフレームをクリックすると、そのキーフレームが関連する範囲の線にハンドルが表示されます。

5 ハンドルをドラッグして線の形状を変更する。

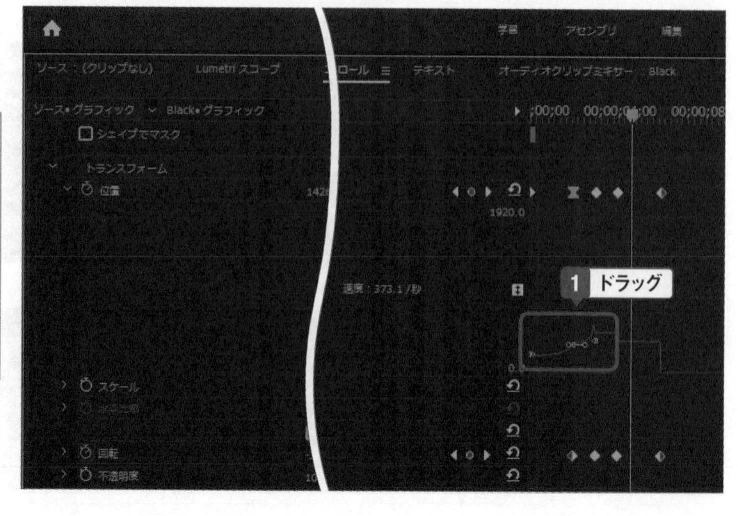

One Point

試行錯誤してみる

線の形状を変えるときは、厳密になだからな曲線にする必要はありません。いろいろと変えてみながら再生して確認し、もっとも好みのイメージになるように近づけます。

6 同様に他のキーフレームをクリックして、線の形状を変更する。

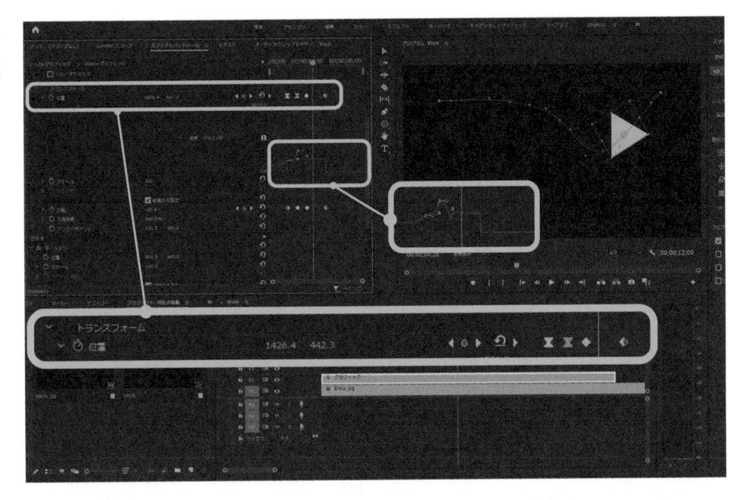

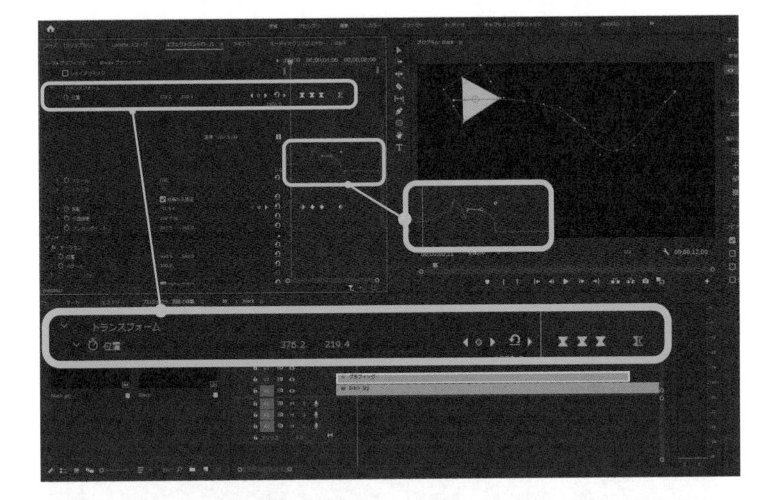

7 再生して動作を確認する。

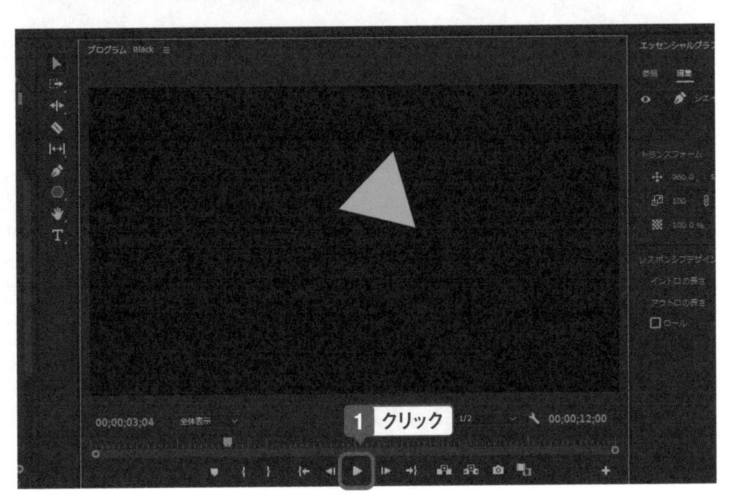

Column 「キーフレーム」はアニメーションの原理

「キーフレーム」は、アニメーションの原理と似ています。

アニメーションを制作するときには1枚ずつ原画を書き、膨大な数の原画を「パラパラ漫画」のように繰り返し撮影することで動いているように見せます。

動画も同じように、1秒あたり30～60枚（フレーム）の静止画を連続的に表示して動きを出しています。そこでたとえば、図形を移動させたいのであれば、1フレームごとに少しずつ違う位置に描いた図形の画像を用意する必要があります。

これを「キーフレーム」で再現するなら、1フレームずつ図形を動かしてキーフレームを打つことになります。しかしそれでは気の遠くなるような作業になるでしょう。

そこで「キーフレーム」は、指定した2つのキーフレーム間を自然につなげる処理をしています。つまり、一定の速度や一定の方向に動いている間は、1フレームずつキーフレームを打たなくても、等間隔に変化するようになります。

たとえば、60フレーム（約2秒）で120mm移動するのであれば、1フレームに0mm、60フレームに120mmをキーフレームで指定すれば、自動的に1フレームで2mm動くような設定をしてくれるので、60フレームまで等速で移動する動画ができます。

実際にキーフレームを使うと、動きの変化があるごとにキーフレームを打ち、再生ヘッドを移動して設定して、また移動してキーフレームを打つ……そんな操作を何十回も繰り返すことになり、実に面倒に感じます。しかし1枚ごとにアニメーションの原画を描くことを考えれば、キーフレームという機能があることで非常に効率よく動きをだすことができるようになりました。

動画が長くなるほど、凝った演出になるほど、キーフレームの作業は地道で長い道のりになりますが、キーフレームを使いこなすことで動画作成の幅は大きく広がります。「なかなか納得のできる動画ができない」と思ったら、アイディアをキーフレームの使い方に落とし込んでみてください。

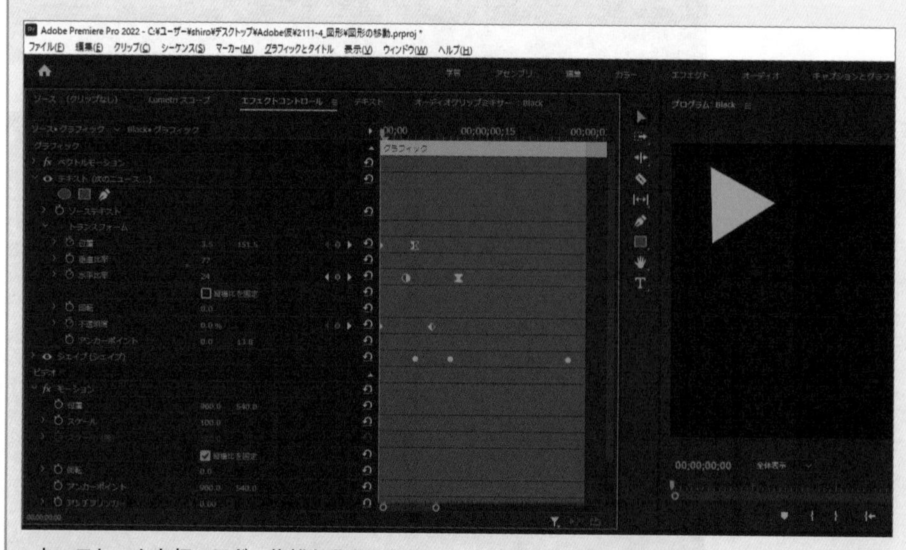

キーフレームを打つほど、複雑な動きになる。

Chapter 6

動画を重ねてワイプを追加する

ワイプは、動画の中に動画を重ねる編集です。２つの動画が同時に流れることで、動きに変化も付けられますし、メインの動画の情報をサブの動画で補足することもできます。自分の思い描く自由なイメージで作成できるので、活用して本格的な動画に仕上げましょう。

Chapter » 6

Section » 01

動画を重ねる

ワイプにする動画を最上位に重ねる

ワイプを作るときは、タイムラインで動画を重ねます。このとき、いちばん上にワイプとなる動画を配置して、下側に全体表示する動画を配置します。完成形を想像しながら、上下関係を考えていくことがポイントです。

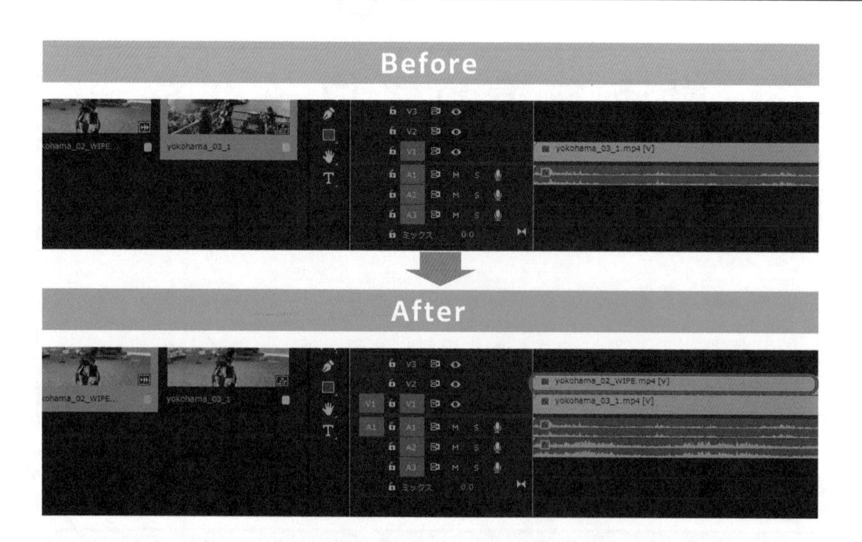

動画をタイムラインに重ねる

1 全体で表示する動画をタイムラインに配置する。

2 プロジェクトパネルから、ワイプに使う動画をタイムラインにドラッグ。

3 動画が重ねて配置される。

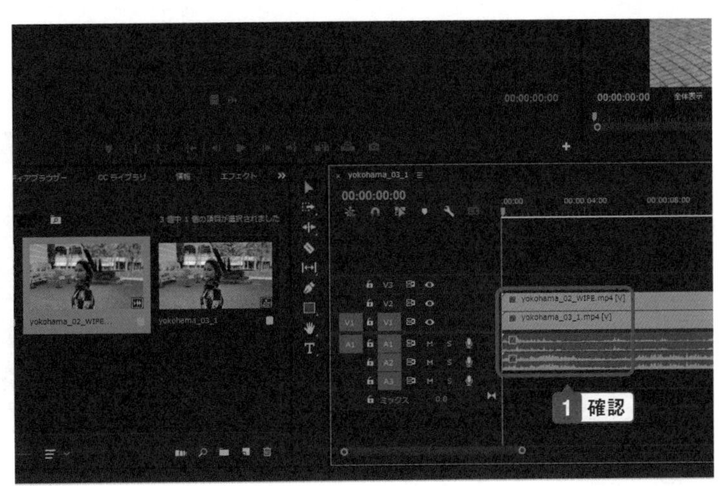

One Point

タイムラインに重なるときの順序

タイムラインに新しい別の動画を重ねて配置すると、すでに配置されている動画の上下に並んで表示されますので、ドラッグして位置を確認しながら配置します。はじめの動画は映像が「V1」、音声が「A1」に配置されますが、２番目に配置する動画（ワイプとして利用する動画）は映像が「V2」、音声が「A2」に配置します。このとき映像は、「上にあるほど前面側に表示される」状態になります。

Chapter » 6

Section » 02

動画の大きさを変える

ワイプサイズの小さな画面にする

ワイプに表示する映像を、ワイプで使う大きさに調整します。ここではまず簡単に、元の映像をそのまま使って大きさだけを小さくしたワイプを作成します。長方形のまま画面の隅に小さく表示されるイメージです。

Before

After

映像を小さくする

1 タイムラインでワイプにする映像をクリック。その後、エフェクトコントロールパネルを表示する。

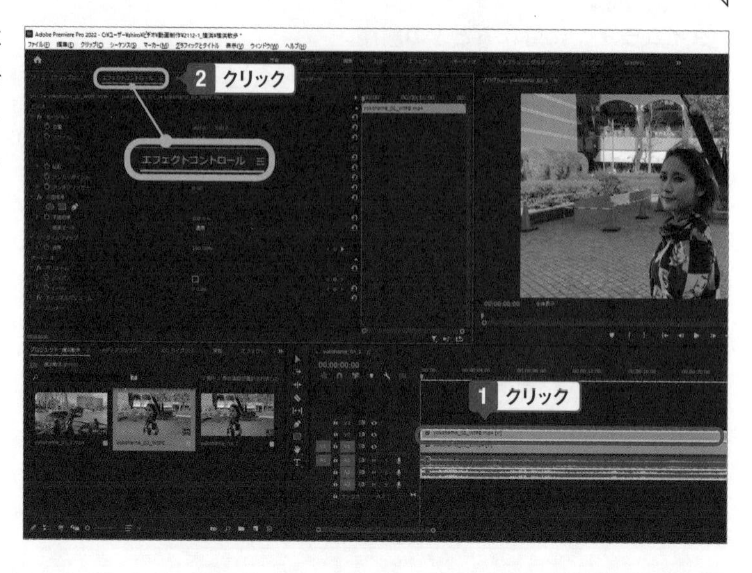

2 「モーション」の「スケール」の値を「クリックして変更。

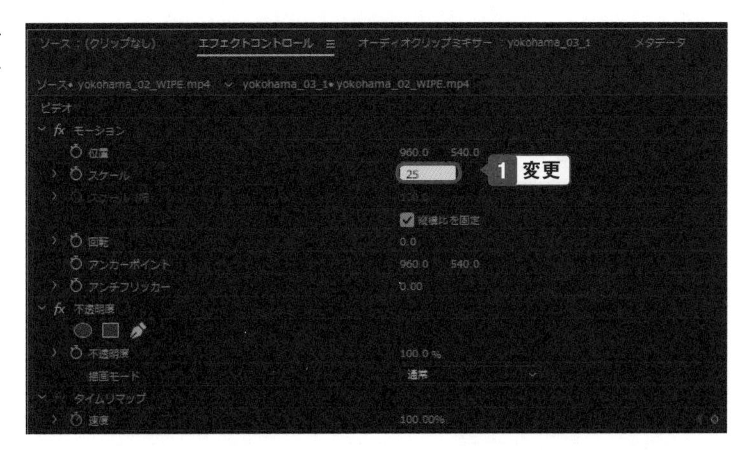

One Point

大きさを数値で指定する

映像の大きさ（スケール）を数値で指定するときは、元の映像を 100 として縦横がどのぐらいになるかを指定します。「25」であれば、縦 25%、横 25%となり、面積では 1/16 になります。

3 映像の大きさが変わる。

One Point

このあと移動する

映像の大きさを変えると、中心に縮小されて表示されます。このとき、周囲には「V1」に配置した映像が表示されます。このあと縮小した映像をワイプとして見やすい位置に移動します。

Chapter » 6

Section » 03

ワイプを配置する

切り取った動画を画面の隅に移動する

ワイプは一般的に、画面の四隅に配置します。大きさを調整した映像を、プレビューで確認しながら適当な位置に移動します。このとき、端を少し開けて余裕を持たせた方が見やすくなります。

Before

After

ワイプの動画を移動する

1 「選択ツール」をクリック。

2 プログラムパネルでワイプの動画をダブルクリック。

3 ワイプを表示する位置に移動する。

One Point

基本的なワイプ作成の流れ

基本的なワイプ作成の流れはこれだけです。つまり、大きさを小さくした動画を、全体表示の動画の上に重ねて同時に再生するだけで完成します。基本的な構造を理解すると、次の Section から紹介するような少し凝ったワイプの作成もできるようになります。

One Point

ワイプの数と位置

ワイプの位置は、一般的に四隅のどこかが適しています。メインの映像の内容によって邪魔にならない場所に配置します。また、数は特に制限ありませんが、いくつもワイプを入れると映像を見ている人が混乱しますので、あくまで「情報の補足」や「動画のアクセント」に利用するようにします。

Chapter » 6

Section » 04

円形のワイプを作る

ワイプの形状を変えて印象を変える

ワイプの形状を変えると印象が変わります。そこで、映像が円形に切り抜かれたワイプを作ってみましょう。人物の場合、長方形では堅めのイメージに、円形ならば柔らかいイメージになります。

Before

After

円形に切り抜く

1 タイムラインでワイプに使う動画をクリックする。その後、エフェクトコントロールパネルを表示して、「不透明度」の「楕円形マスクの作成」をクリック。

2 中心に楕円形に切り抜かれる。

3 楕円形の中をドラッグして位置を移動する。

4 ハンドルをドラッグして大きさと形を調整する。

One Point

マスクで切り抜く

このような、映像の上に切り抜く形状を重ねることを「マスク」と呼びます。マスクは映像や画像を加工するときにたいへん便利で重要な機能で、使い方を覚えるとさまざまな応用ができるようになります。

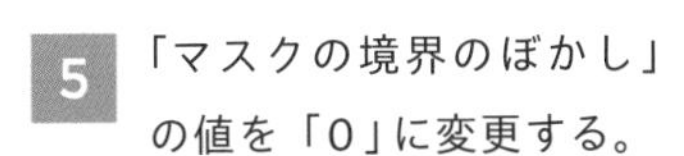

5 「マスクの境界のぼかし」の値を「0」に変更する。

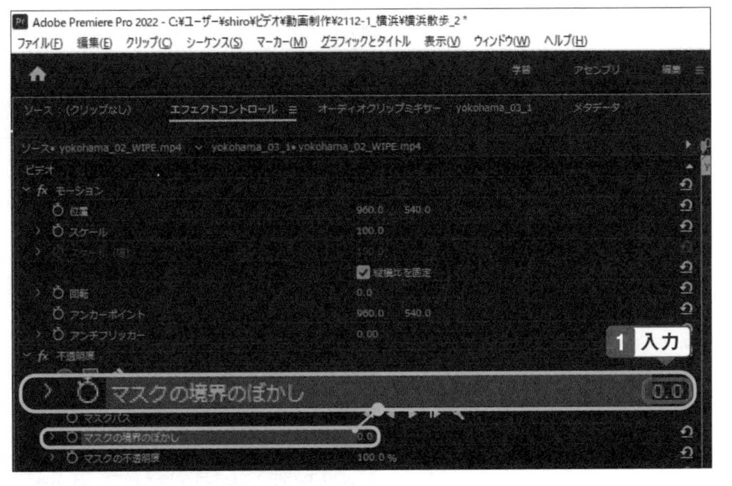

One Point

マスクの境界のぼかし

「マスクの境界のぼかし」は、マスクの境界線を少しぼかして自然になじむようにします。ここではぼかしがまったくない「0」にしていますが、10～20程度のぼかしをつけても効果的です。

ワイプの位置を移動する

1 エフェクトコントロールパネルで「モーション」をクリックすると、ワイプ周囲のハンドル表示が消え、全体を選択した状態になる。その後「選択ツール」をクリック。

One Point

全体が選択されている

「モーション」をクリックすると、タイムラインで選択している映像の、領域全体が選択された状態になります。プログラムパネルでは映像の周囲にハンドルが表示されていることで確認できます。

2 ワイプの映像を移動する。

3 エフェクトコントロールパネルの「スケール」で大きさを調整しながら、ワイプの位置を調整する。

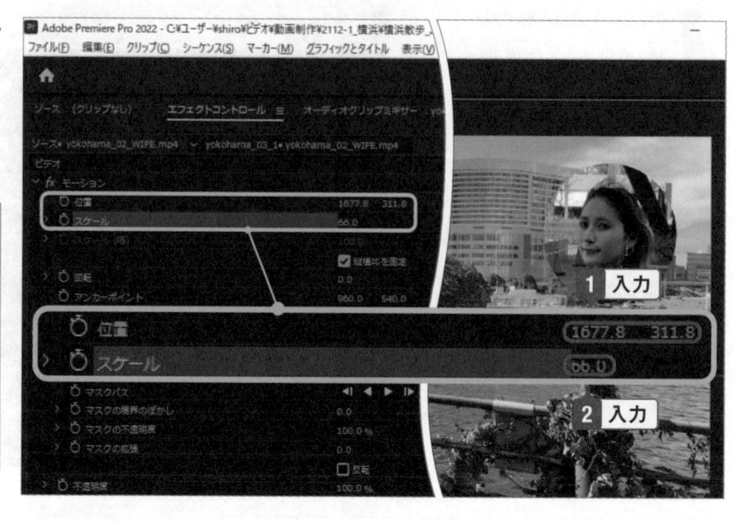

One Point

マスクはドラッグしない

マスクをドラッグしてしまうと、マスクの位置だけが移動し、映像が移動できません。マスクで切り取った映像を移動するときは、「モーション」を選択して全体を移動するようにします。

Chapter » 6

Section » 05

ワイプの大きさを変化させる

全体表示からワイプに変化する

はじめ全体表示されていた映像が小さくなりワイプになるという動画を作ります。キーフレームを使って大きさや位置を変化させますが、はじめに小さいワイプを作ってから、最初の状態に戻すという少し応用した編集を行います。

Before

After

ワイプになった状態を設定する

1 エフェクトコントロールパネルで「モーション」左側の「>」をクリック。

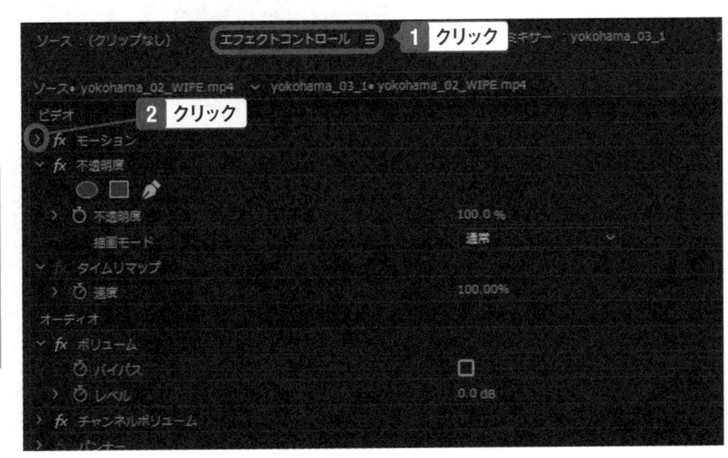

One Point

最終形を作って戻す

ここでは、はじめにワイプになった状態を作成し、キーフレームで記録してから、最初に戻って開始位置の状態を作成します。

2 モーションの項目が表示されるので、「モーション」の「位置」、「スケール」に表示されている数値をメモする。

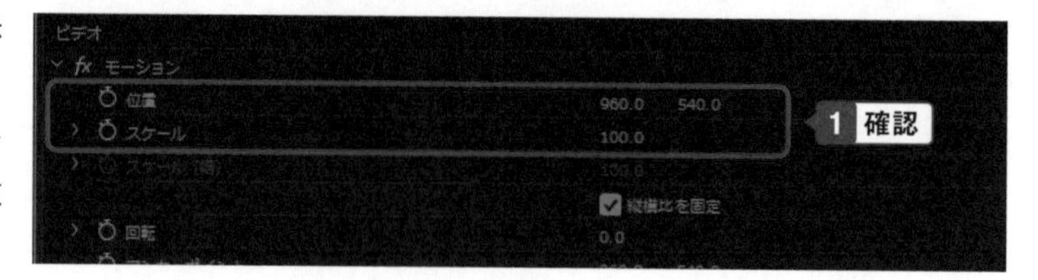

One Point

メモする値

ここでメモしておく値は、「位置」の「960.0」「540.0」、「スケール」の「100.0」です。

One Point

最初の状態を記録しておく

ワイプを作るときには、映像の位置や大きさを変更します。ここではあとで元の状態を作る必要があるので、必要な数値を記録しておきます。

3 再生ヘッドを、ワイプの状態になる位置に移動する。

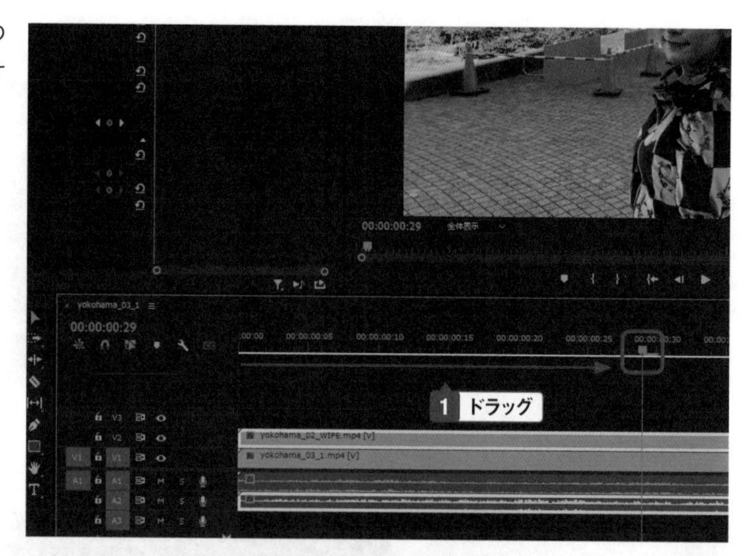

4 エフェクトコントロールパネルで「モーション」の「位置」の「アニメーションのオン／オフ」をクリックする。その後、「スケール」の「アニメーションのオン／オフ」をクリック。

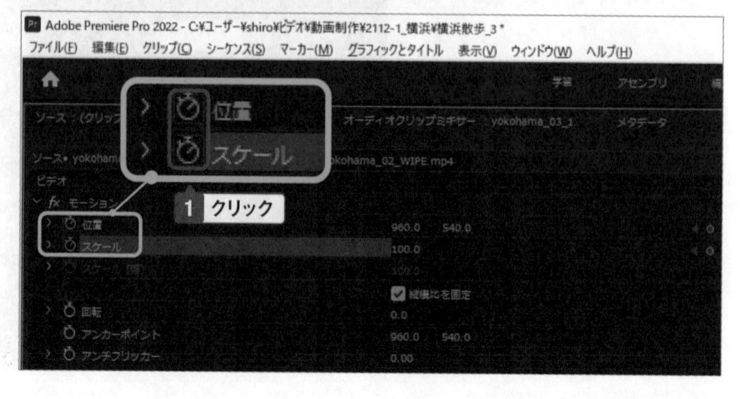

5 「位置」の「キーフレームの追加／削除」をクリックする。続いて「スケール」の「キーフレームの追加／削除」をクリックし、「不透明度」の「楕円形マスクの作成」をクリック。

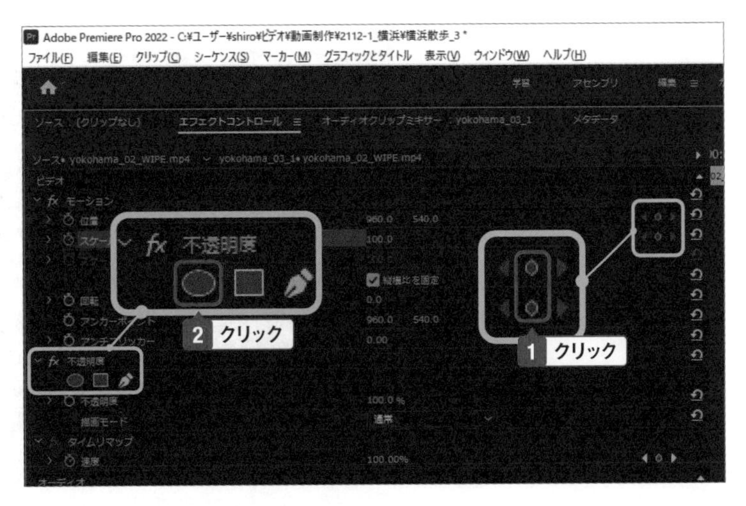

6 映像の中心が楕円で切り抜かれる。

7 ハンドルをドラッグして楕円の大きさと形状を調整する。

8 「マスクパス」の「アニメーションのオン／オフ」をクリック。

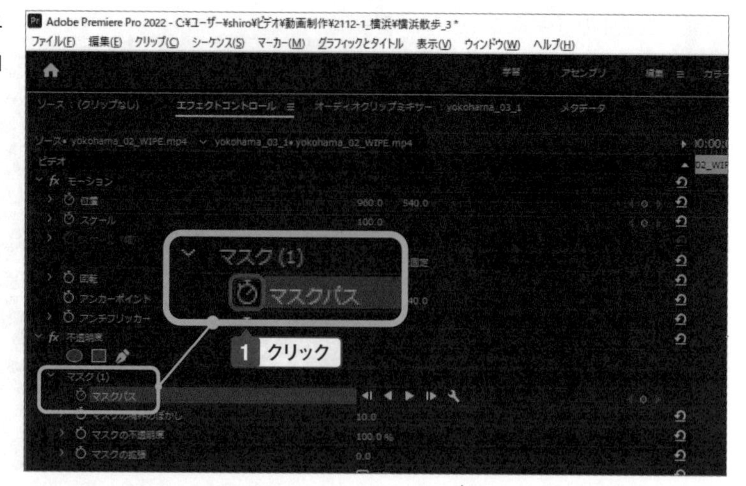

9 「モーション」をクリック。

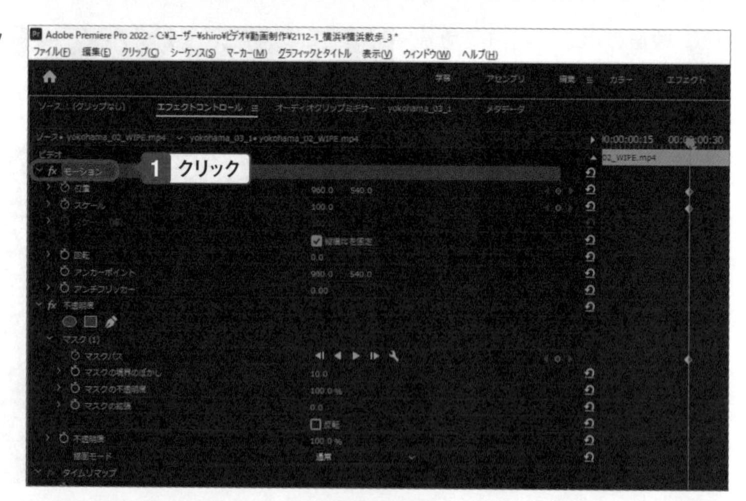

10 ドラッグしてワイプを移動する。

11 ハンドルをドラッグしてワイプの大きさと位置を調整する。

One Point

最後の状態を作ってから最初に戻る

キーフレームの使い方は、基本的に動画の最初から順に変化を付けていく方がわかりやすいのですが、最後の状態を正確に決めたいときには、最後の状態を設定してキーフレームを打ってから、時間を戻って最初の状態を作った方が作業しやすいこともあります。

ワイプになる前の状態を設定する

1 再生ヘッドを、映像がワイプになり始める位置に移動する。

2 「モーション」の「位置」で「キーフレームの追加／削除」をクリックする。続いて「モーション」の「スケール」で「キーフレームの追加／削除」をクリックする。その後、「マスク(1)」の「マスクパス」で「キーフレームの追加／削除」をクリック。

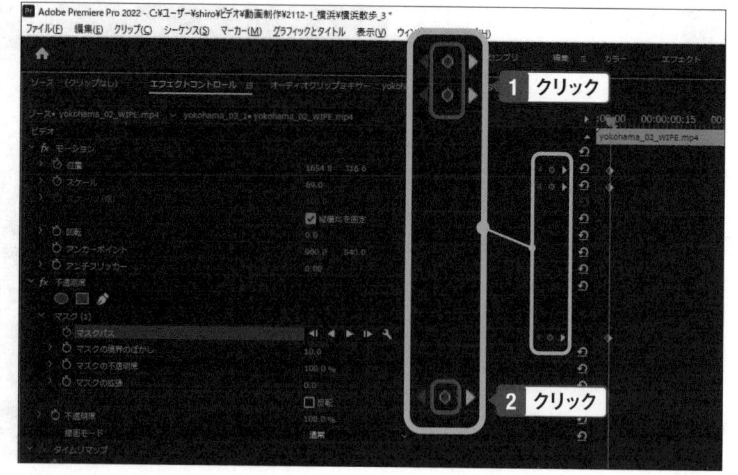

One Point

キーフレームを打って状態を作る

キーフレームを使いこなすポイントは、再生ヘッドで移動したあとに、キーフレームを打ち、その位置で表示したい状態を記録するという順序を理解することです。

3 先にメモした「位置」と「スケール」の値を入力すると、映像の大きさと位置が最初の状態で表示される。

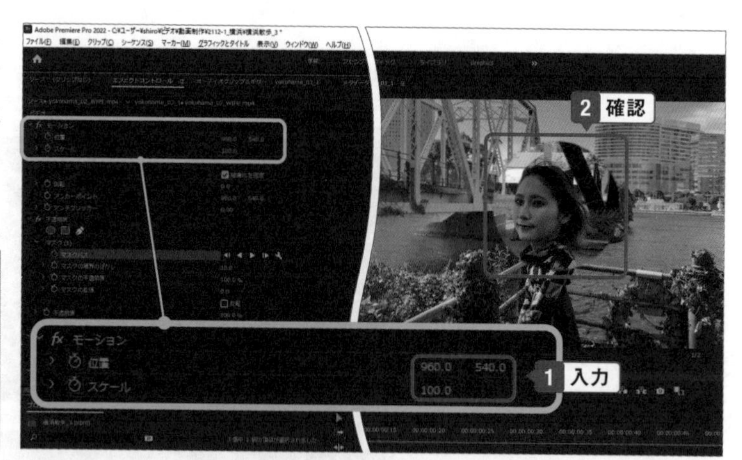

One Point

最初の状態にする

映像の大きさや位置を変える前にメモしておいた値を入力することで、その時点での状態で表示することができます。

4 「マスク」をクリック。

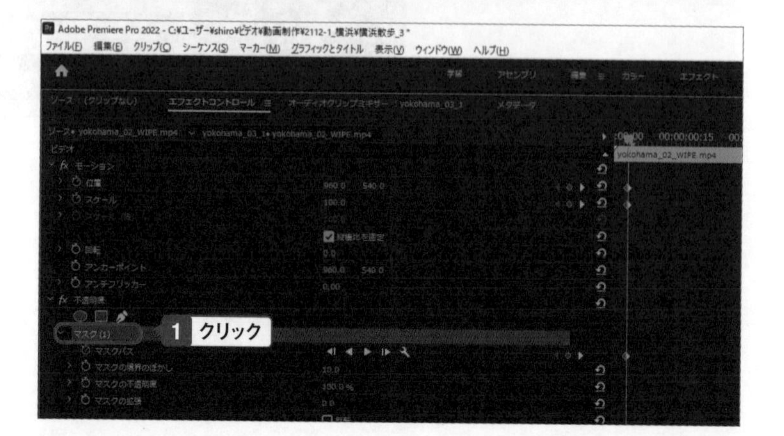

5 プログラムパネルの境界線をドラッグして、表示領域の横幅を拡大する。

One Point

表示領域を拡大する理由

このあと、マスクを映像すべてが表示されるように拡大します。このとき、プログラムパネルからはみ出す領域まで拡大するので、あらかじめできるだけ大きくしておくと作業しやすくなります。横幅を拡大すると、プログラムパネルの左右に余白ができるので、はみ出すマスクを作りやすくなります。

6 マスクの左右のハンドルをドラッグして、マスクの横幅を大きくする。

7 マスクの上下のハンドルをドラッグして、マスクの縦幅を大きくし、映像全体が表示されるようにする。

One Point

縦の拡大は画面の外

マスクを縦に拡大するときは、画面の外までドラッグします。プログラムパネルの外までドラッグすると、ハンドルは見えなくなりますが、マスクの大きさはマウスの動きに合わせて拡大されます。

8 再生して動作を確認する。

One Point

画面からはみ出すマスク

マスクを画面からはみ出す大きさにすれば、映像は全体が表示されます。キーフレームを打っていますので、マスクははじめに映像全体が表示される大きさから、ワイプの大きさに変化していきます。また位置やスケールにもキーフレームを打っていますので、同時に移動と映像の大きさが変化します。

Chapter » 6

Section » 06

縁取りのあるワイプを作る

ワイプに縁取りを追加して見やすくする

ワイプの映像を切り取っただけの状態で下の映像に重ねて表示すると、境界線が下の映像と重なり、下の映像に埋まった印象になり、映像の内容によっては見づらくなります。そこでワイプに縁取りを付けて見やすくします。

Before

After

ワイプの下にカラーマットを配置する

1 ワイプの動画をドラッグして「V3」に配置する。

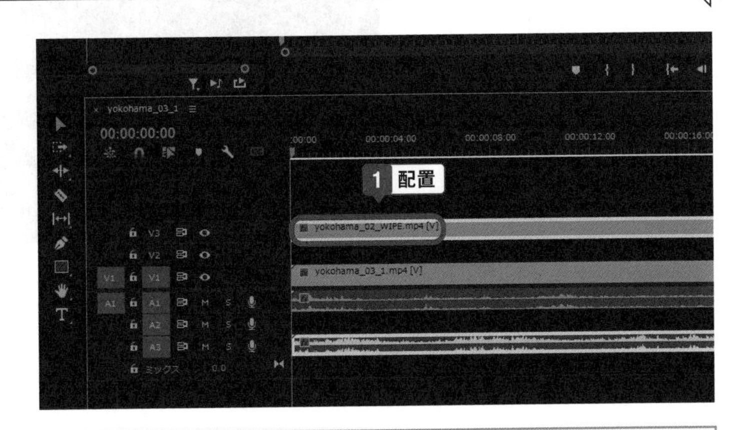

One Point

縁取りのアイディア

マスクで切り抜いた映像に縁取りをする機能はありません。そこで、全体の映像とワイプの映像の間に、ワイプよりも少し大きな図形を配置することで縁取りを作ることができます。

One Point

動画を V3 に配置する

動画を V3 に配置すると、音声は A3 に配置されます。V2 を空けておくのは、このあと配置する縁取り用の映像（画像）を V2 に配置するためです。

2 マスクを使ってワイプを作成する。

> One Point
> **円形ワイプの作成**
> 円形ワイプを作成する手順は、Section6-04を参照してください。

3 プロジェクトパネルの「新規項目」をクリックして、「カラーマット」をクリック。

> One Point
> **カラーマット**
> 「カラーマット」とは、単色で塗りつぶされた画像です。

4 「OK」をクリック。

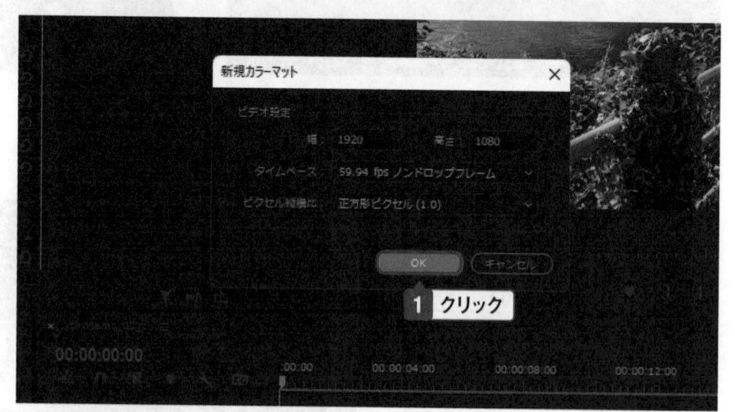

> One Point
> **カラーマットのビデオ設定**
> カラーマットのビデオ設定は、編集している現在のビデオ設定が表示されますので、変更する必要はありません。編集しているビデオ画面よりも小さいサイズの画像を作りたいときなどに値を変更します。

5 「白」の部分をクリックして、「OK」をクリック。

> One Point
> **縁取りの色を決める**
> カラーピッカーで選択した色のカラーマットが作成され、縁取りの色になります。

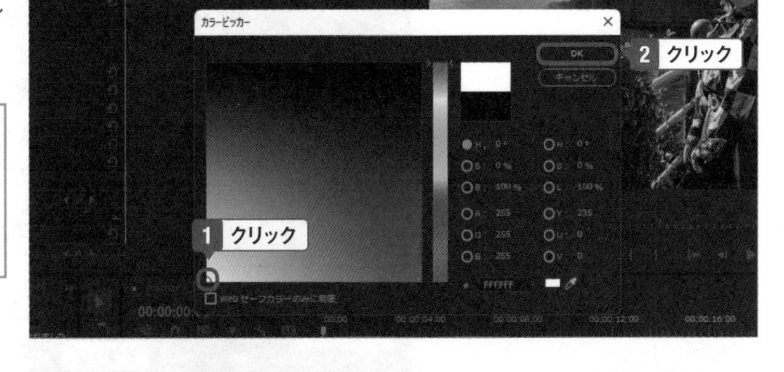

6 カラーマットの名前を入力し、「OK」をクリック。

> One Point
> **カラーマットの名前**
> カラーマットの名前には、わかりやすい名前を入力します。

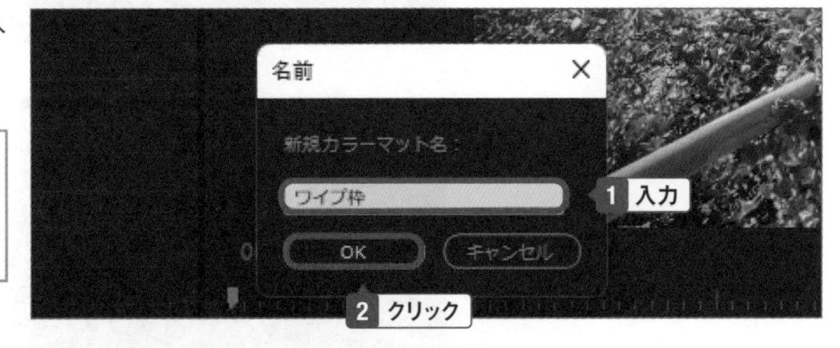

7 カラーマットが作成される。

8 カラーマットをタイムラインの「V2」に配置する。

9 カラーマットの表示時間を動画の長さに合わせてドラッグ。

10 動画と同じ時間のカラーマットが配置される。

カラーマットで縁取りを作る

1 タイムラインでV3のワイプの映像をクリックする。その後、エフェクトコントロールパネルの「モーション」をクリック。

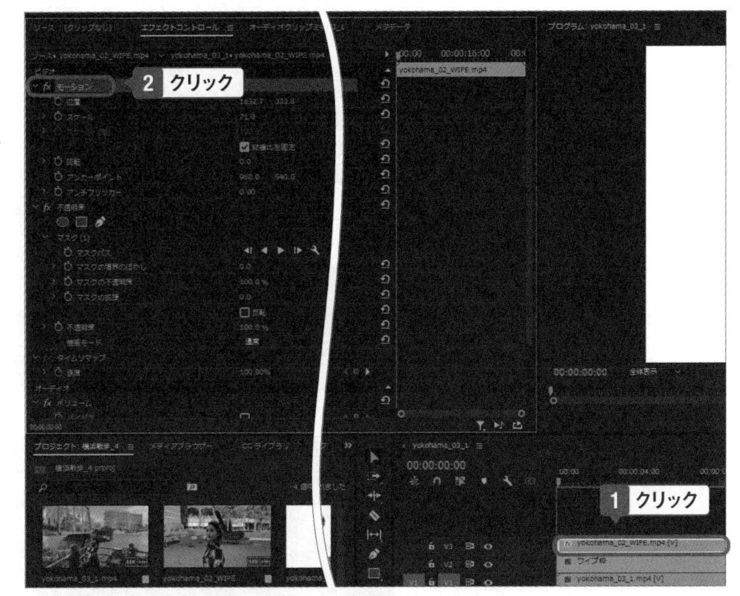

2 「Ctrl」キーを押しながら「不透明度」をクリック。

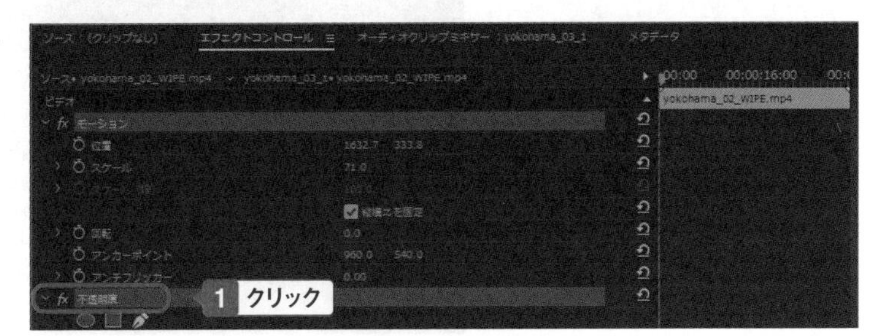

3 エフェクトコントロールパネルで右クリックし、「コピー」をクリック。

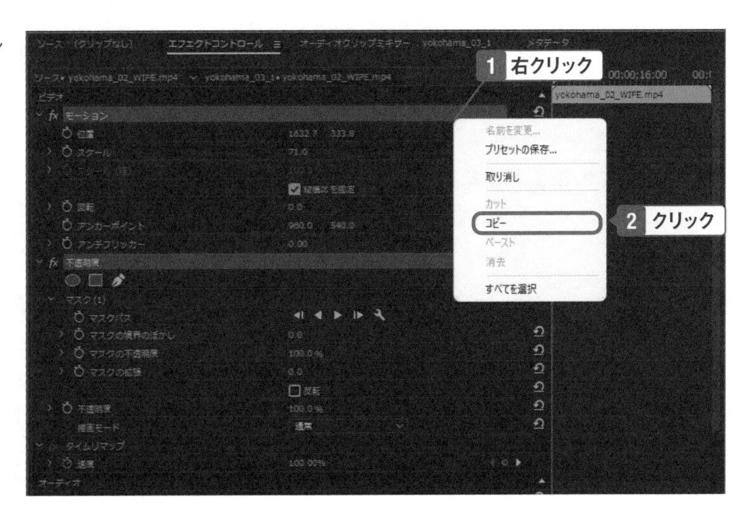

4 タイムラインで「V2」のカラーマットをクリック。

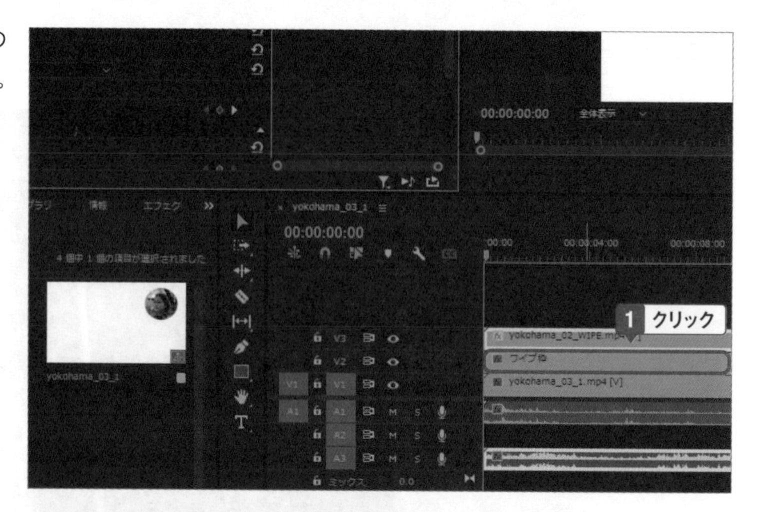

5 キーボードで「Ctrl」+「V」を押す。

One Point
エフェクトの情報をコピーして貼り付ける

カラーマットをワイプと同じ大きさにします。そこでワイプに設定されている「モーション」と「マスク」のデータをコピーして、カラーマットに貼り付けます。このとき「Ctrl」+「V」を押すと簡単に貼り付けできます。

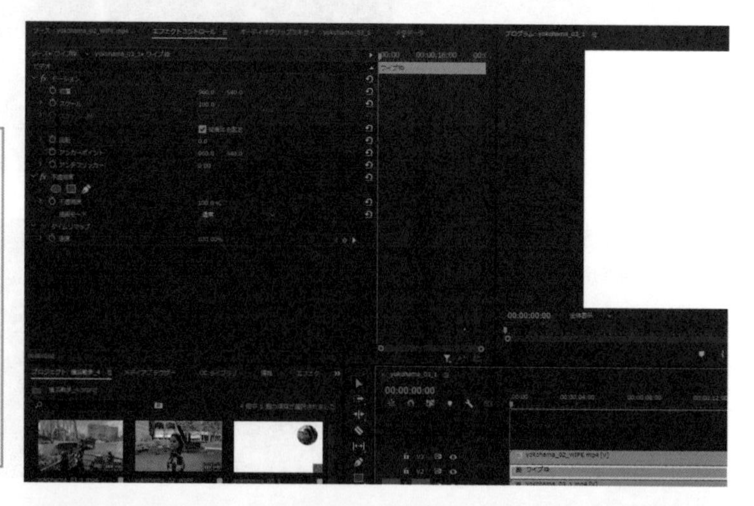

6 カラーマットがワイプと同じ大きさになる。

One Point
同じ大きさの映像が重なる

V3の映像の大きさと位置をV2の映像にコピーすると、大きさと位置がまったく同じになるので、V2はV3の下に隠れて見えなくなります。

7 タイムラインで「V2」のワイプをクリックし、エフェクトコントロールパネルで「スケール」の値を大きくすると、縁取りが作成される。

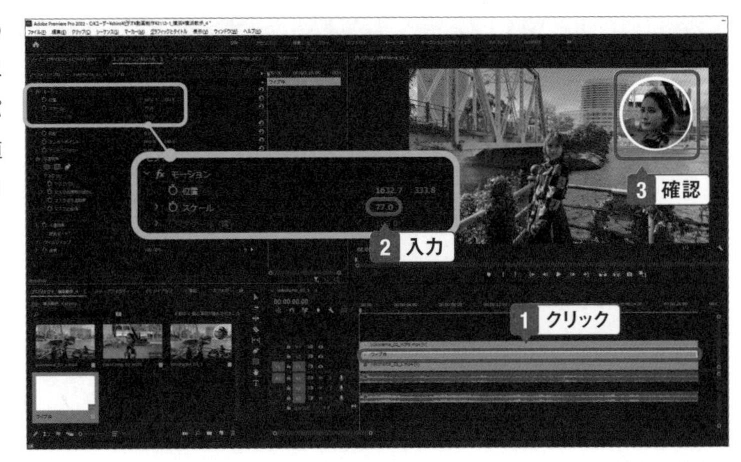

One Point

縁取りがずれる

ワイプの形状によって、縁取りがずれることがあります。この場合、マスクでワイプを作成したときに、厳密に正確な真円になっていないことが理由です。そこで少しワイプの映像を動かして調整します。

8 タイムラインで「V3」の映像をクリックし、プログラムパネルで映像を移動する。

One Point

少しずつ移動する

キーボードのカーソルキーを使うと、選択している映像や画像が少しずつ移動し、正確な位置を決められます。

Column 「マスク」の活用は上達の近道

動画にワイプを作るときにポイントとなるのが「マスク」です。マスクは、Photoshop などの画像編集でも頻繁に使われている機能ですが、はじめのうちはなかなか使い方の理解に苦しみます。

マスクは、理屈だけ述べればいろいろな専門用語を使うことになります。ただ、難しいことを述べるよりも、「元の素材を残したまま一部分だけを隠す機能」と考えてください。

ここで「元の素材を残す」というのがマスクの特徴にもなります。

ワイプを作るときに、完成状態をイメージしながら方法を考えてみましょう。シンプルな方法として、映像の周囲の不要な部分をクロップ（Section7-04）などで小さくし、画面の隅に重ねる方法を思いつくかもしれません。

もちろん、この方法も間違いではありません。ただ、トリミングすると、不要な部分は削除されてしまいます。つまり、修正したいときにもう一度、はじめからやり直すことになります。一方でマスクで一部分だけ表示していれば、位置をずらしたり、拡大率を変えたり、形状を変えたりと、いろいろな修正が簡単にできます。これも「元の素材が残っている」からできることです。

映像編集でも画像編集でも共通していることですが、「できるだけ元の素材を残したまま加工する」というのが上達の近道にもなります。その考え方は Premiere Pro のアプリの中にも組み込まれていて、さまざまなエフェクトをタイムラインにドラッグ＆ドロップで追加すれば反映されますが、削除も簡単です。タイムラインで映像の前後をトリミングしても、いつでも元に戻すことができます。こういったことも、Premiere Pro が編集しやすいアプリとして評価されている理由かもしれません。

Chapter 7

素材にさまざまな加工をする

動画にさまざまなエフェクトを加えた演出は、編集の醍醐味の1つです。Premiere Proでは数多くのエフェクトを利用できますが、すべてを記憶、理解するのはすぐには難しいかもしれません。そこでまず、よく使いそうなエフェクトから活用していきましょう。動画編集が楽しくなり、役立つエフェクトを紹介します。

Chapter » 7

Section » 01

エフェクトを検索する

エフェクトを効率よく呼び出す

Premiere Proに搭載されているエフェクト機能は頻繁に使います。一方で種類がとても多いので、どこに何があるかを覚えるのも簡単ではありません。そこでエフェクトは検索して呼び出すとスムーズに作業できるようになります。

エフェクトを検索する

1 「プログラムパネル」の「≡」(メニュー)をクリックして、エフェクトパネルを表示する。

2 エフェクトパネルの検索ボックスをクリック。

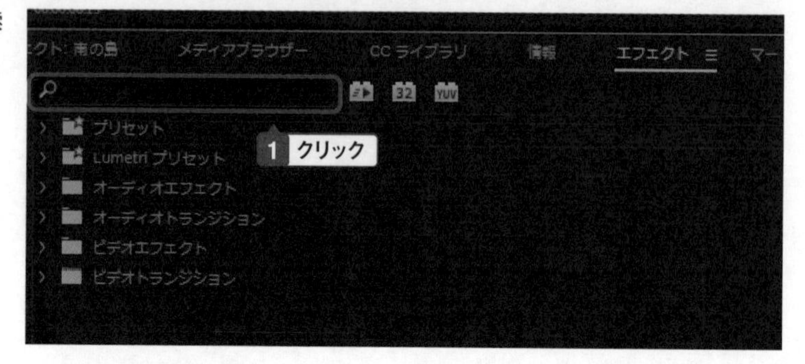

3 エフェクトの名前を入力すると、一致するエフェクトが表示される。

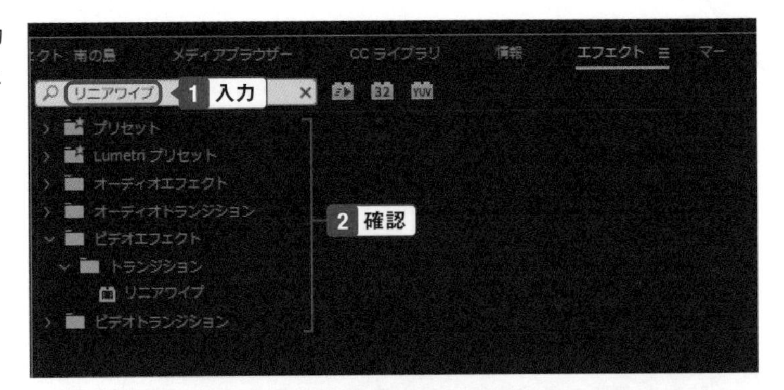

4 エフェクトの分類を入力すれば、分類に含まれるエフェクトを探せる。

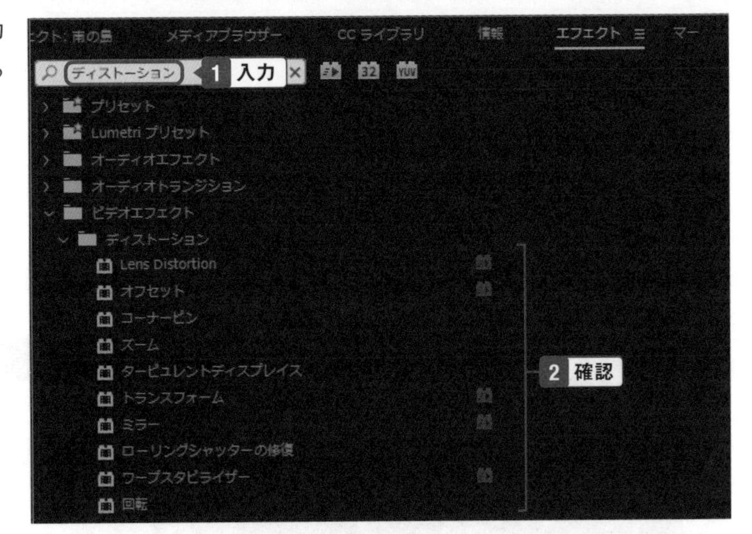

5 キーワードはエフェクトの名前の一部だけでも検索できるので、おおまかに思い出せる名前を入力して検索することもできる。

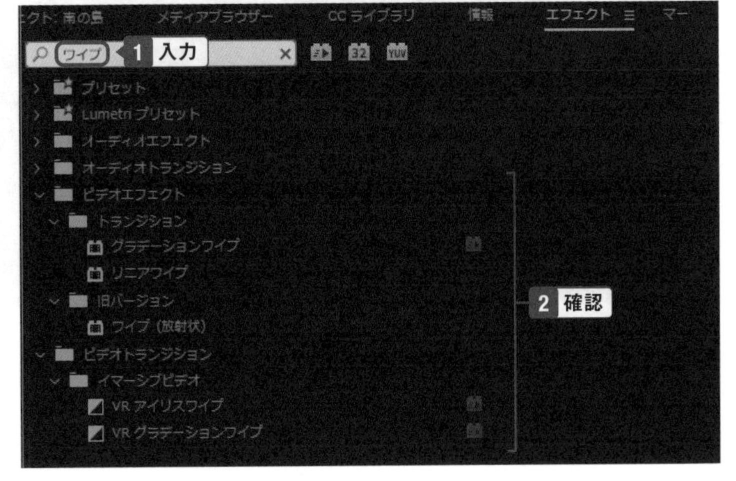

Chapter » 7

Section » 02

映像を変形する

映像の形状に変化を付ける

映像を変形する方法はさまざまです。ここでは映像の形状に変化をつける反転や回転を紹介します。エフェクトを使わずに、エフェクトコントロールパネルからできる簡単な変形もいろいろな場面で役立ちます。

反転

● **水平反転**：左右に反転する。

❶「トランスフォーム」−「水平反転」

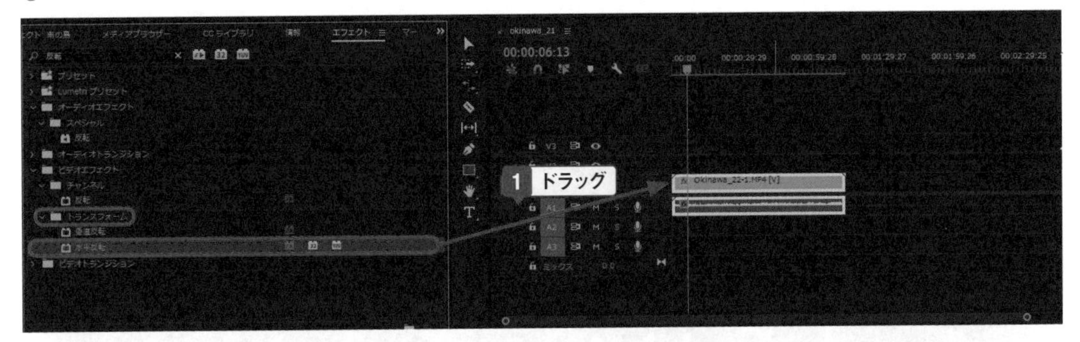

❷水平反転の効果：映像が左右に反転

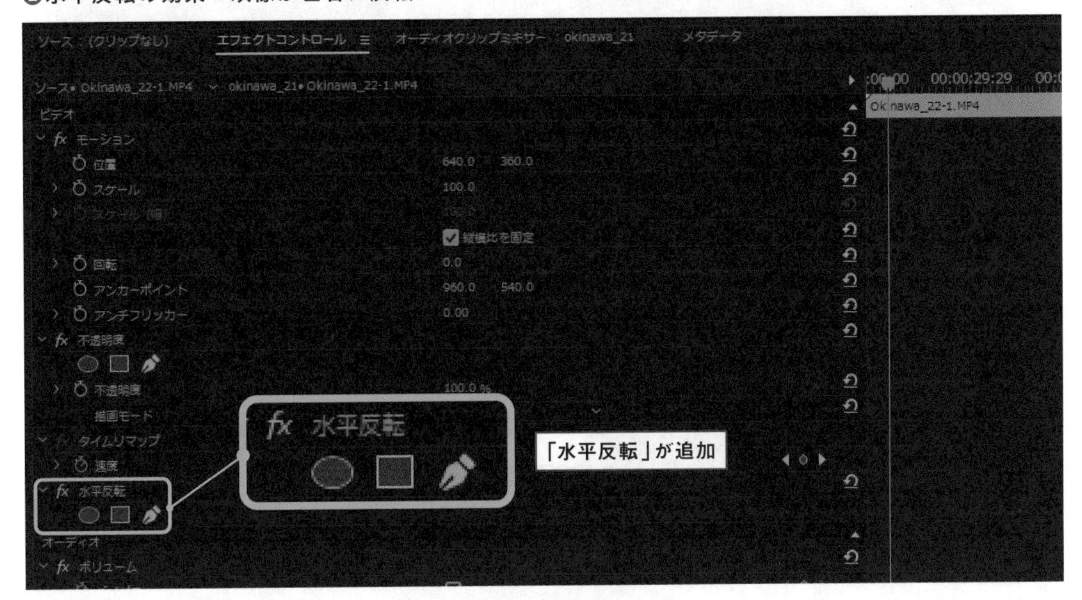

❸プレビュー

●垂直反転：上下に反転する。

❶「トランスフォーム」－「垂直反転」

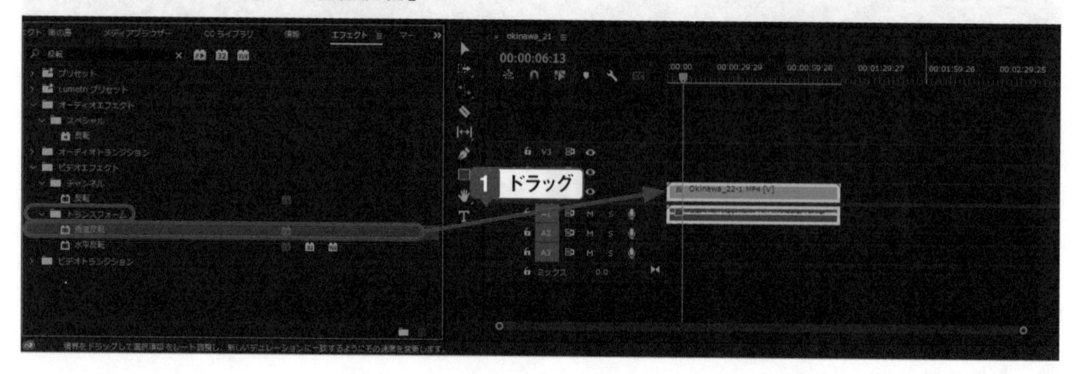

❷垂直反転の効果：映像が垂直に反転

❸プレビュー

回転

回転（エフェクトコントロールパネル）：映像が回転する。

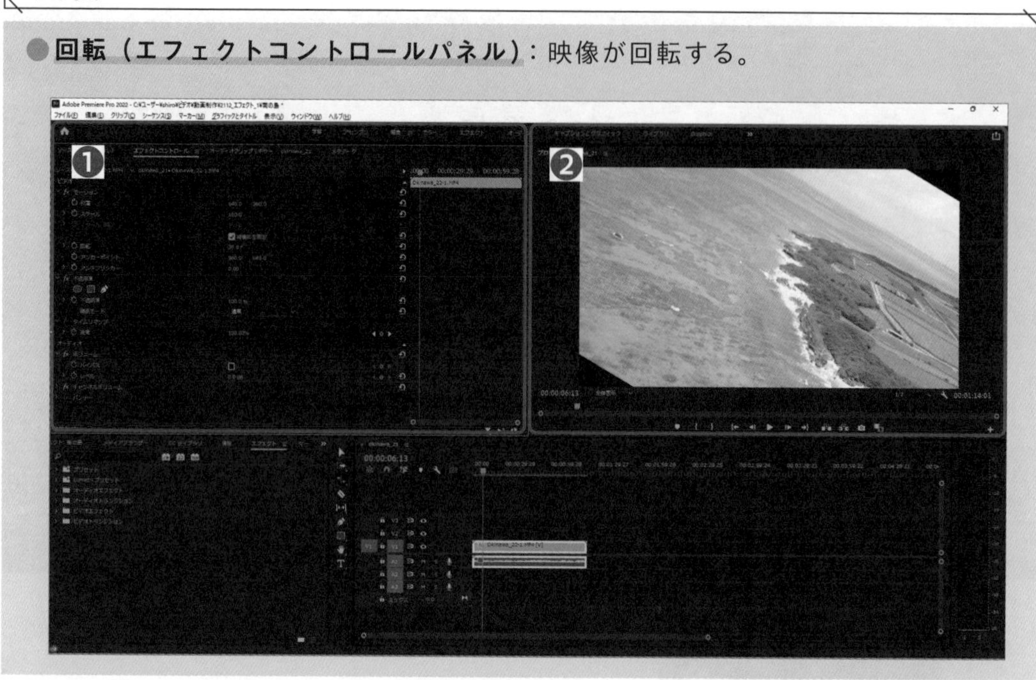

❶「モーション」-「回転」

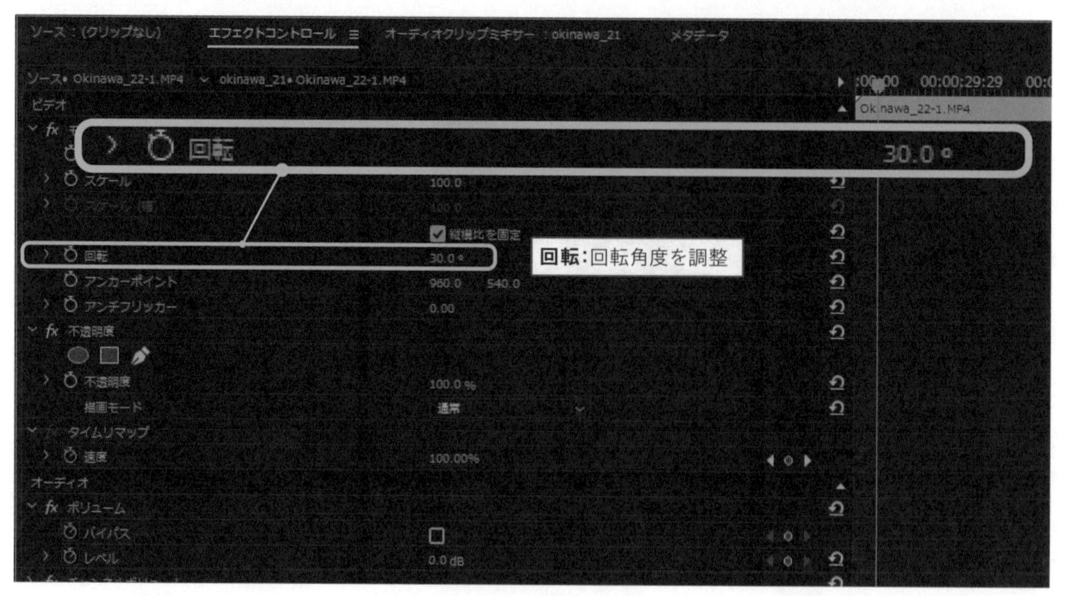

❷プレビュー

One Point

エフェクトの「回転」は別のもの

エフェクトで「回転」を検索すると、いくつかのエフェクトが表示されます。しかしこれらは別の効果を加えるもので、映像全体を回転させたい場合には、エフェクトコントロールパネルの「モーション」を使います。

変形しながら回転する

● **回転（ディストーション）**：映像が変形しながら回転する。角度を変えると変形の大きさが変わる。

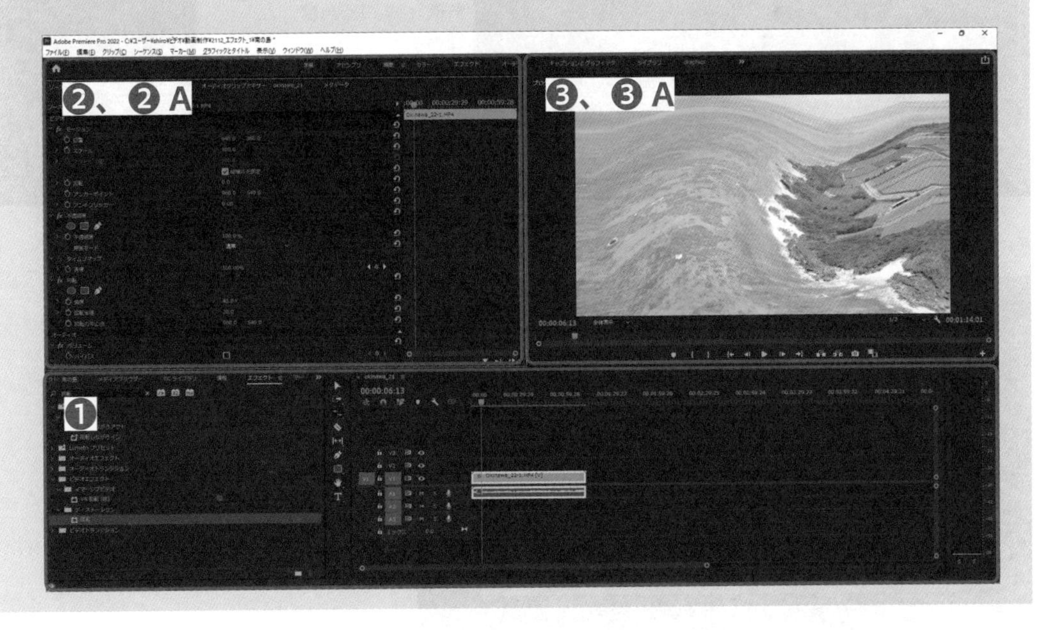

❶「ディストーション」－「回転」

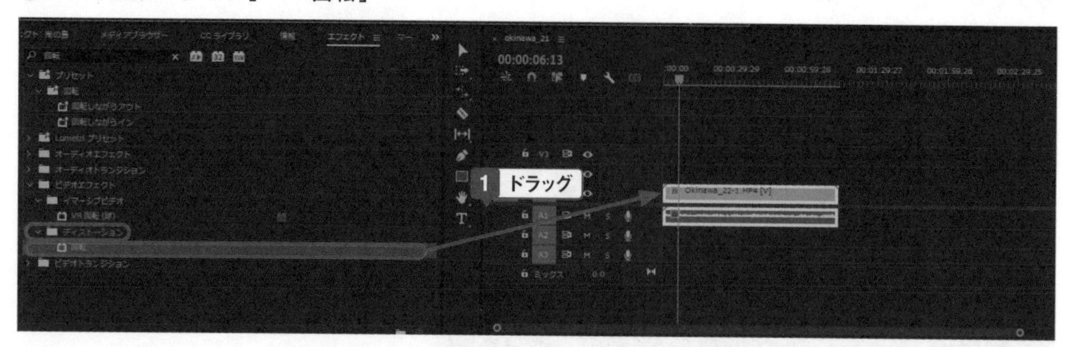

❷回転の効果：ねじるように変形しながら回転

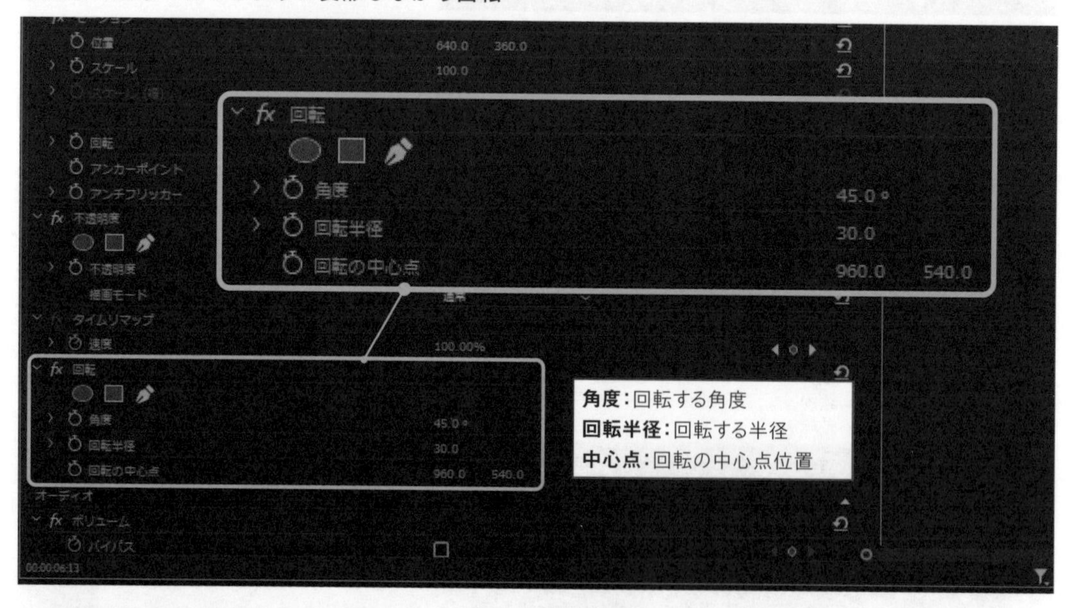

❸プレビュー

❷A

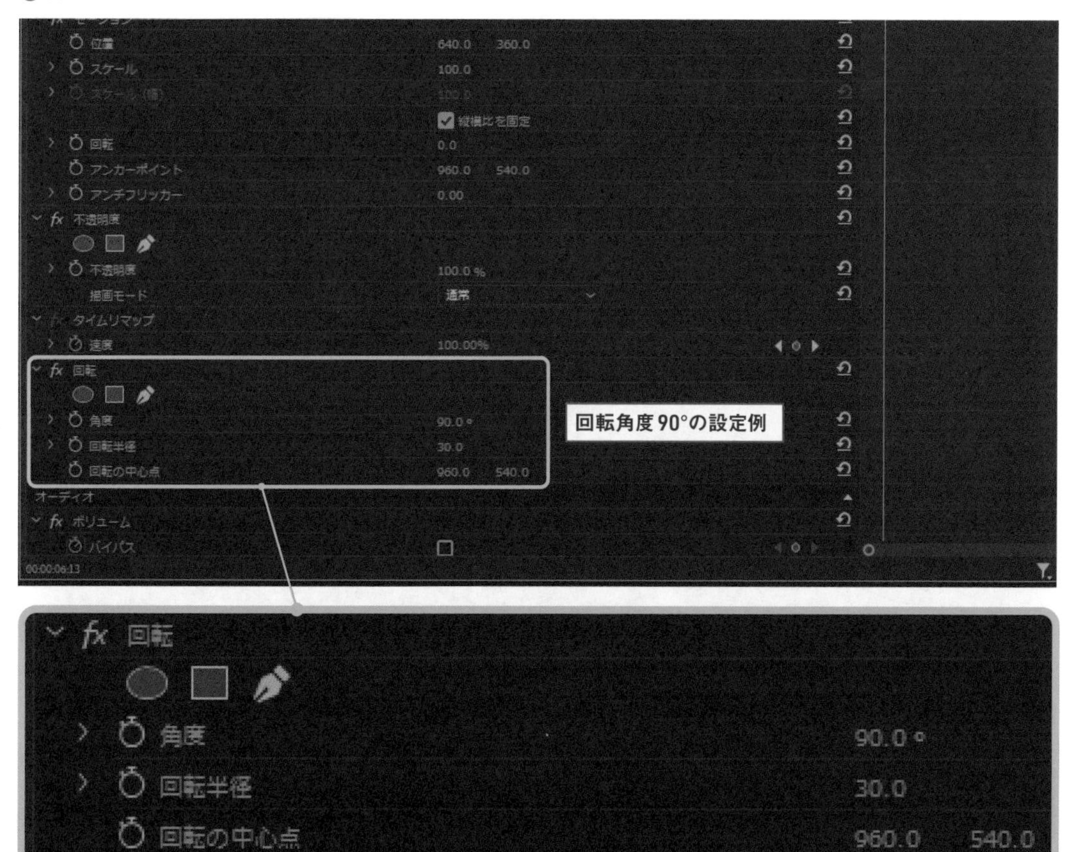
位置 640.0 360.0
スケール 100.0
縦横比を固定
回転 0.0
アンカーポイント 960.0 540.0
アンチフリッカー 0.00
不透明度
不透明度 100.0 %
描画モード 通常
タイムリマップ
速度 100.00%
回転
角度 90.0 °
回転半径 30.0
回転の中心点 960.0 540.0
回転角度90°の設定例
オーディオ
ボリューム
バイパス
00:00:06:13

❸Aプレビュー

ディストーションで変形する

● **レンズ（またはLens Distortion）**：レンズのような変形をする。

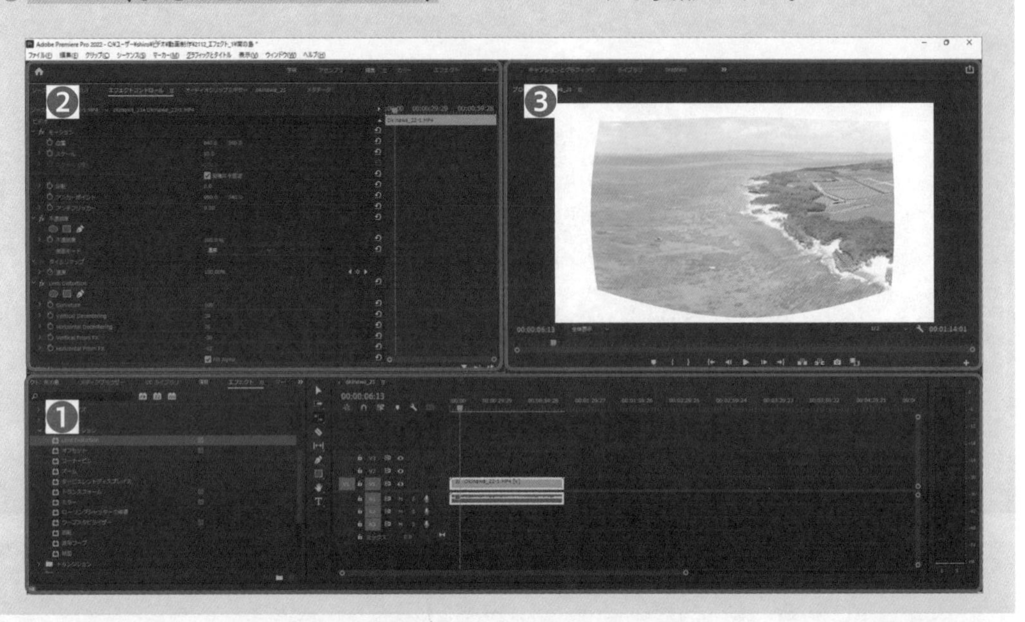

❶「ディストーション」−「レンズ」（Lens Distortion）

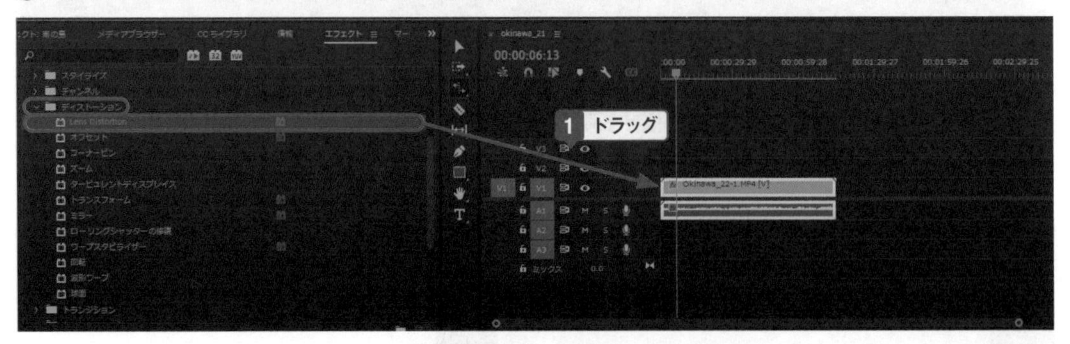

❷レンズの効果：レンズ越しに投影した形状に変形

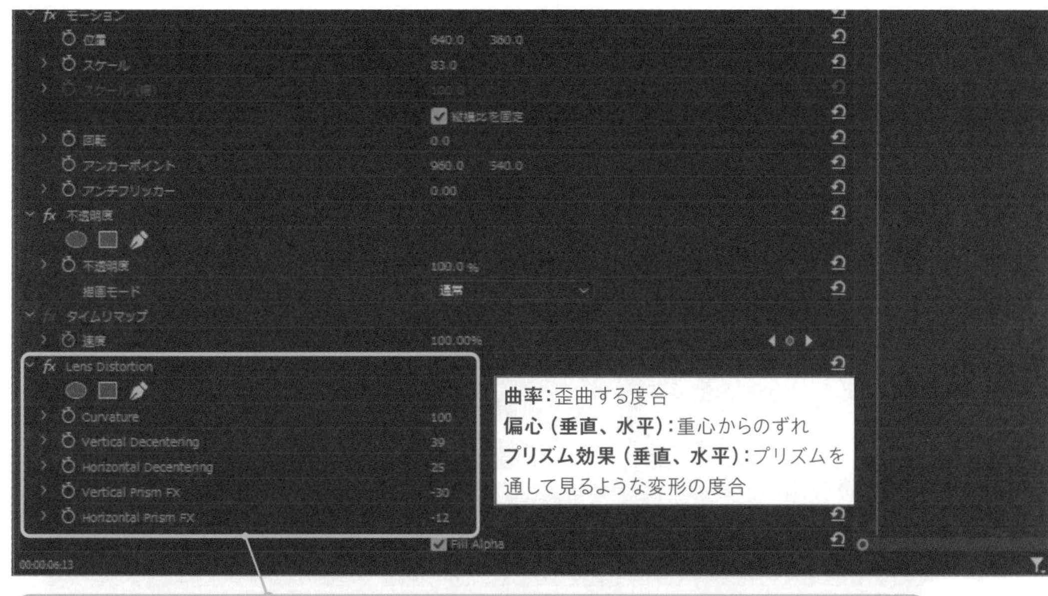

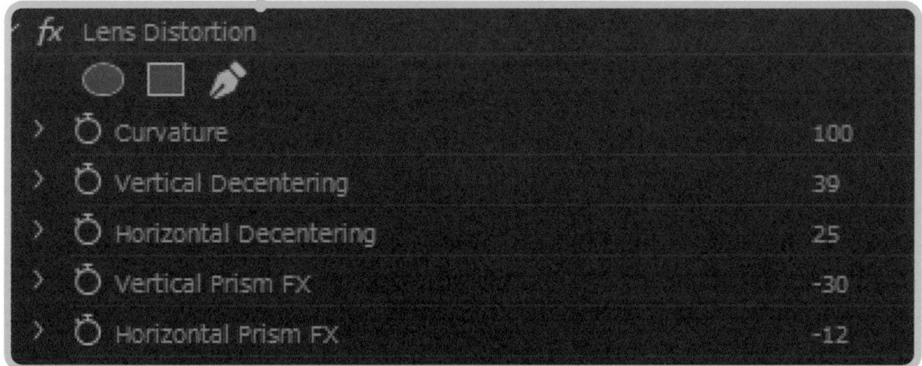

❸プレビュー

オフセット：映像の位置をずらす。

❶「ディストーション」－「オフセット」

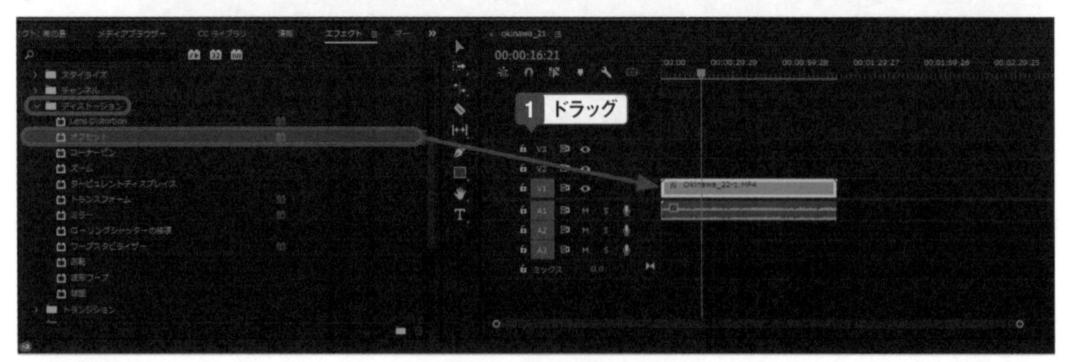

❷オフセットの効果：映像の表示位置をずらす

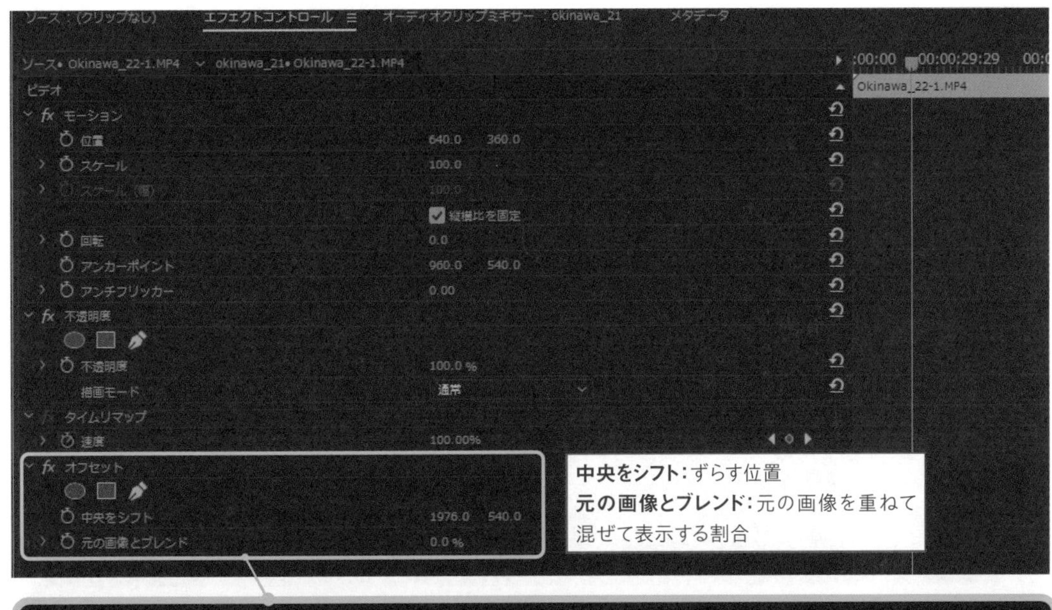

❸プレビュー

●コーナーピン：映像の四隅の位置を変えて変形する。

❶「ディストーション」-「コーナーピン」

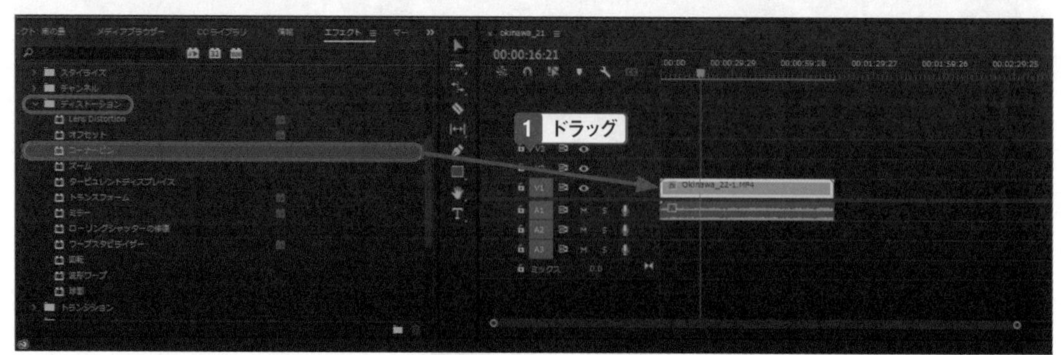

❷コーナーピンの効果：映像の四隅を移動して変形する

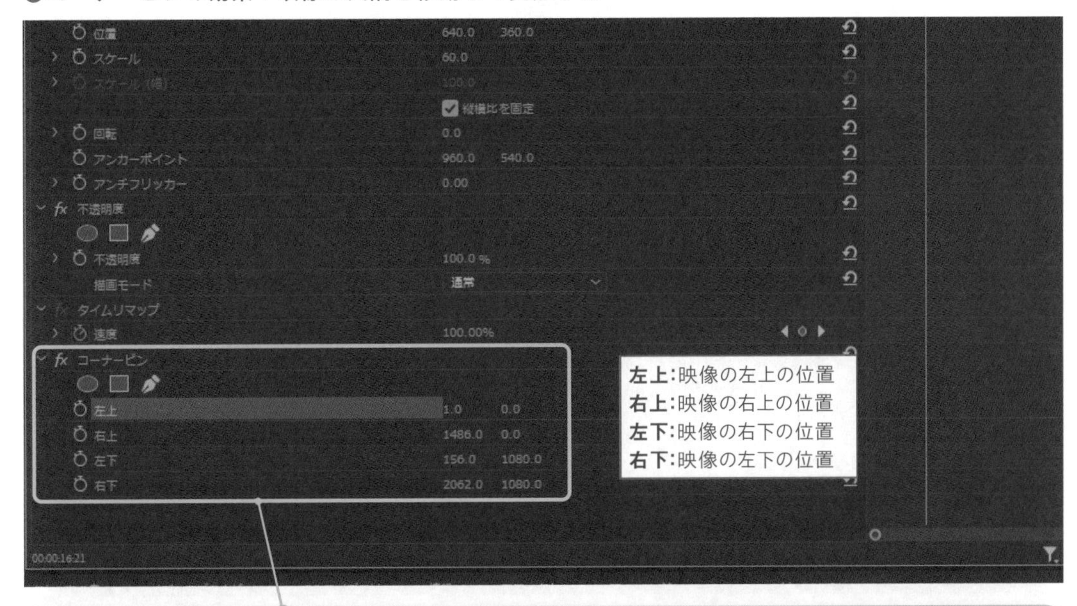

❸プレビュー

●波形ワープ：波型に映像を歪める。

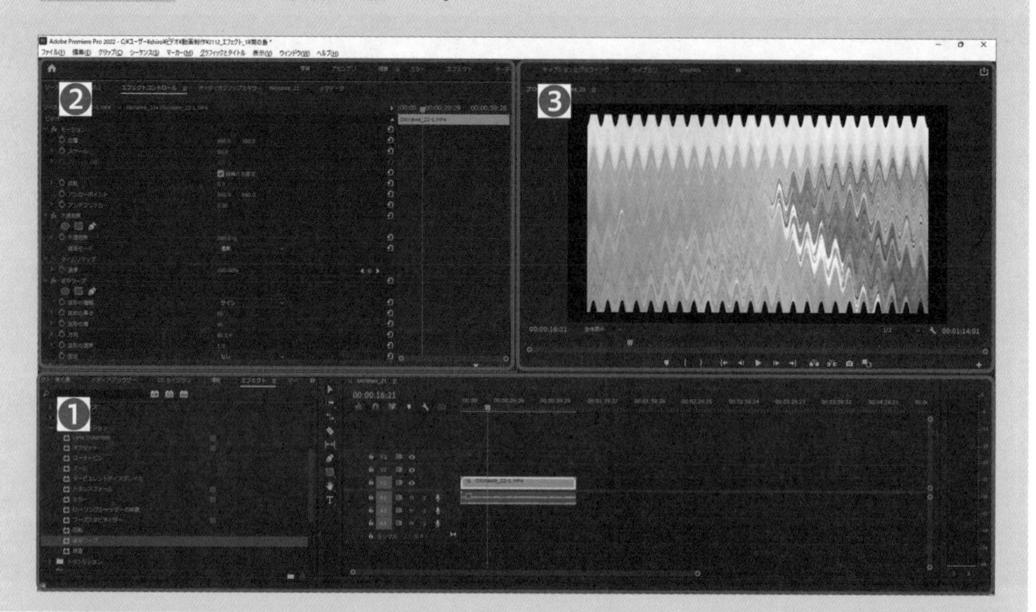

❶「ディストーション」－「波形ワープ」

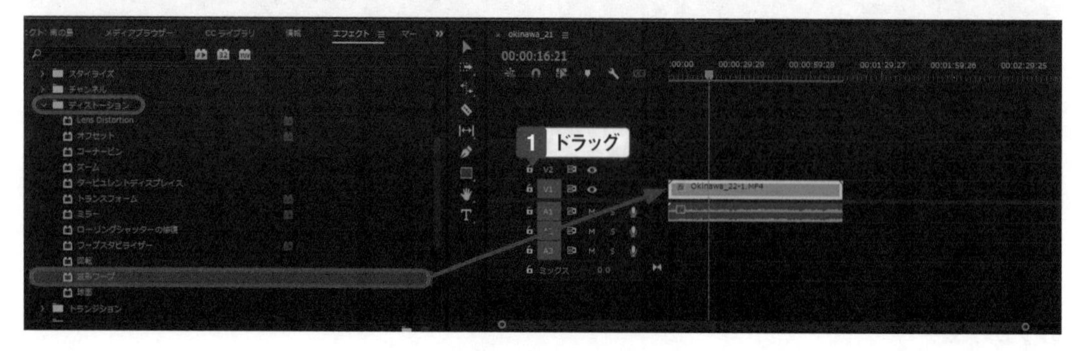

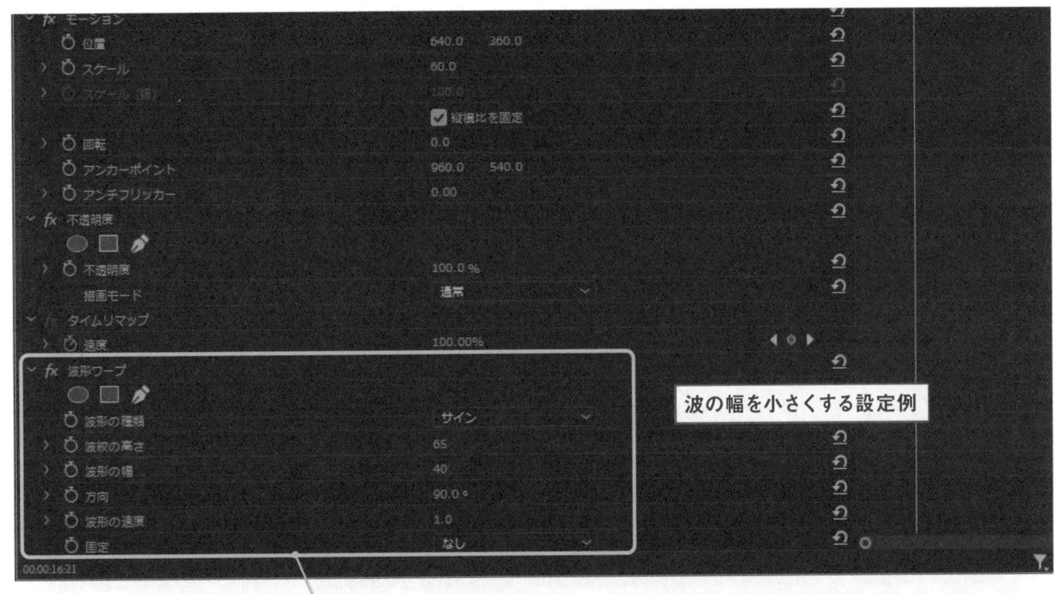
モーション
位置 640.0 360.0
スケール 60.0
スケール（幅） 100.0
縦横比を固定
回転 0.0
アンカーポイント 960.0 540.0
アンチフリッカー 0.00
不透明度
不透明度 100.0 %
描画モード 通常
タイムリマップ
速度 100.00%
波形ワープ
波形の種類 サイン
波紋の高さ 65
波形の幅 40
方向 90.0 °
波形の速度 1.0
固定 なし
00:00:16:21
波の幅を小さくする設定例

波形ワープ
波形の種類 サイン
波紋の高さ 65
波形の幅 40
方向 90.0 °
波形の速度 1.0
固定 なし

❸プレビュー

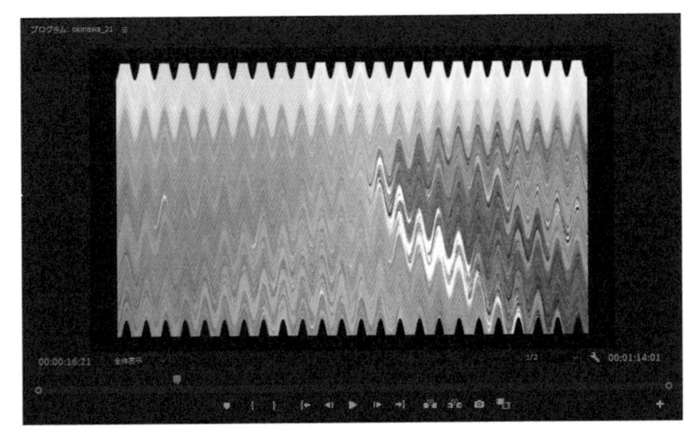
00:00:16:21
00:01:14:01

●ズーム：一部を拡大する。

❶「ディストーション」－「ズーム」

❷

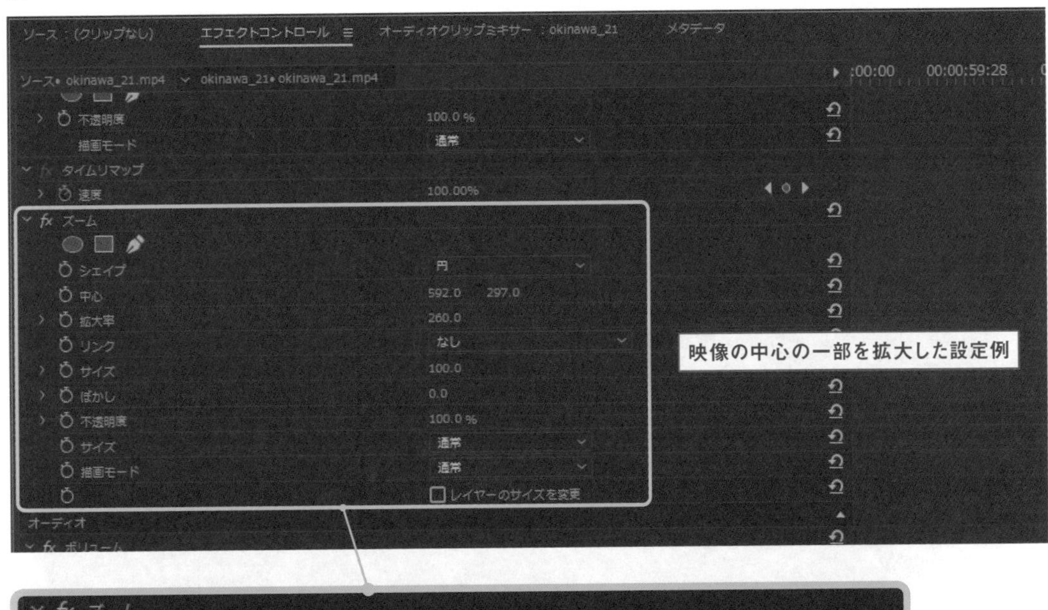
ソース：(クリップなし)
エフェクトコントロール
オーディオクリップミキサー：okinawa_21
メタデータ
ソース• okinawa_21.mp4
okinawa_21• okinawa_21.mp4
:00:00
00:00:59:28
不透明度
100.0 %
描画モード
通常
タイムリマップ
速度
100.00%
ズーム
シェイプ
円
中心
592.0
297.0
拡大率
260.0
リンク
なし
サイズ
100.0
ぼかし
0.0
不透明度
100.0 %
サイズ
通常
描画モード
通常
レイヤーのサイズを変更
オーディオ
映像の中心の一部を拡大した設定例

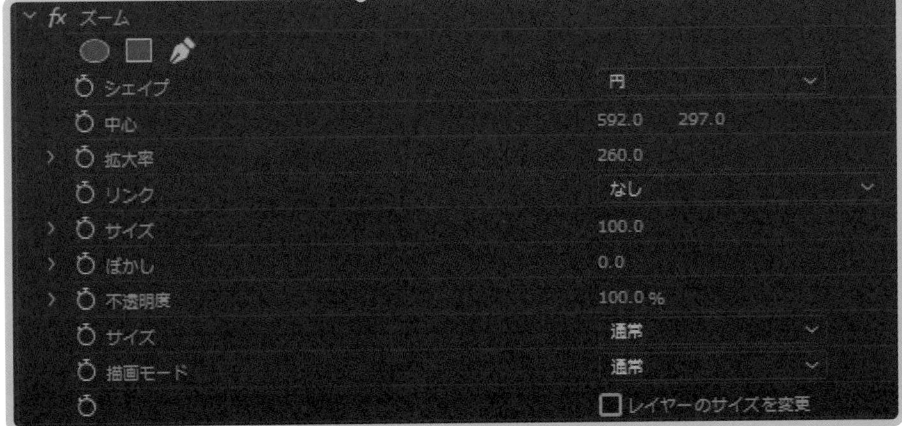
ズーム
シェイプ
円
中心
592.0
297.0
拡大率
260.0
リンク
なし
サイズ
100.0
ぼかし
0.0
不透明度
100.0 %
サイズ
通常
描画モード
通常
レイヤーのサイズを変更

❸プレビュー

●ミラー：角度を付けた鏡像を合成する。

❶「ディストーション」－「ミラー」

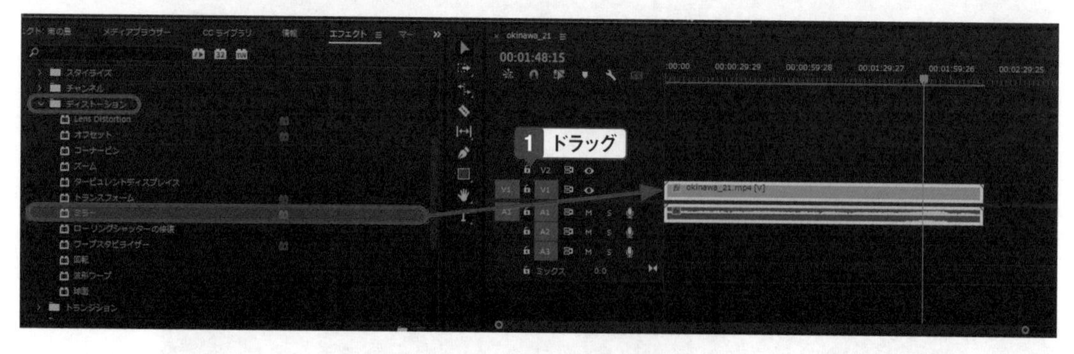

❷

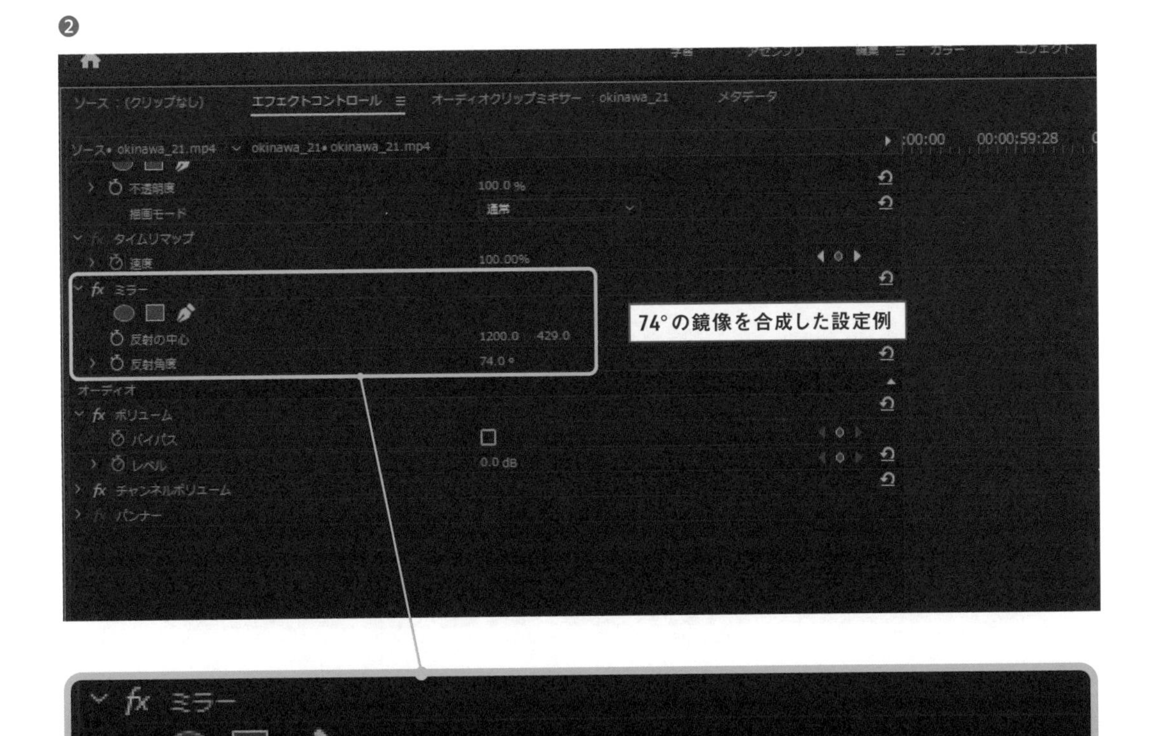
ソース：(クリップなし)
エフェクトコントロール
オーディオクリップミキサー：okinawa_21
メタデータ
ソース • okinawa_21.mp4
okinawa_21 • okinawa_21.mp4
00:00:59:28
不透明度
100.0 %
描画モード
通常
タイムリマップ
速度
100.00%
ミラー
反射の中心
1200.0 429.0
反射角度
74.0 °
74°の鏡像を合成した設定例
オーディオ
ボリューム
バイパス
レベル
0.0 dB
チャンネルボリューム
パンナー

❸プレビュー

●**ワープスタビライザー**：手ブレを補正する。

❶「ディストーション」－「ワープスタビライザー」

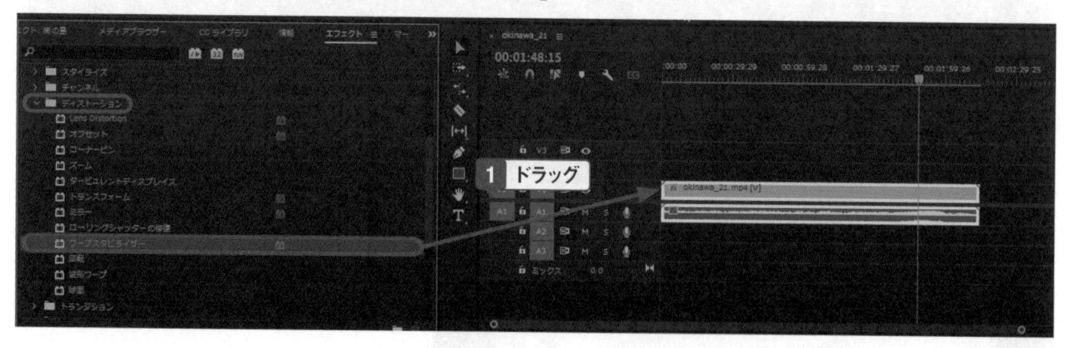

❷

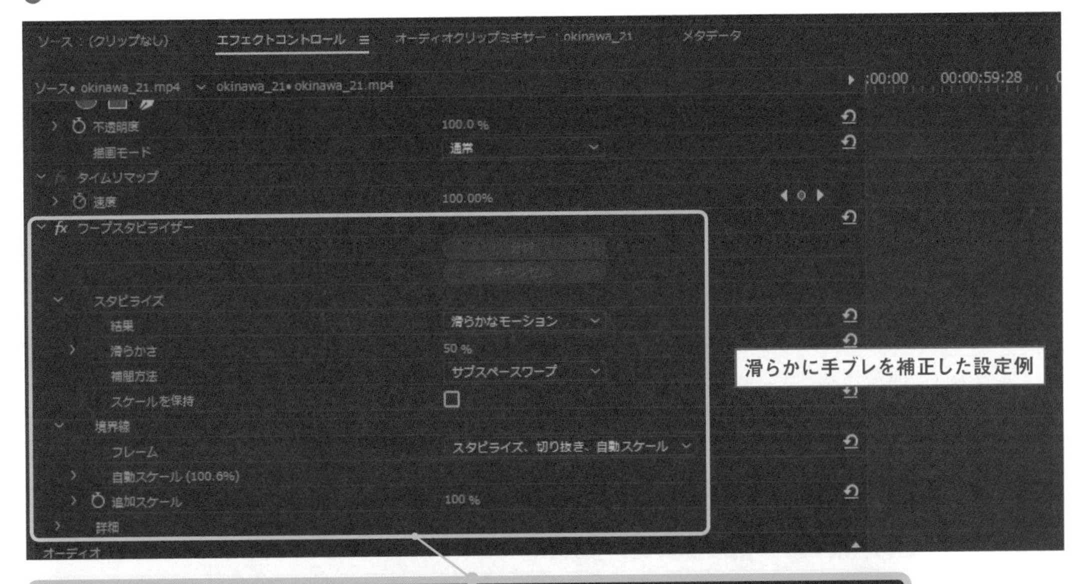
ソース：(クリップなし)
エフェクトコントロール
オーディオクリップミキサー：okinawa_21
メタデータ
ソース• okinawa_21.mp4
okinawa_21• okinawa_21.mp4
:00:00
00:00:59:28
不透明度
100.0 %
描画モード
通常
タイムリマップ
速度
100.00%
ワープスタビライザー
スタビライズ
結果
滑らかなモーション
滑らかさ
50 %
補間方法
サブスペースワープ
スケールを保持
境界線
フレーム
スタビライズ、切り抜き、自動スケール
自動スケール (100.6%)
追加スケール
100 %
詳細
オーディオ
滑らかに手ブレを補正した設定例

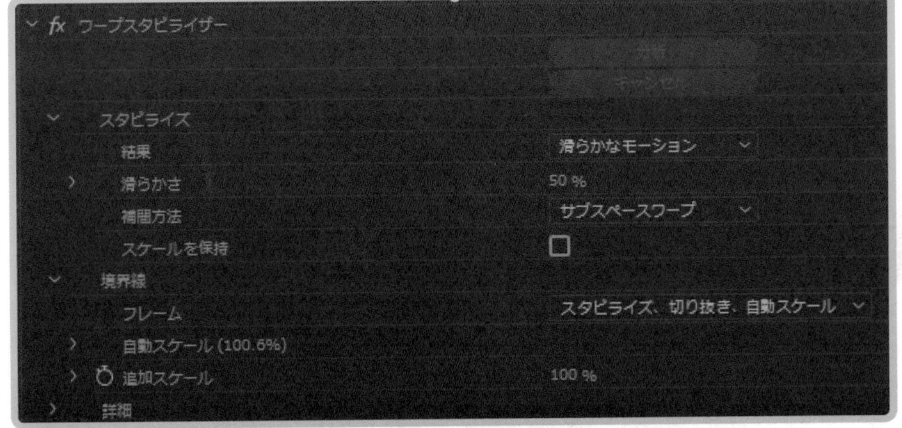
ワープスタビライザー
スタビライズ
結果
滑らかなモーション
滑らかさ
50 %
補間方法
サブスペースワープ
スケールを保持
境界線
フレーム
スタビライズ、切り抜き、自動スケール
自動スケール (100.6%)
追加スケール
100 %
詳細

❸プレビュー

Chapter » 7

Section » 03

映像を切り抜いて表示する

マスクを使って一部分だけ表示する

映像を切り抜く方法はいくつかあります。そのうちの１つがマスクで、「切り抜く」というよりは「一部だけ残す」というイメージです。マスクを使いこなすとワイプや複数映像の合成など幅広く利用できるようになります。

マスクで映像の一部を表示する

● エフェクトコントロールパネルの「不透明度」で、プログラムパネルの映像にマスクを描く。

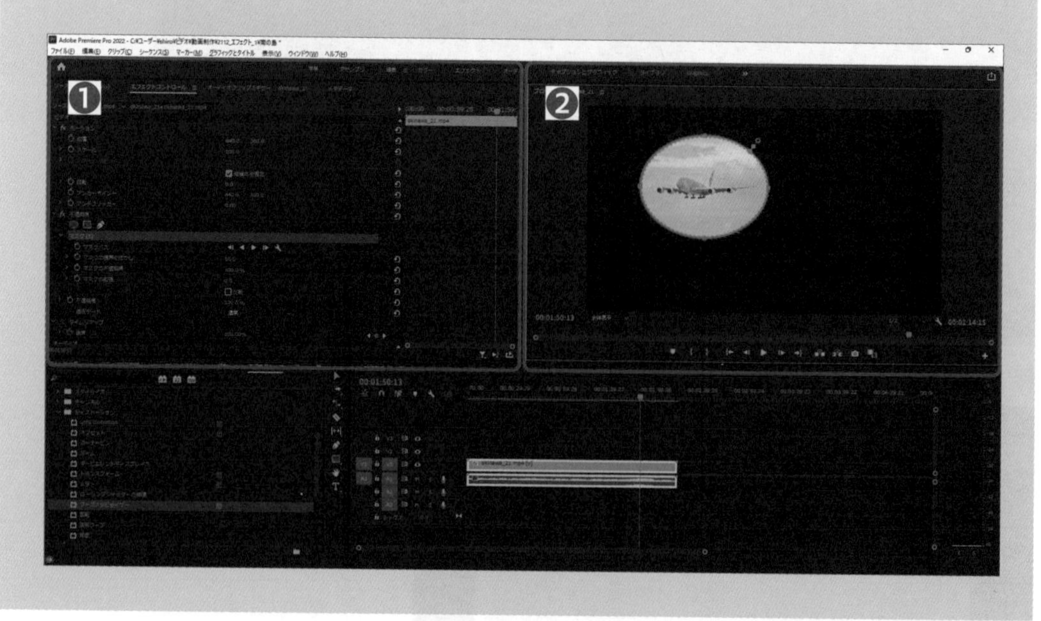

❶「不透明度」－「マスク」

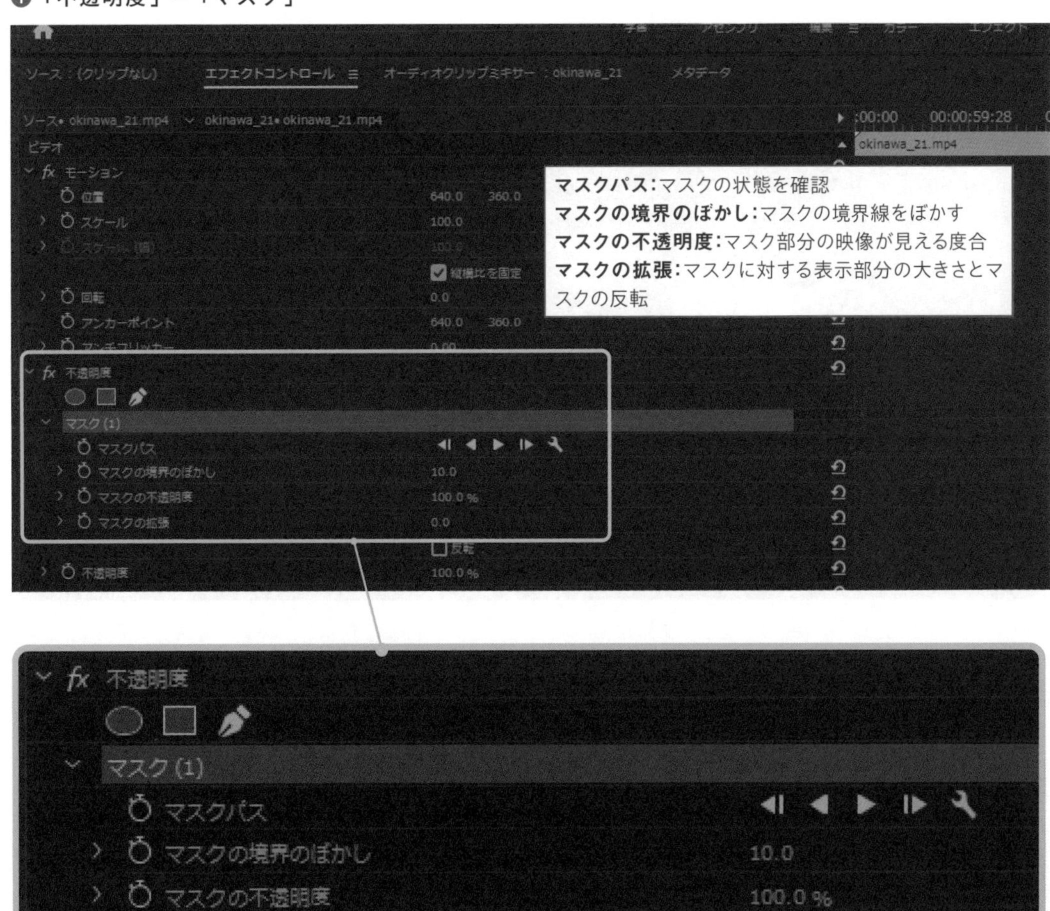

❷プレビュー

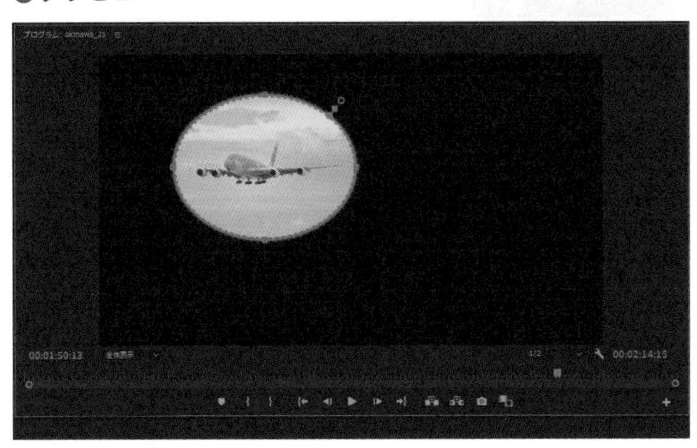

❶「楕円マスクの作成」は楕円形のマスクを作成する。ハンドルをドラッグして大きさや形状を変える。

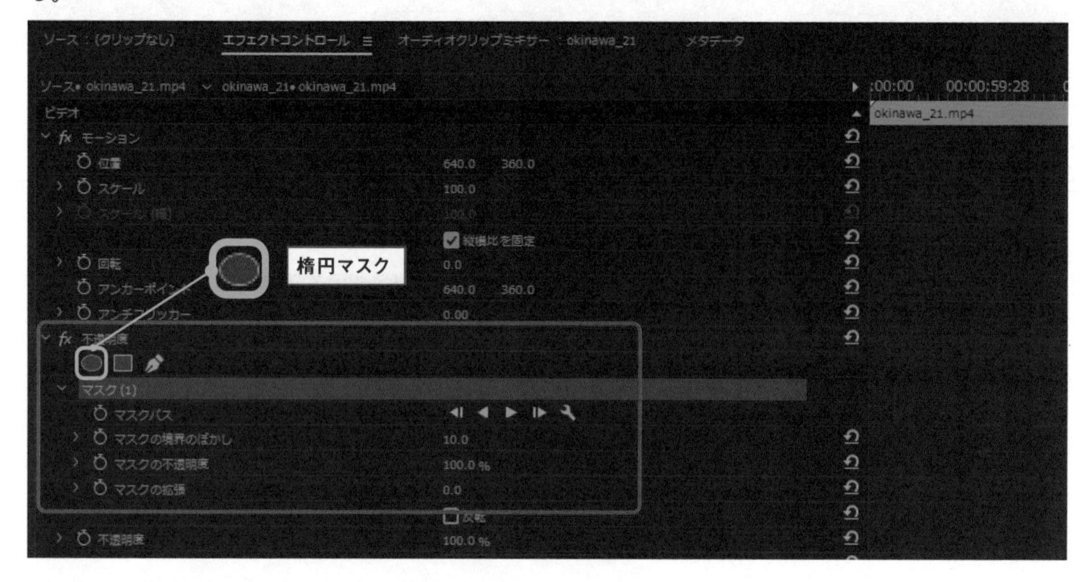

❷プレビュー

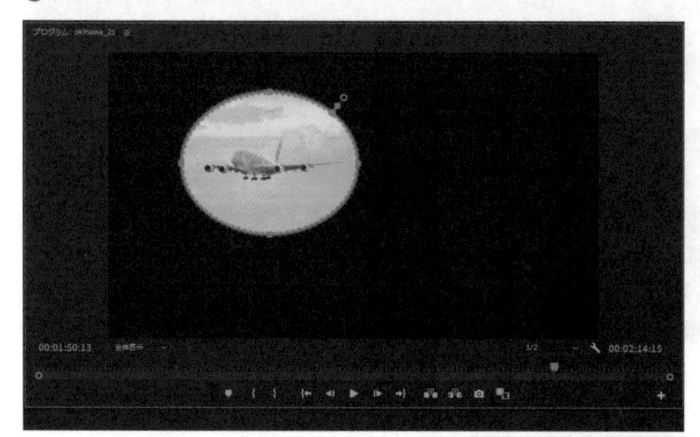

❶「長方形マスクの作成」は長方形のマスクを作成する。ハンドルをドラッグして大きさや形状を変える。

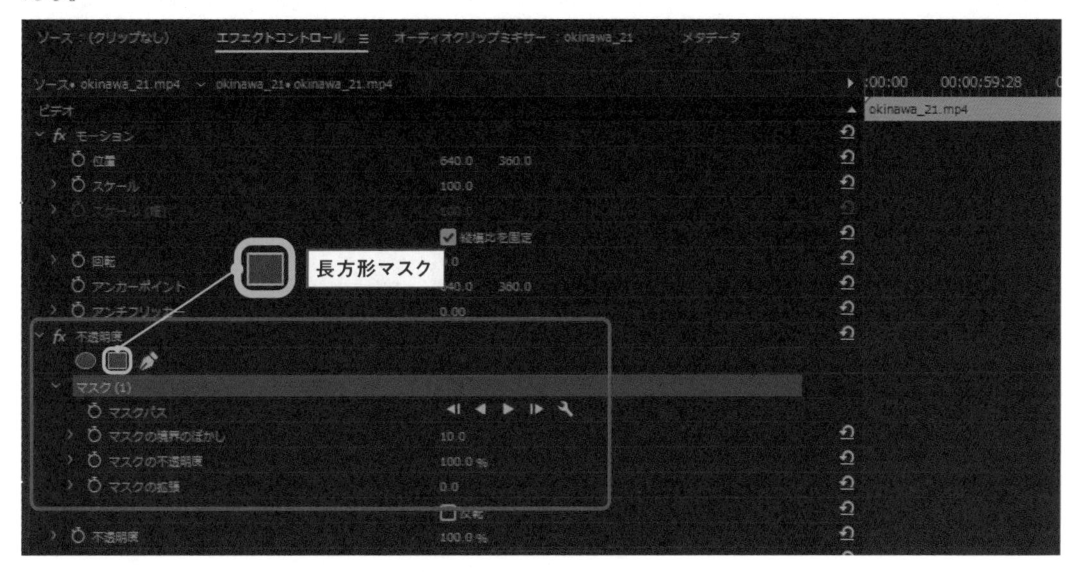

❷プレビュー

❶「反転」のチェックをオン

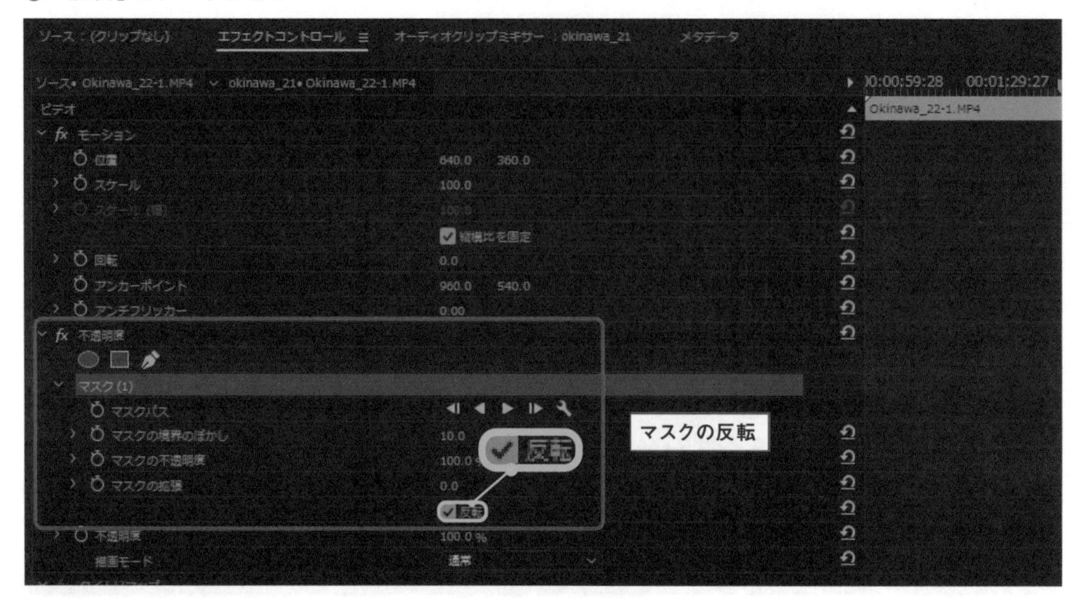

❷マスクが反転

❸下側の映像の表示位置を移動

Chapter » 7

Section » 04

映像の一部を切り出す

「クロップ」を使って切り出す

クロップはその名のとおり、一部分を切り出すことです。マスクが「穴の開いたシートをかぶせる」ようなイメージなのに対して、クロップは映像の周囲を削除して一部分を切り出す違いがあります。

映像の一部を切り出す

● **クロップ**：「左」、「上」、「右」、「下」の値を調整すると映像が切り取られる。

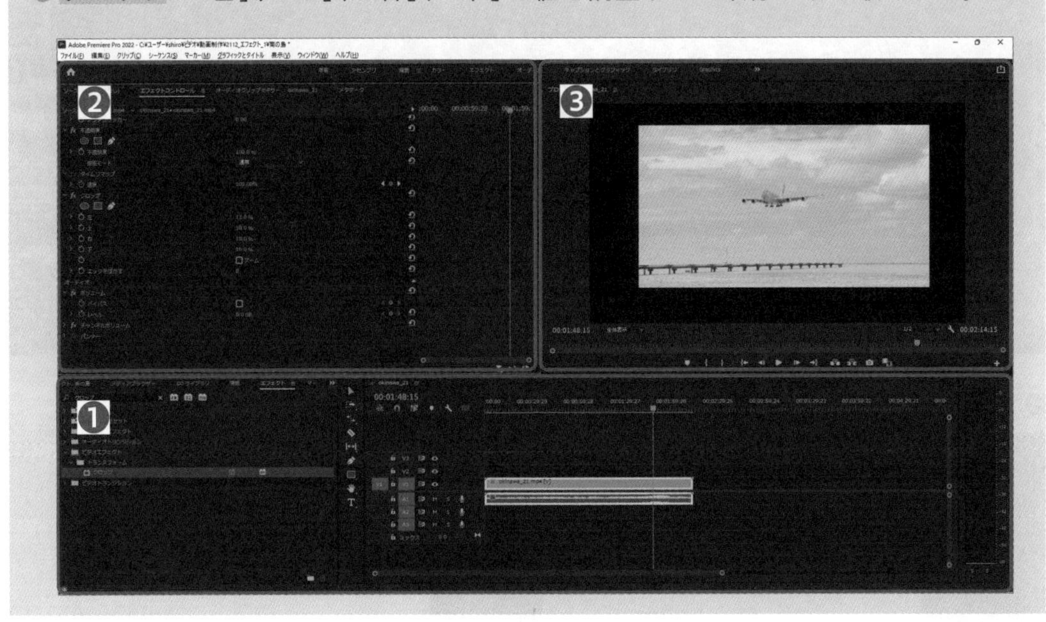

❶「トランスフォーム」－「クロップ」

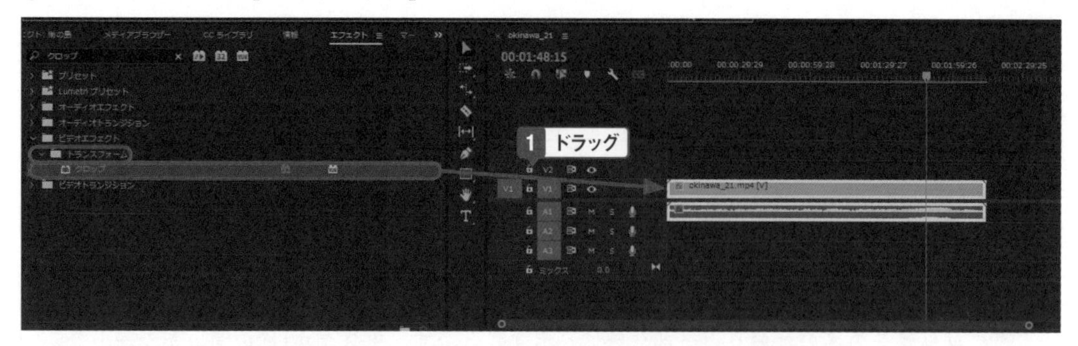

❷クロップの効果：映像の一部を切り出す

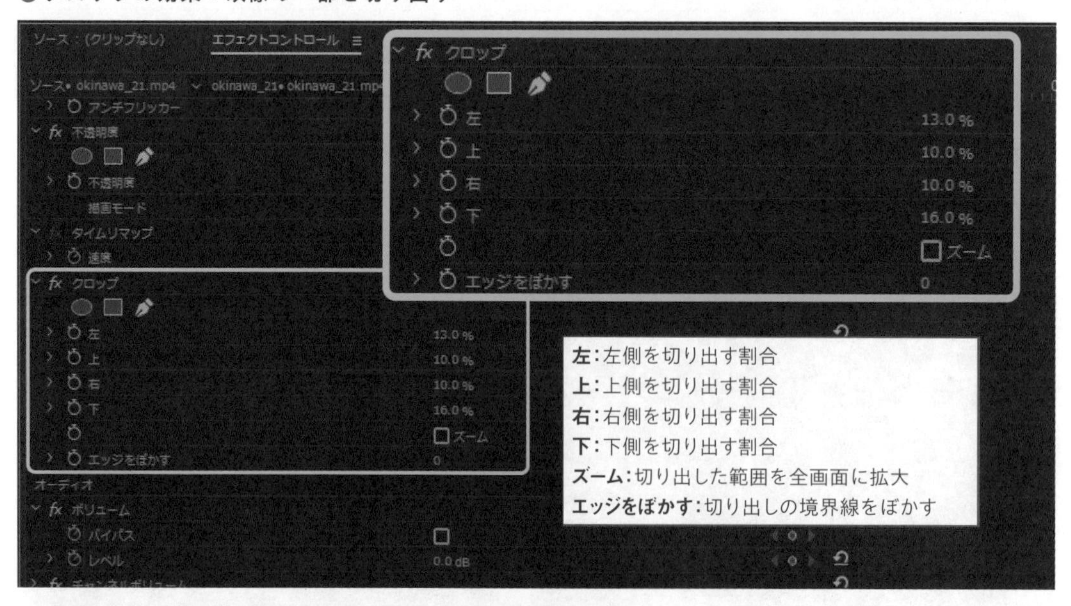

❸プレビュー

❶「ズーム」のチェックをオンにすると、切り出した映像を画面全体に拡大する。

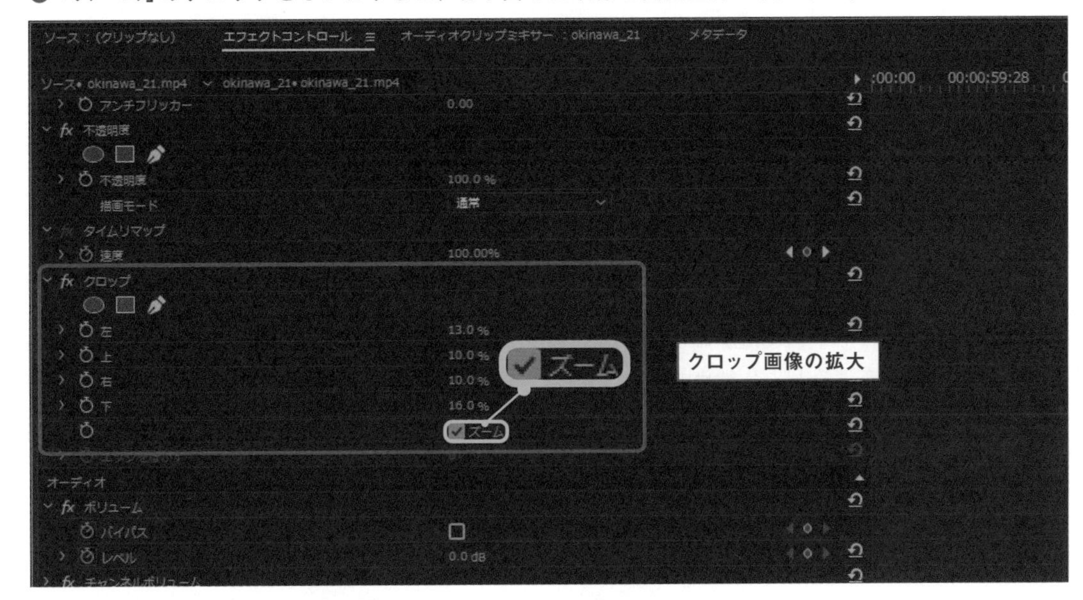

❷プレビュー

Chapter » 7

Section » 05

映像の雰囲気を変える

色や光の加減を変える

撮影した映像はそのまま使うことが多いですが、暗い映像を明るくしたり、色合いを調整して雰囲気を変えるとより見やすくなったり、映像作品として新しいイメージを創ったりできるようになります。

カラー補正

●**ASC CDL**：赤、青、緑（RGB）の色の強さや全体の彩度を調整する。

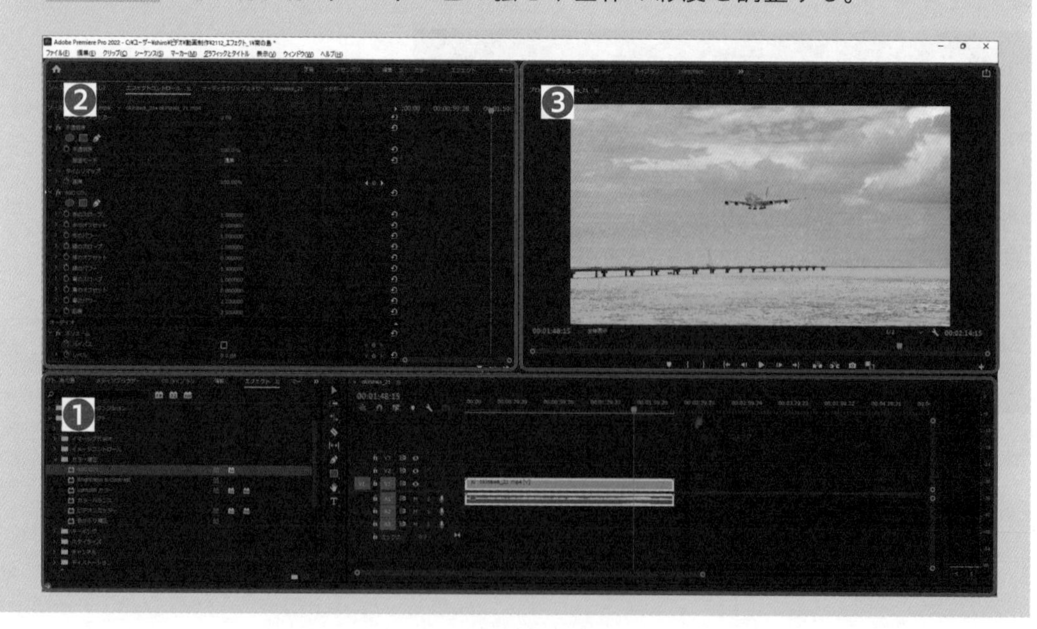

❶「カラー補正」-「ASC CDL」

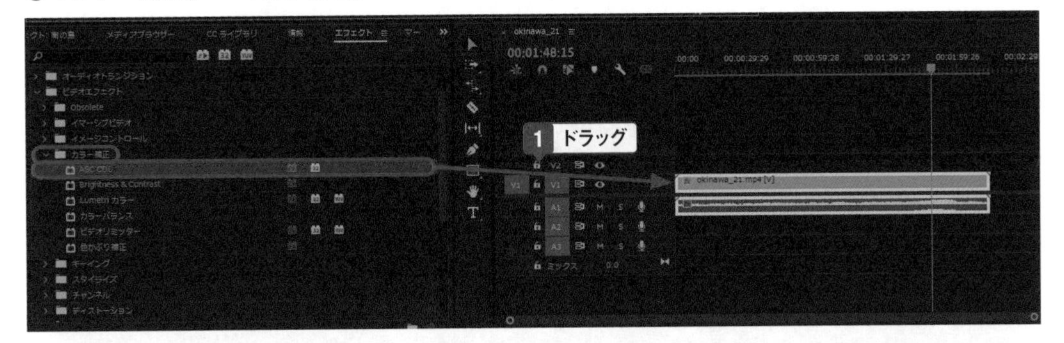

❷ASC CDLの効果：映像の色合いを調整する

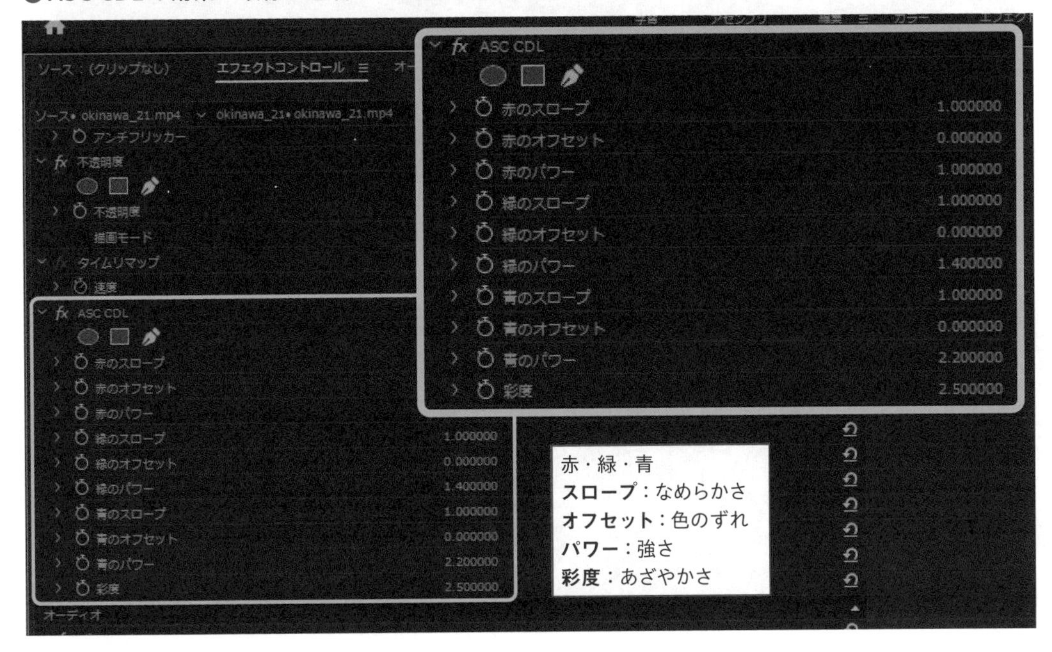

❸プレビュー

● **Brightness & Contrast**：明るさとコントラストを補正する。

❶「カラー補正」－「Brightness&Contrast」

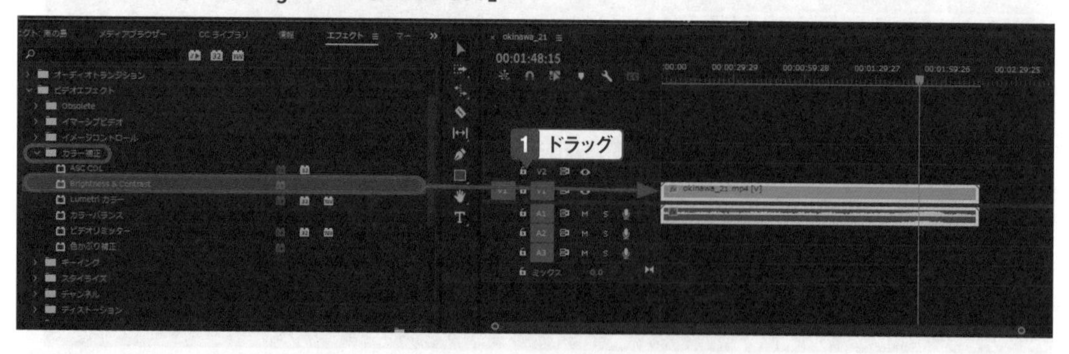

❷ Brightness&Contrastの効果：映像の明るさとコントラストを調整する

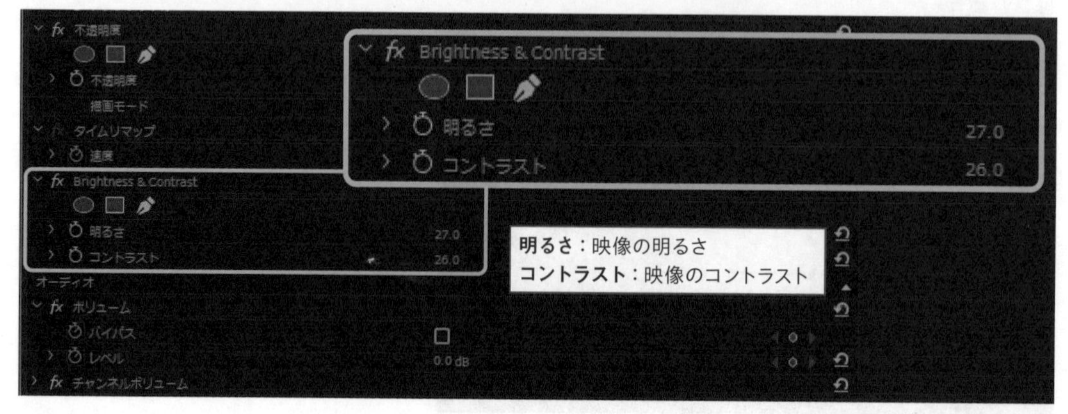

❸プレビュー

●Lumetriカラー：詳細な色補正ができるエフェクトで、基本的な補正から明瞭度、カラー曲線などさまざまな項目で微調整する。

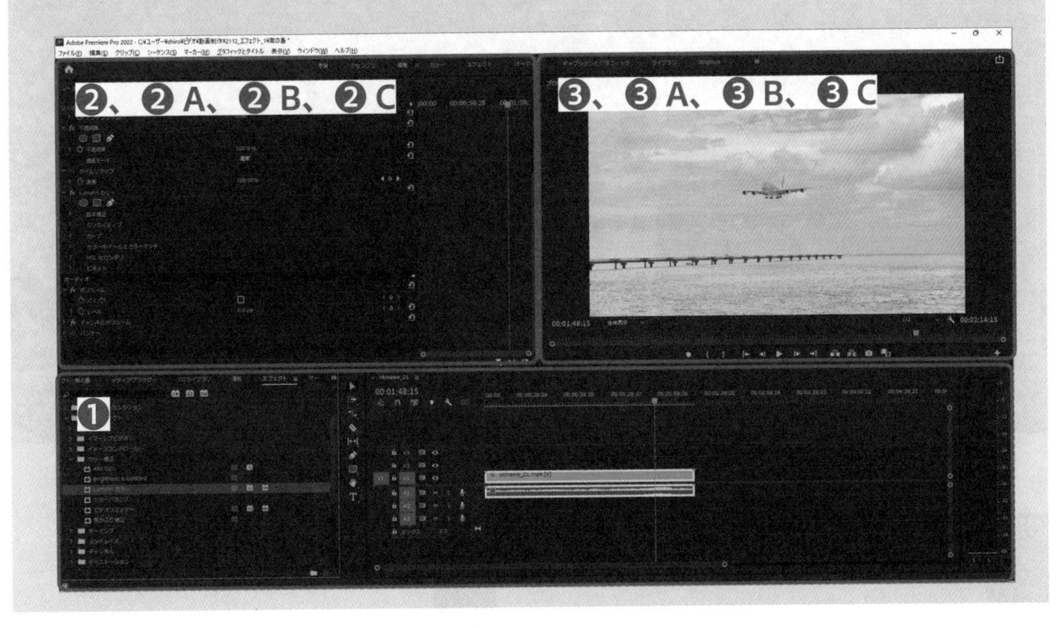

❶「カラー補正」－「Lumetriカラー」

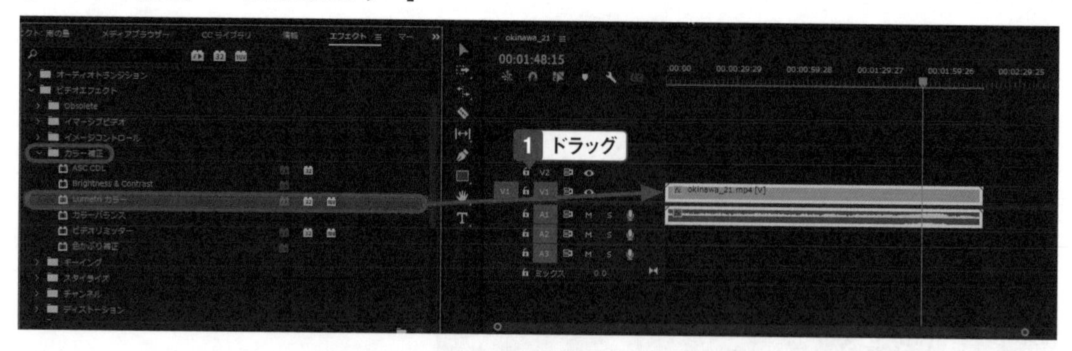

❷Lumetriカラーの効果：映像の色合いを変化させる

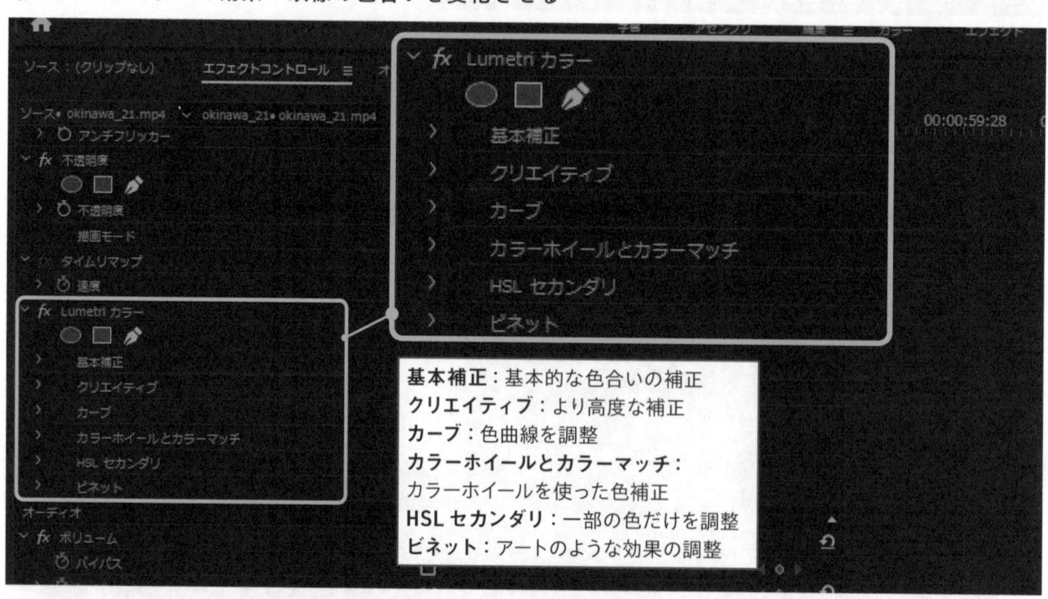

❸プレビュー

❷A 基本補正の効果

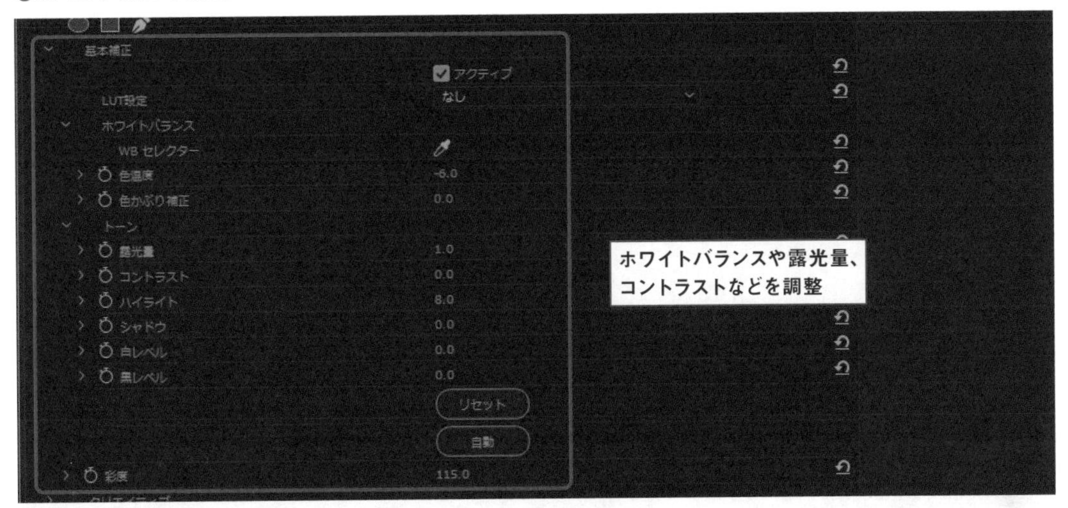

❸A プレビュー

❷B クリエイティブの効果

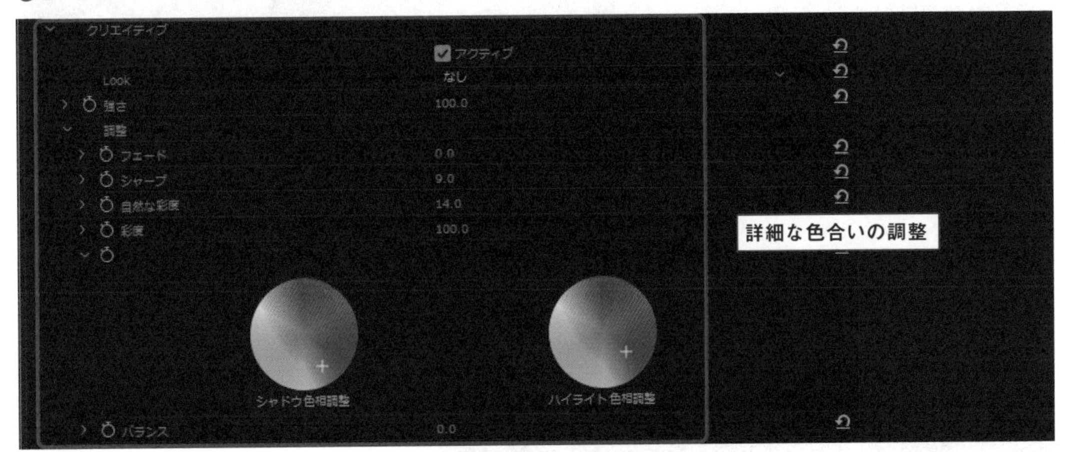

❸B プレビュー

❷C カーブの効果

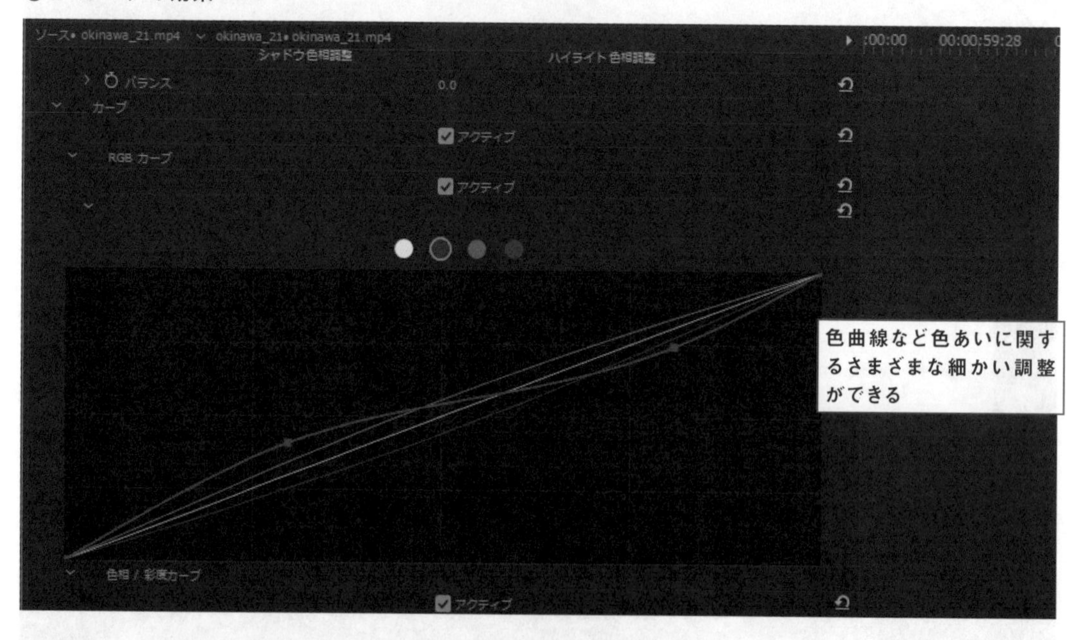

❸C プレビュー

4色グラデーション

●**4色グラデーション**：黄色（イエロー）、緑（グリーン）、ピンク（シアン）、青（ブルー）のグラデーションを作成し、画面に合成する。「描画モード」によって合成方法を変えることができる。

❶「ビデオエフェクト」－「4色グラデーション」

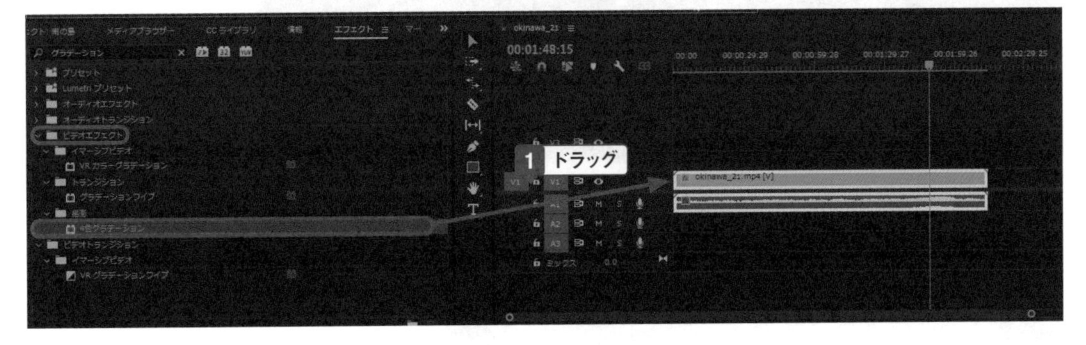

❷4色グラデーション の効果：映像の明るさとコントラストを調整する

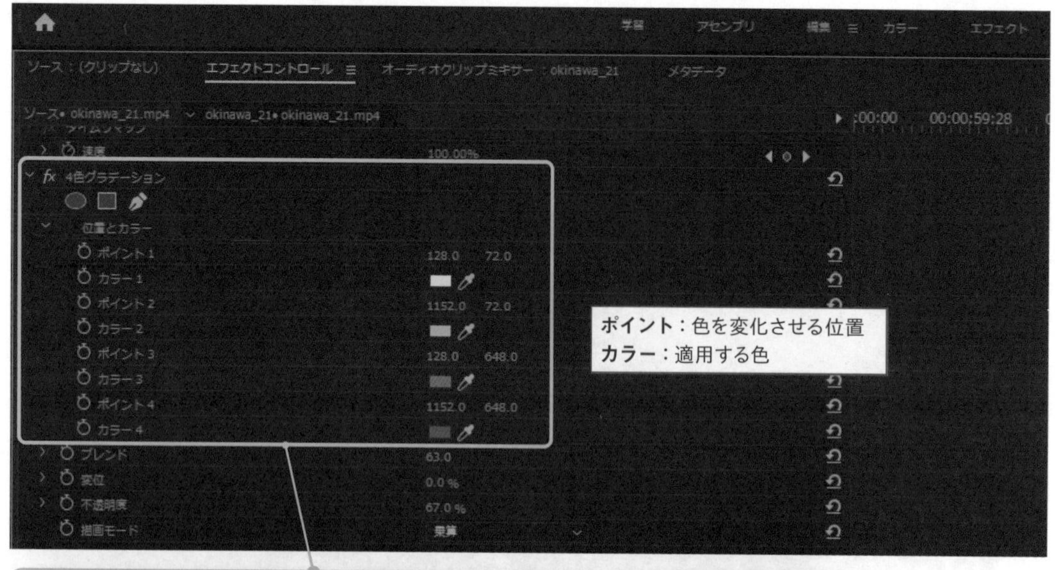

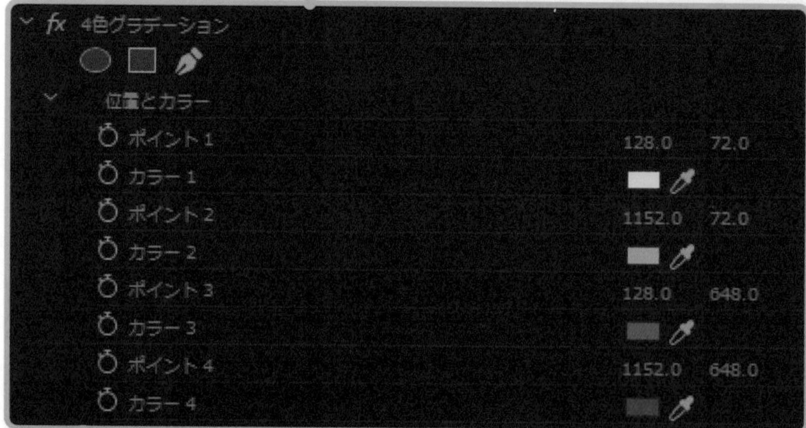

❸プレビュー

レンズフレア

● **レンズフレア**：カメラレンズで逆光撮影したときに現れるフレア現象が追加される。レンズの焦点距離によってフレアの状態を変えることができる。

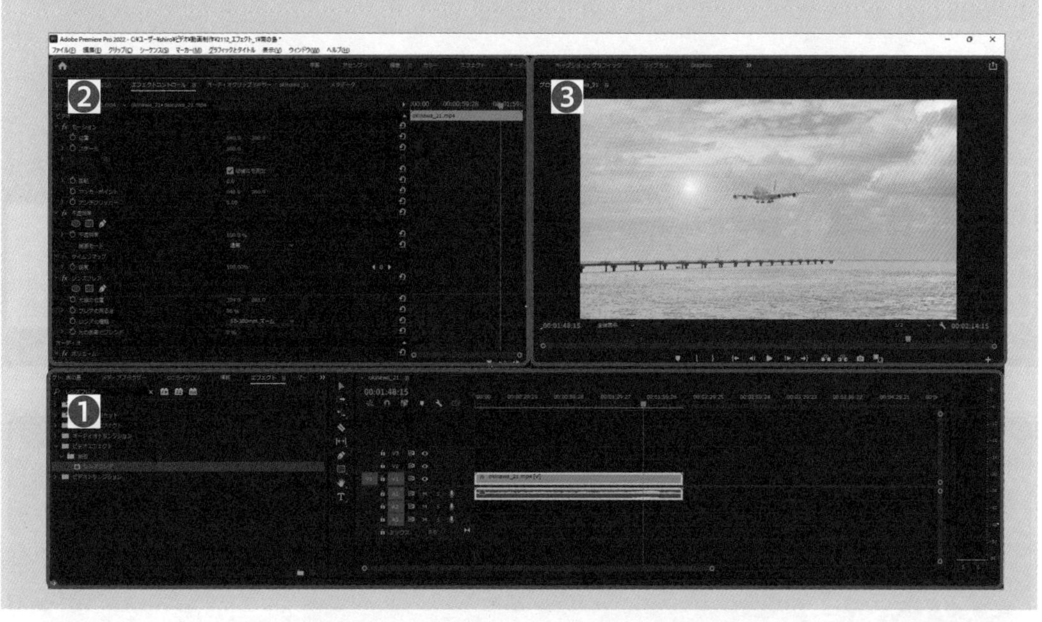

❶「ビデオエフェクト」－「レンズフレア」

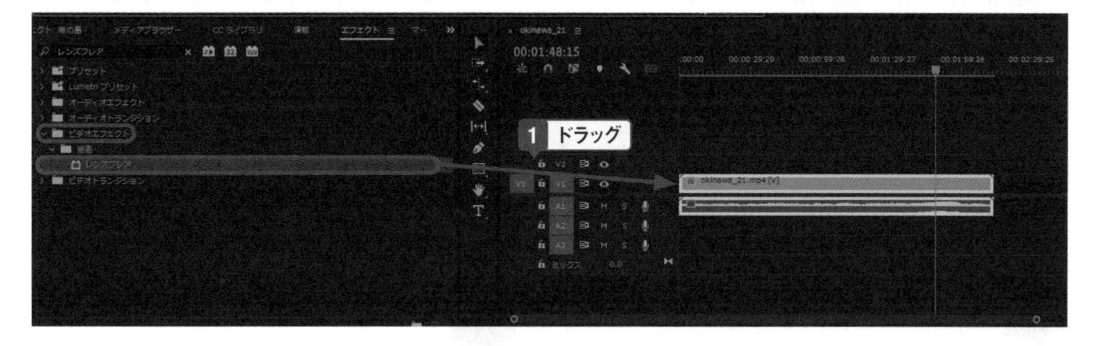

❷レンズフレアの効果：レンズの逆光反射を追加する

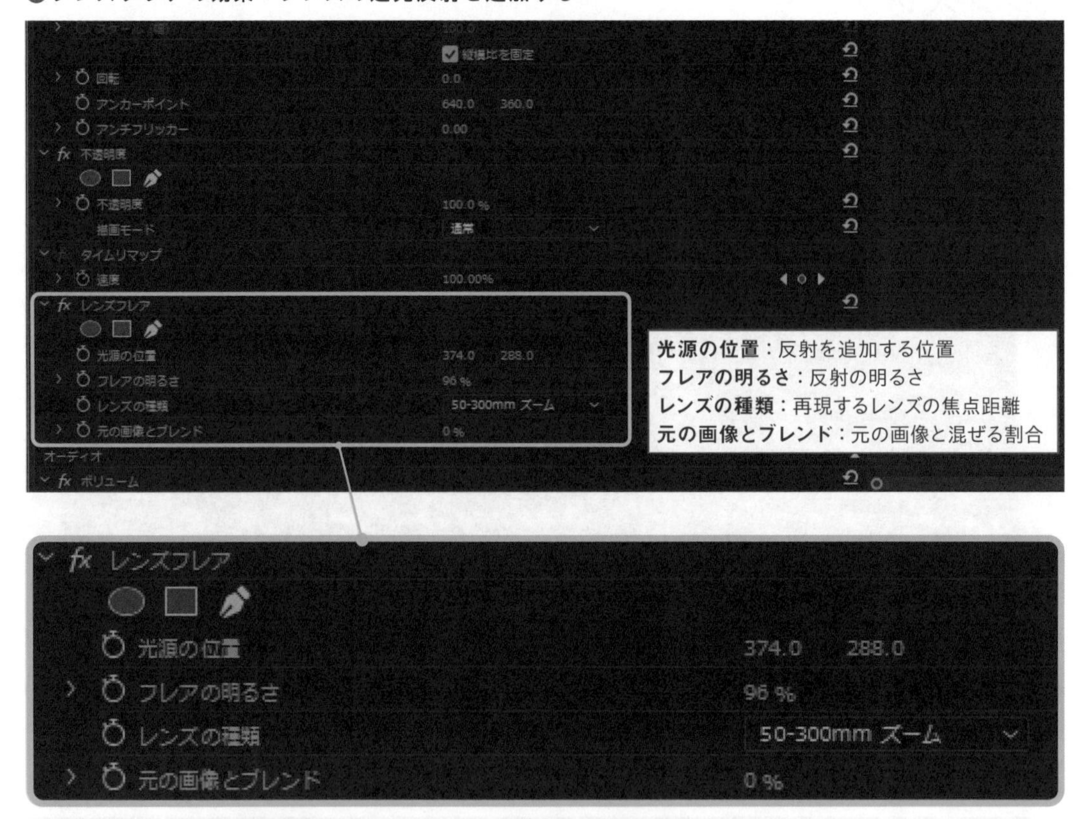

❸プレビュー

Chapter » 7

Section » 06

映像のイメージを加工する

映像そのものを加工してイメージを変える

映像そのものを加工してまったく違うイメージにしてしまうエフェクトもあります。動画全体に使うことは少ないかもしれませんが、一瞬の変化でインパクトを与えるようなエフェクトもあります。

スタイライズ

● **カラーエンボス**：エンボス（浮彫）を色ごとに作成する効果で、3Dメガネで見るときの映像に似た「ブレ」が出る。

❶「ビデオエフェクト」－「スタイライズ」－「カラーエンボス」

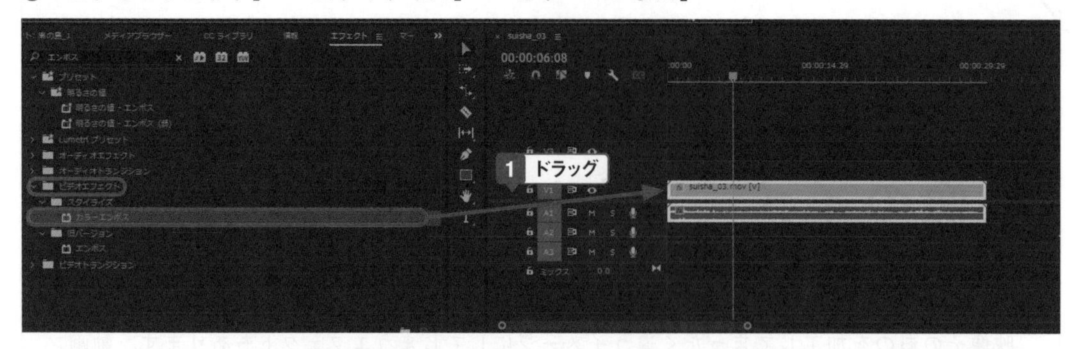

❷カラーエンボスの効果：映像に対して色ごとにエンボス効果を追加する

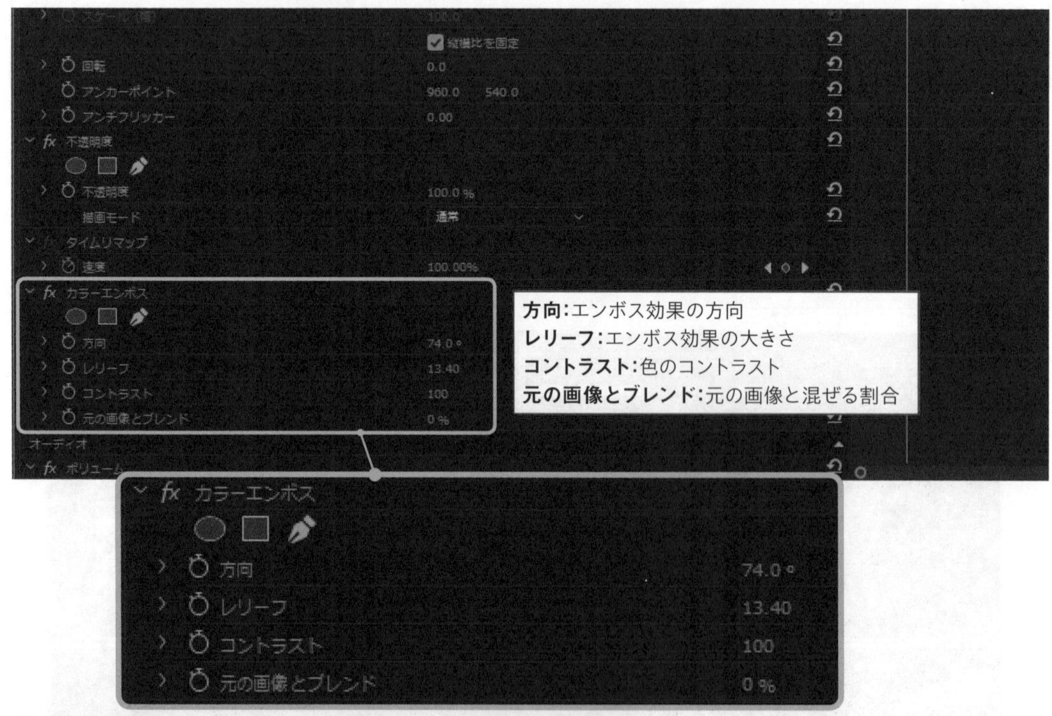

❸プレビュー

●ストロボ：瞬間的に映像が白色で覆われる。

❶「ビデオエフェクト」-「スタイライズ」-「ストロボ」

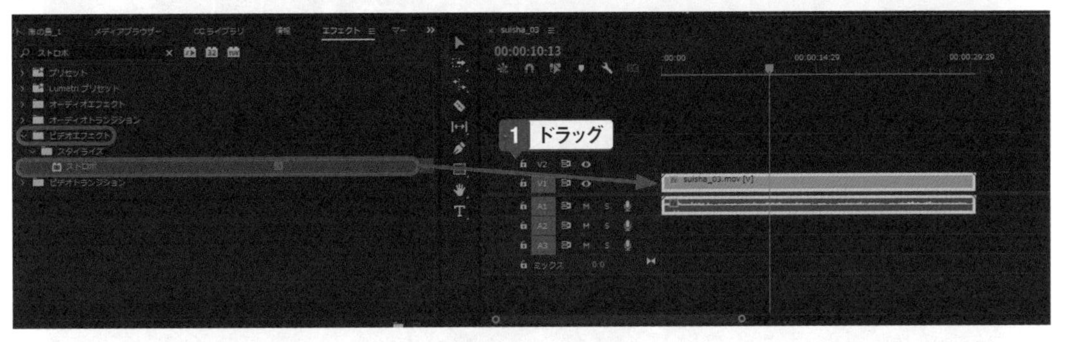

❷ストロボの効果：映瞬間的に映像が白色で覆われる

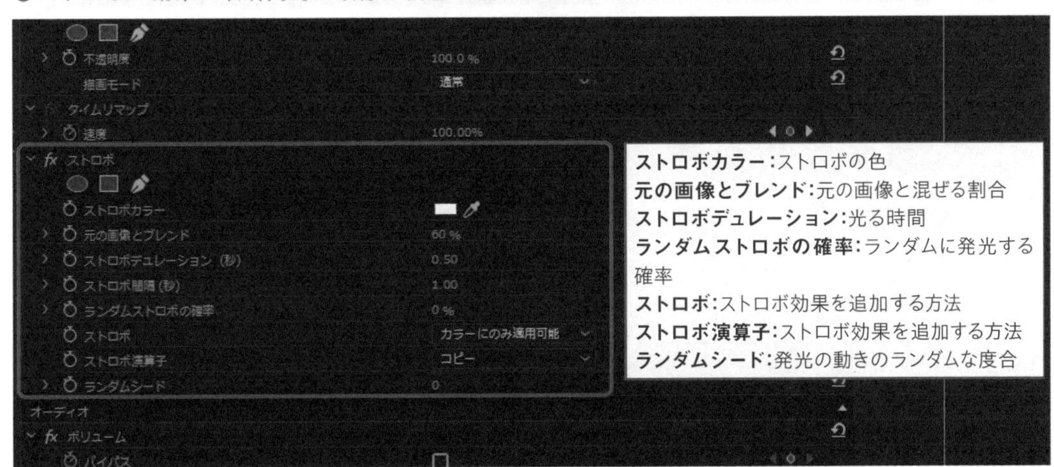

❸プレビュー

●ポスタリゼーション：映像の色数を減らした階調で表現する。

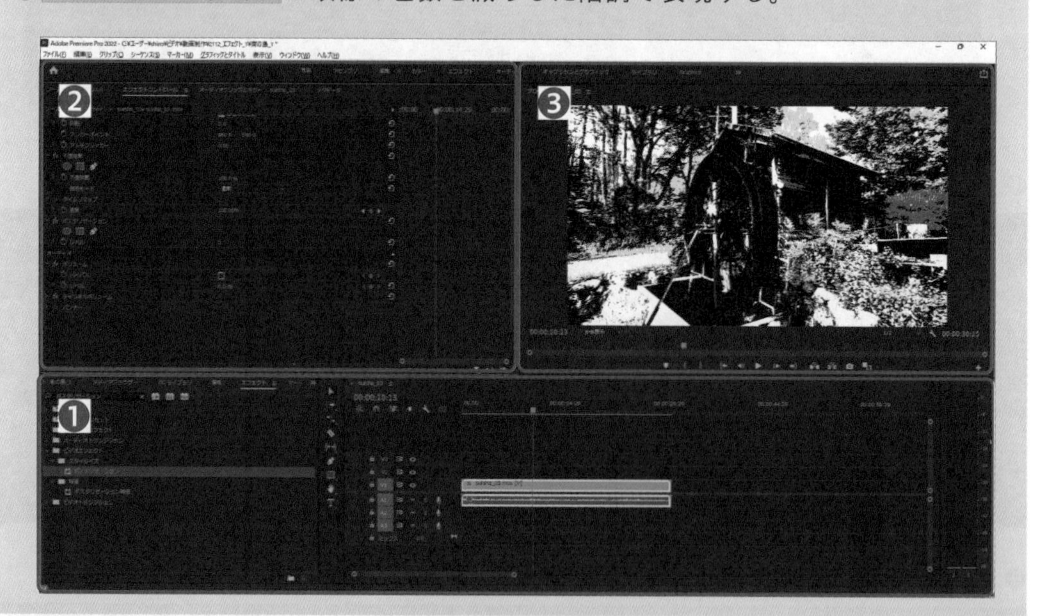

❶「ビデオエフェクト」−「スタイライズ」−「ポスタリゼーション」

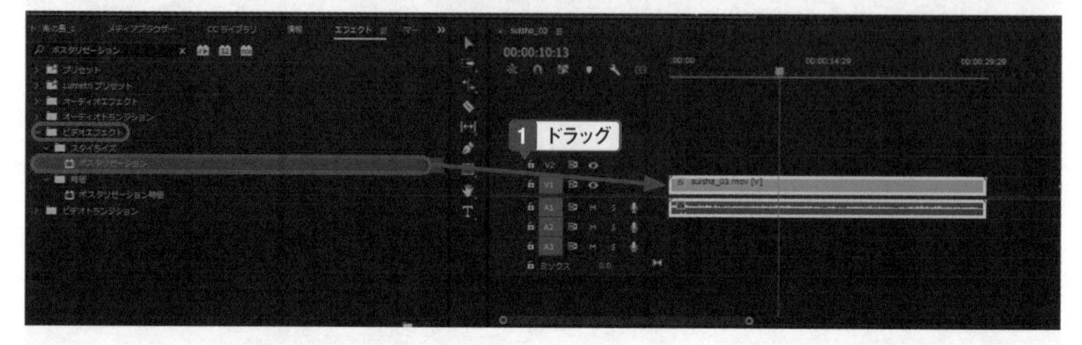

❷ポスタリゼーションの効果：映像の色数を減らした階調で表現する

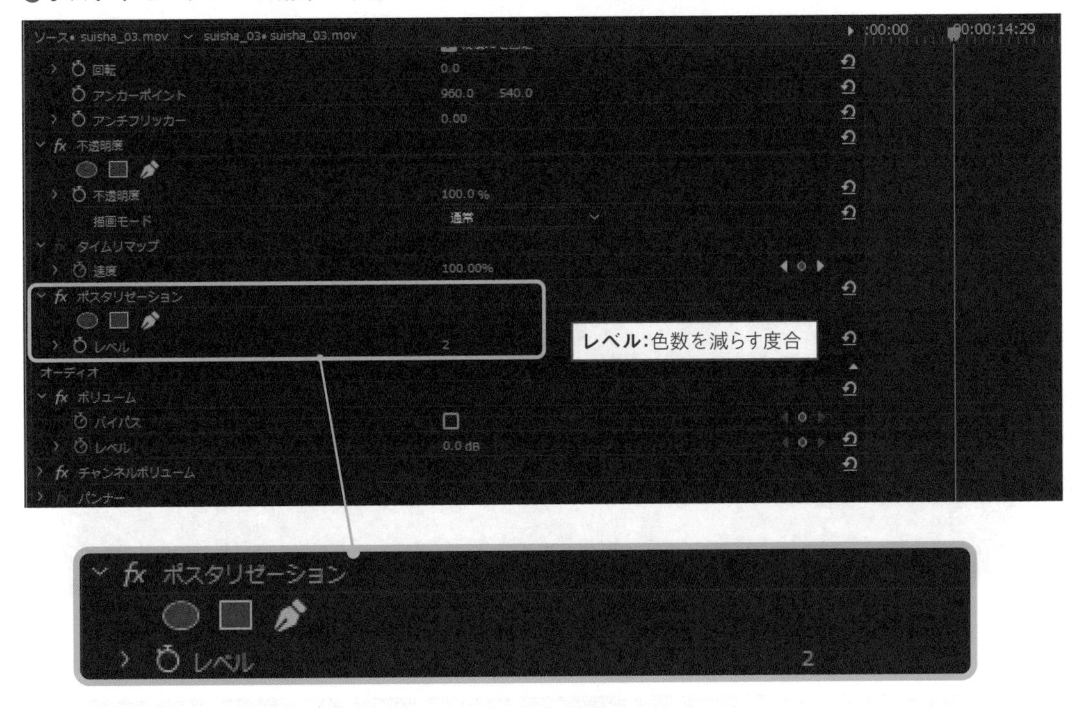

❸プレビュー

●**ブラシストローク**：映像を筆でこすった油絵のような表現になる。

❶「ビデオエフェクト」－「スタイライズ」－「ブラシストローク」

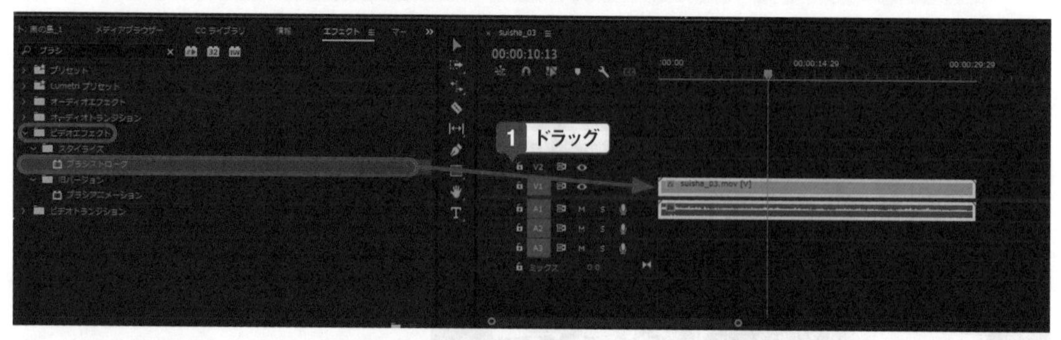

❷ブラシストロークの効果：映像を筆でこすった油絵のような表現にする

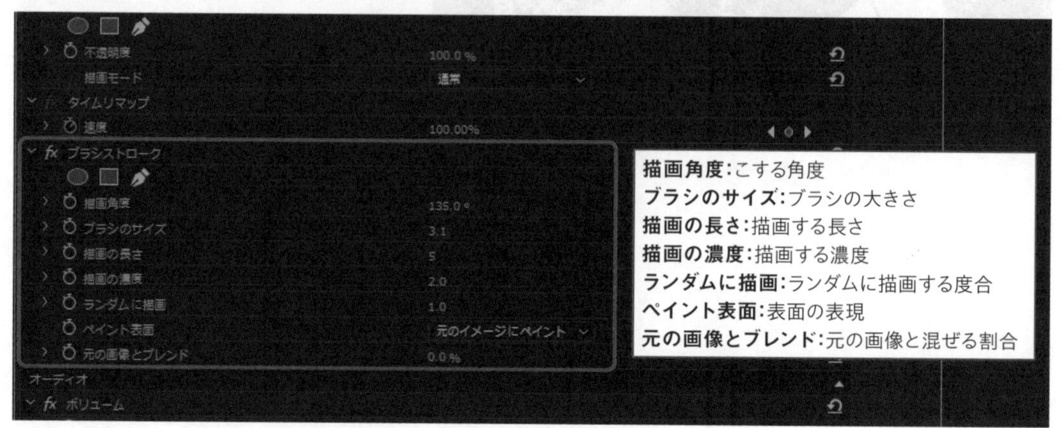

❸プレビュー

Column　エフェクトは「片っ端から試してみる」

Premiere Proでは、数多くのエフェクトを利用できます。エフェクトは映像のさまざまな演出に不可欠で、制作者の個性を際立たせられる重要な道具でもあります。ただ、エフェクトをすべて使いこなすのは難しいかもしれません。エフェクトの一覧を見ても、どこに何があるのかわからないというのも決して不思議なことではありません。

エフェクトは、まずいろいろ試してみましょう。適当にタイムラインに動画を配置して、端から順にエフェクトを追加して再生してみる。たとえば今日は「トランジション」を全部試してみる。明日は「ワイプ」を試してみる。つまり一度、片っ端からエフェクトを確認してみるのです。そんなことを繰り返すうちに、気に入ったエフェクトが見つかり、エフェクトを使いこなせるようになってきて、映像編集の幅が広がるでしょう。もちろん、自分が使わない、好みに合わないと思ったエフェクトは覚えていなくてもかまいません。数多くのエフェクトの中から、好みのものを探し出して使いこなせるようになる、それも自分なりのPremiere Proの使い方を見つけるポイントです。

Chapter » 7

Section » 07

映像の切り替えに変化を付ける

繋いだ部分をビジュアルに演出する

複数の動画を繋ぐ場所にさまざまな動きを加えます。「めくる」「割り込む」など、ひと手間加えるだけで動画の出来栄えが変わります。また短くカットした部分は自然に繋げる加工をすると効果的です。

ディゾルブ（Dissolve）

● **クロスディゾルブ**：前後の映像を混ぜながら切り替える。

❶「ビデオトランジション」－「ディゾルブ」－「クロスディゾルブ」

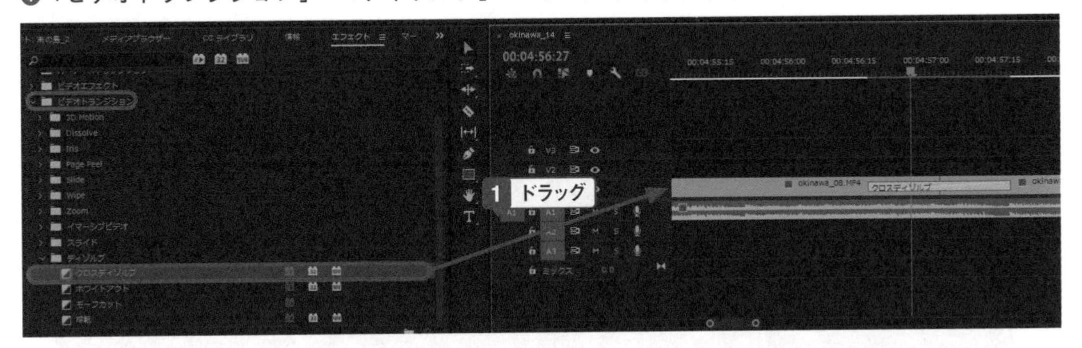

❷クロスディゾルブの効果：映像を連続的に切り替える

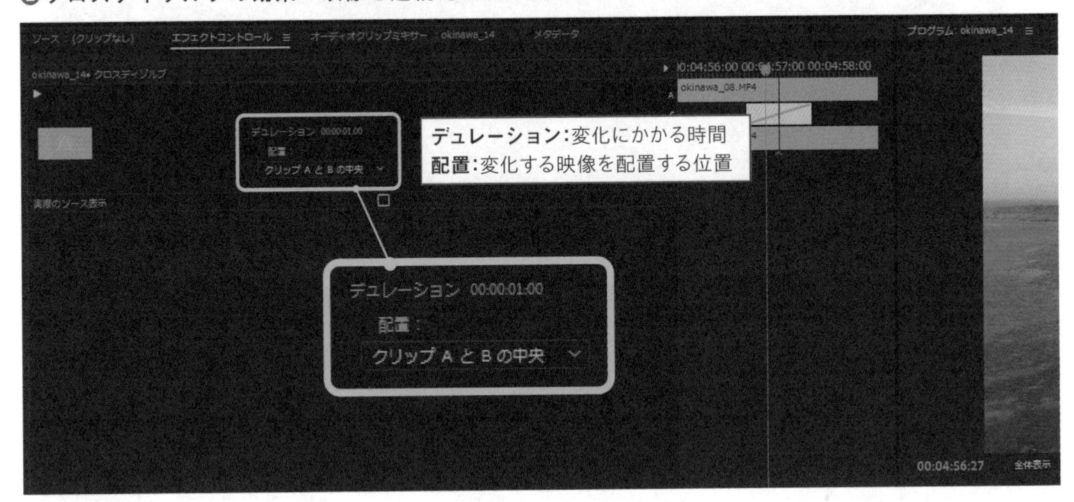

❸プレビュー

● **ホワイトアウト**：前の映像が白くなり、中間で白を挟んで、後の映像が現れる。

❶「ビデオトランジション」－「ディゾルブ」－「ホワイトアウト」

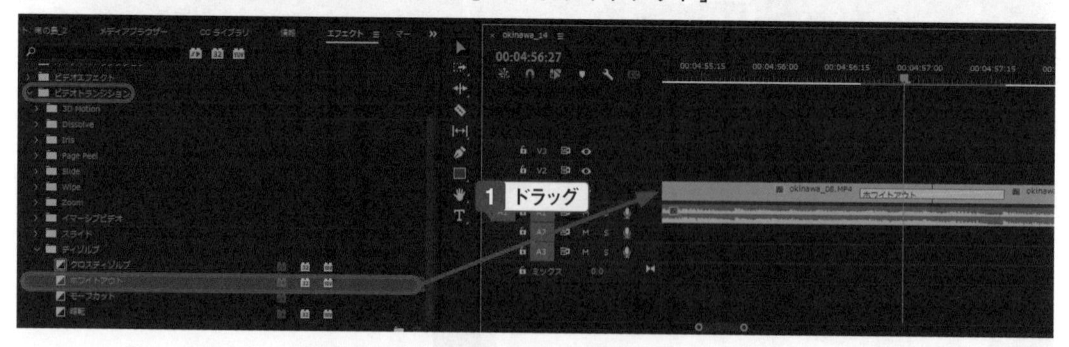

❷ホワイトアウトの効果：段階的に映像が白くなり次の映像が現れる

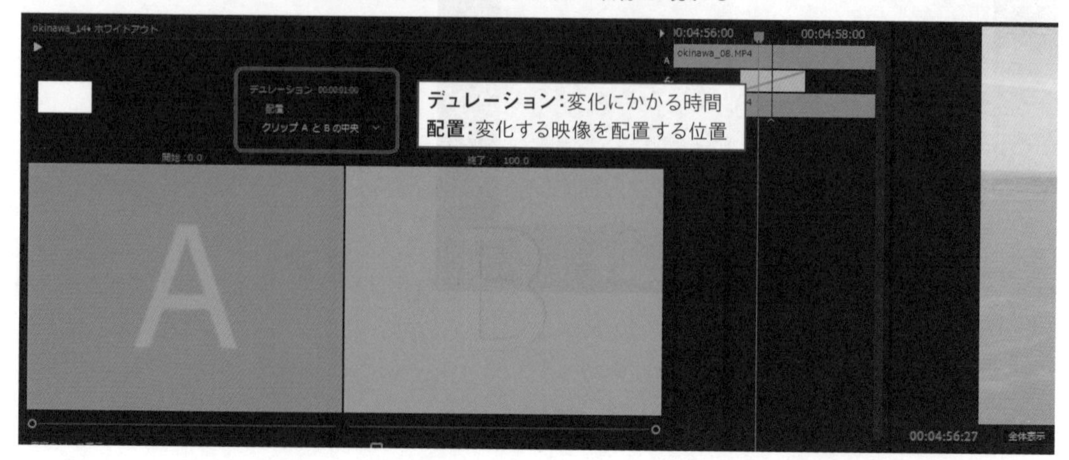

❸プレビュー

● **暗転**：前の映像が黒くなり、中間で黒を挟んで、後の映像が現れる。

❶「ビデオトランジション」-「ディゾルブ」-「暗転」

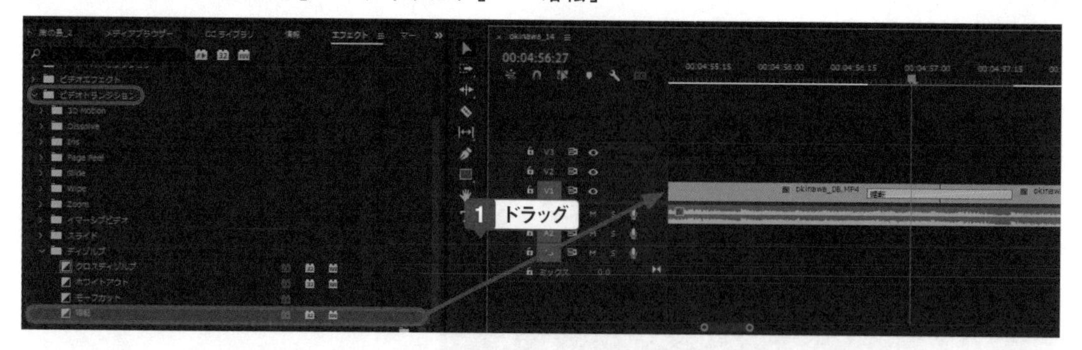

❷暗転の効果：段階的に映像が黒くなり次の映像が現れる

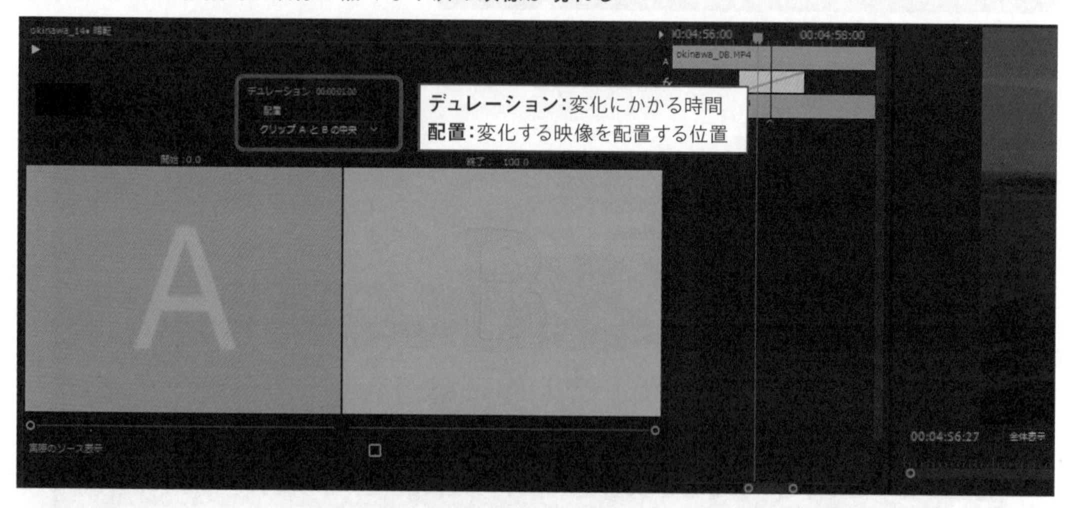

❸プレビュー

ワイプ（Wipe）

●バンドワイプ（Band Wipe）：帯状に分割される。

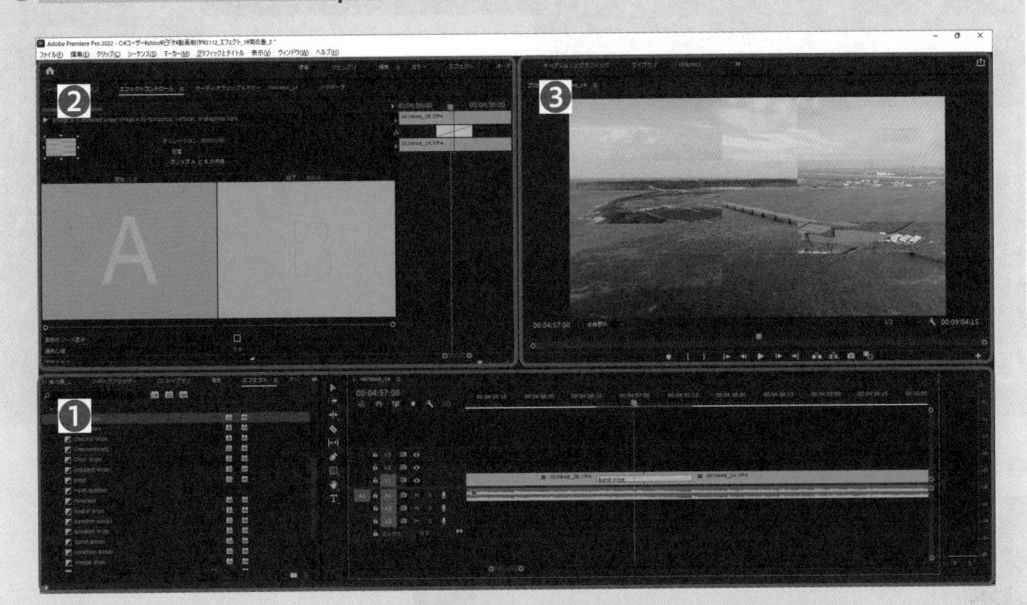

❶「ビデオトランジション」－「ワイプ」（Wipe）－「バンドワイプ（Band Wipe）」

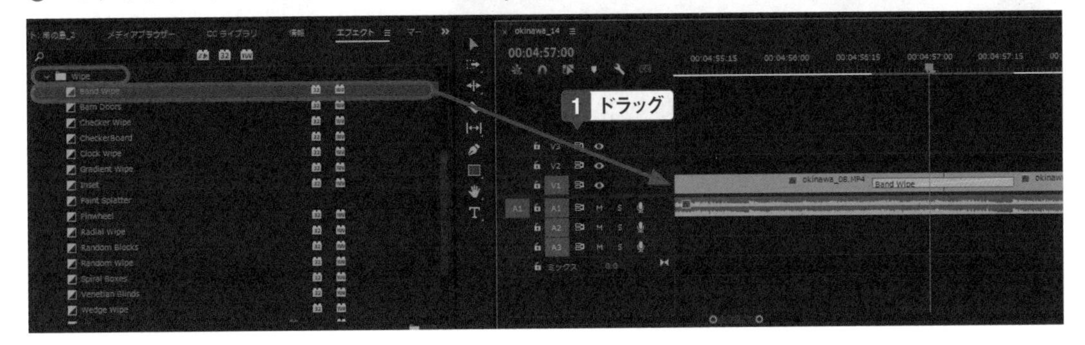

❷バンドワイプの効果：映像が帯状に分割されながら切り替わる

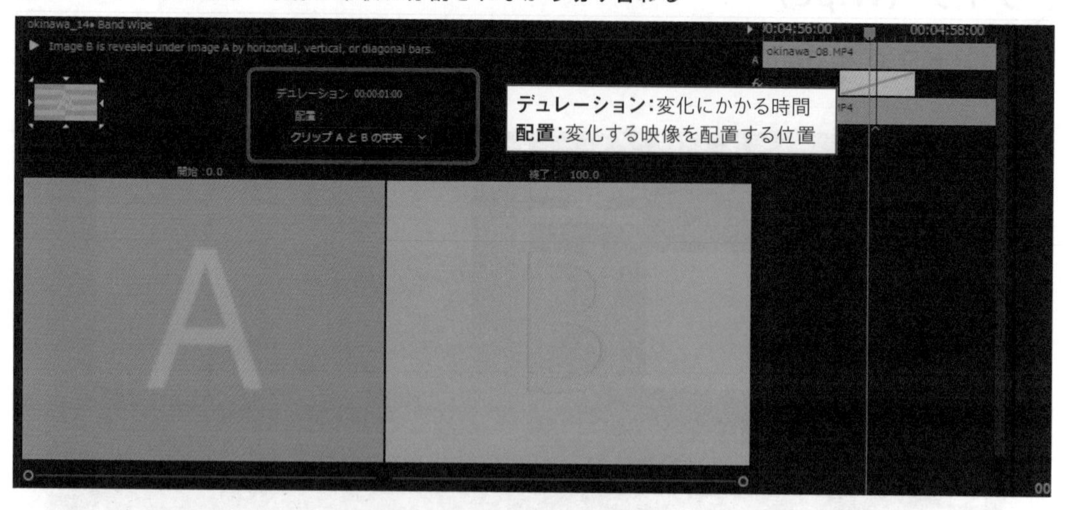

❸プレビュー

● **クロックワイプ（Clock Wipe）**：時計のように中央を中心に1周する。

❶「ビデオトランジション」-「ワイプ」（Wipe）-「クロックワイプ（Clock Wipe）」

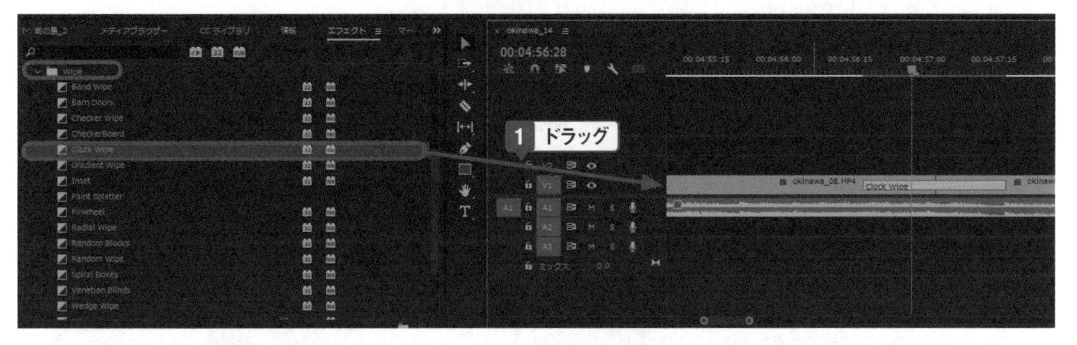

❷クロックワイプの効果：映像が中心から時計回転状に切り取られながら切り替わる

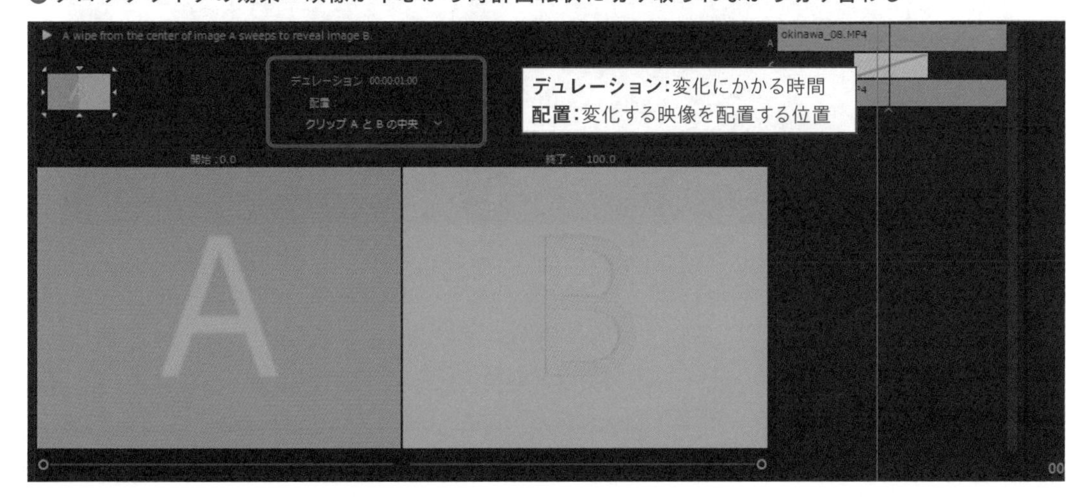

❸プレビュー

One Point

動きの方向の設定

画面の切り替えでは、動きの方向を設定できるものがあります。方向を設定するときは、タイムラインでエフェクトをクリックして、エフェクトコントロールパネルの左上に表示される長方形で四辺や角の「▷」「▽」「◁」「△」をクリックします。

●インサート（Insert）：片側から後の映像が割り込む。

❶「ビデオトランジション」－「ワイプ」（Wipe）－「インサート（Insert）」

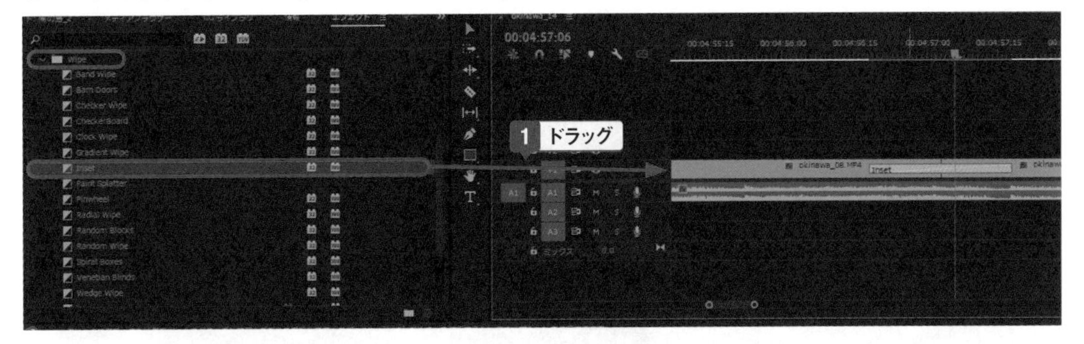

❷インサートの効果：片側の映像が割り込みながら切り替わる

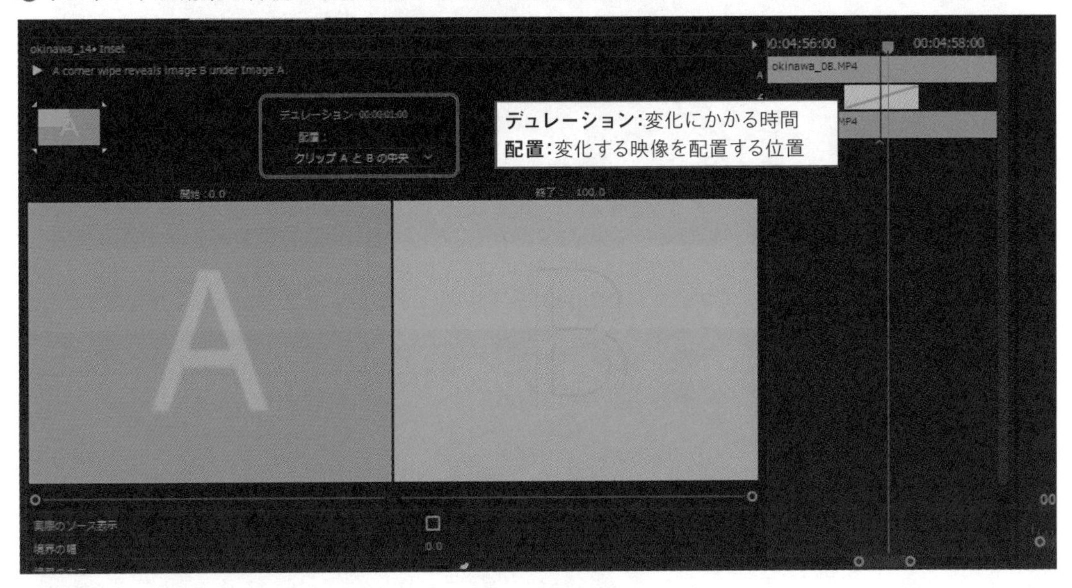

❸プレビュー

● **スペシャルボックス（Special Boxes）**：小さな長方形ブロックが流れるように変わる。

❶「ビデオトランジション」－「ワイプ」（Wipe）－「スペシャルボックス（Special Boxes）」

❷スペシャルボックスの効果：長方形が流れるように切り替わる

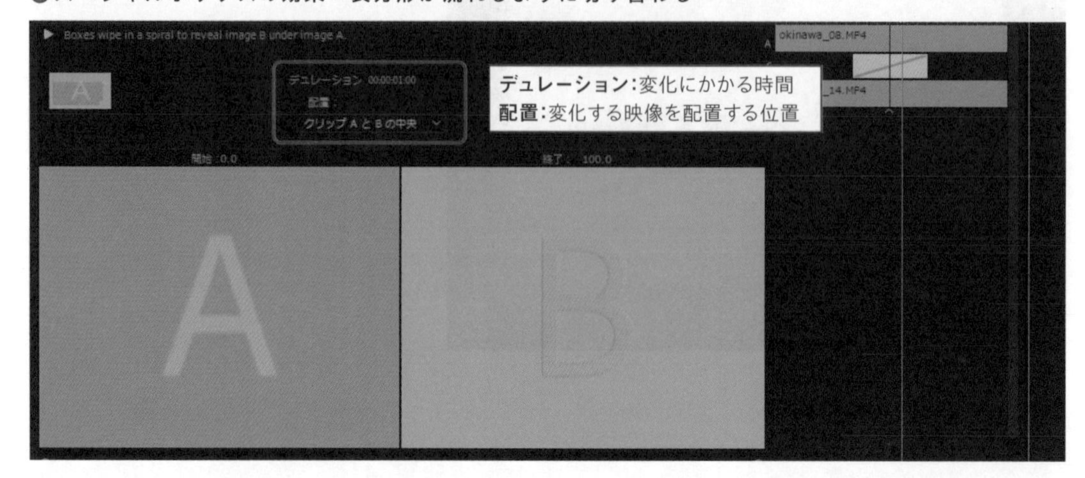

❸プレビュー

ページピール（Page Peel）

● **ページピール（Page Peel）**：紙をめくるように切り替える。切り替え部分には紙の裏側を模した映像が表示される。

❶「ビデオトランジション」-「ページピール（Page Peel）」-「ページピール（Page Peel）」

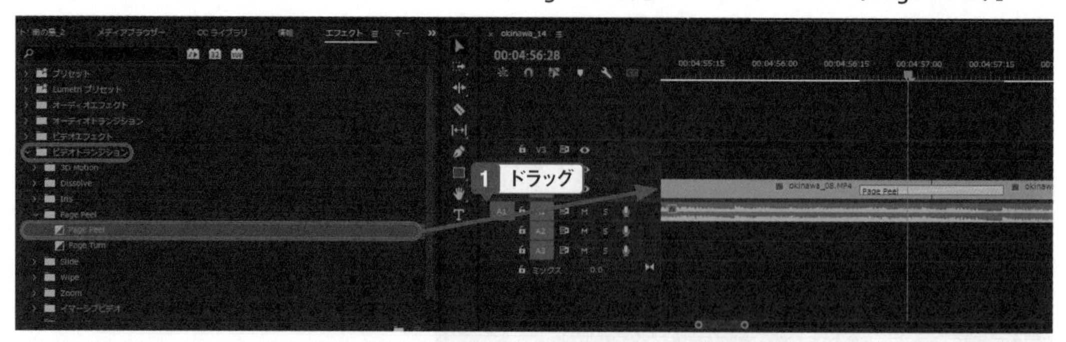

❷ページピールの効果：映像が紙をめくるように切り替わる

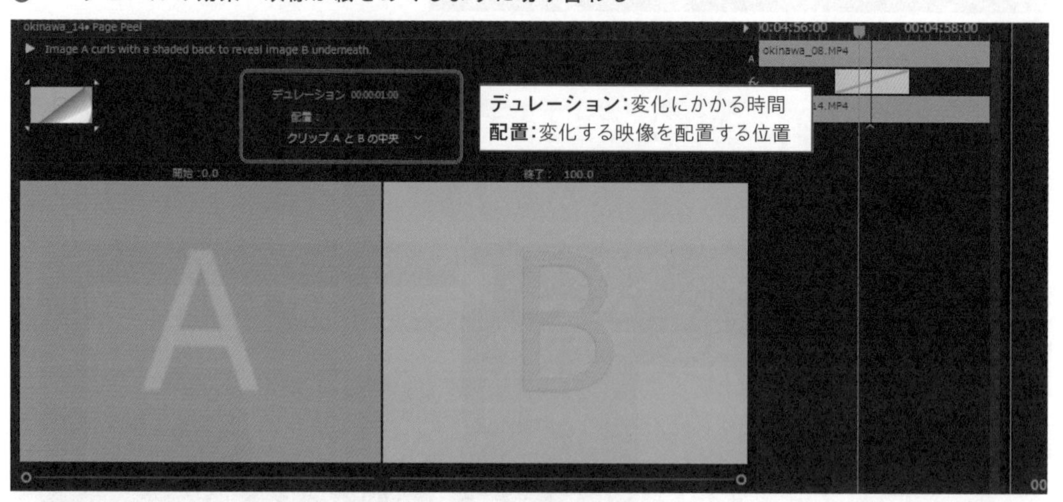

❸プレビュー

●ページターン（Page Turn）：紙をめくるように切り替える。切り替え部分には裏側に反転した映像が表示される。

❶「ビデオトランジション」－「ページピール（Page Peel）」－「ページターン（Page Turn）」

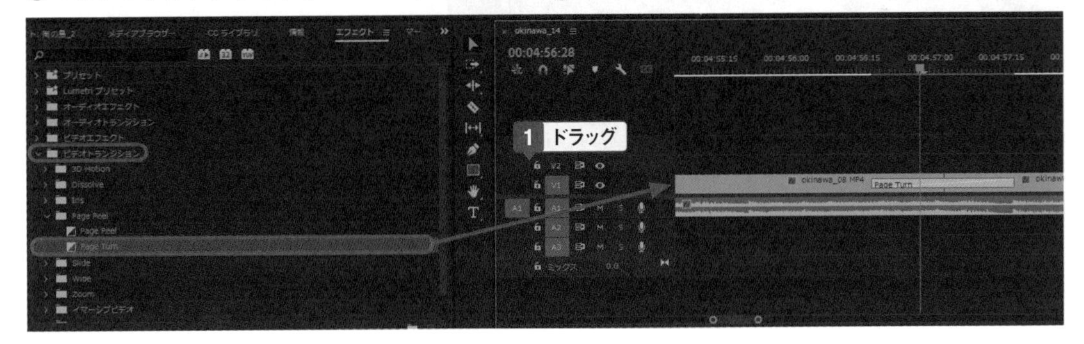

❷ページターンの効果：映像が紙をめくるように切り替わる

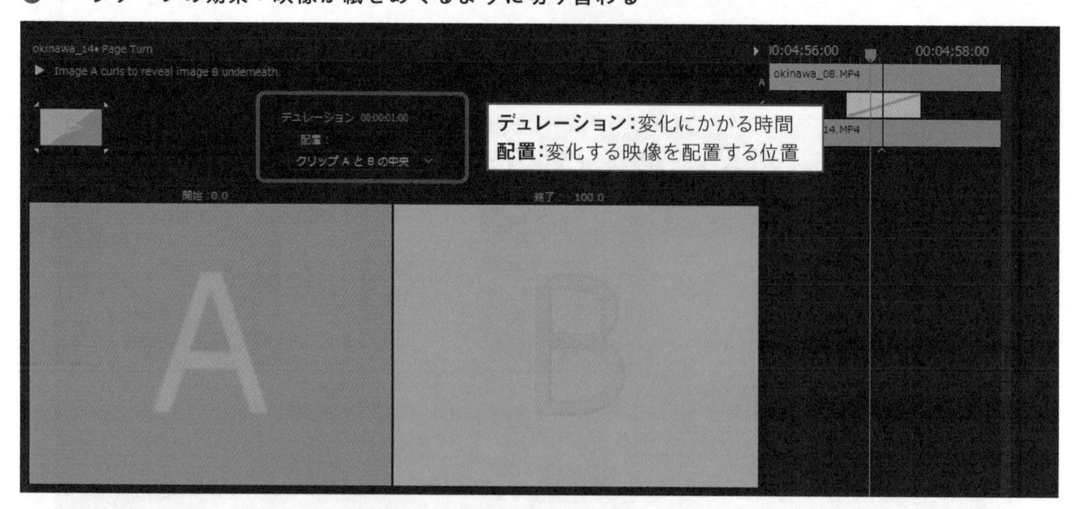

❸プレビュー

ズーム（Zoom）

●**ズーム（Zoom）**：前の映像が通常の大きさから拡大し、後ろの映像が拡大から通常の大きさに変わる。

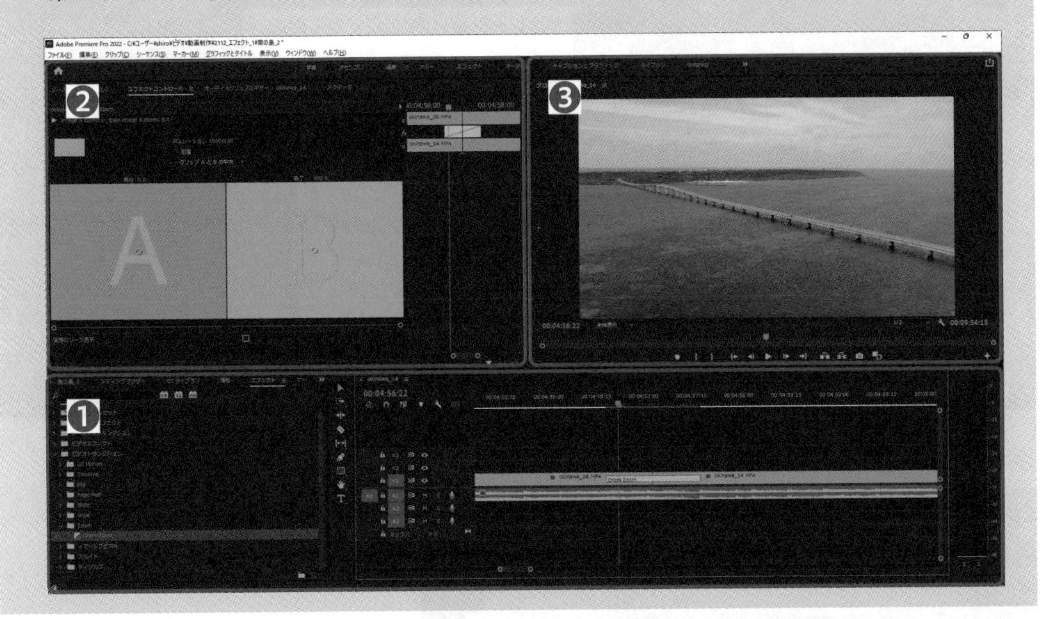

❶「ビデオトランジション」-「ズーム（Zoom）」-「クロスズーム（Cross Zoom）」

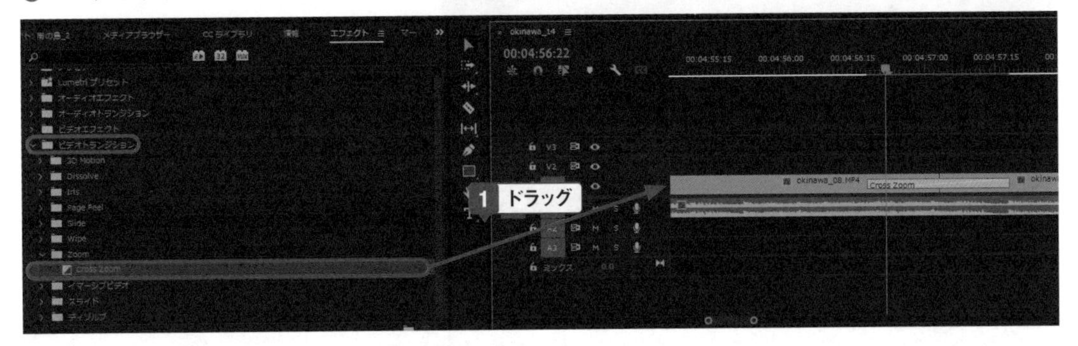

❷ズームの効果：映像が拡大・縮小しながら切り替わる

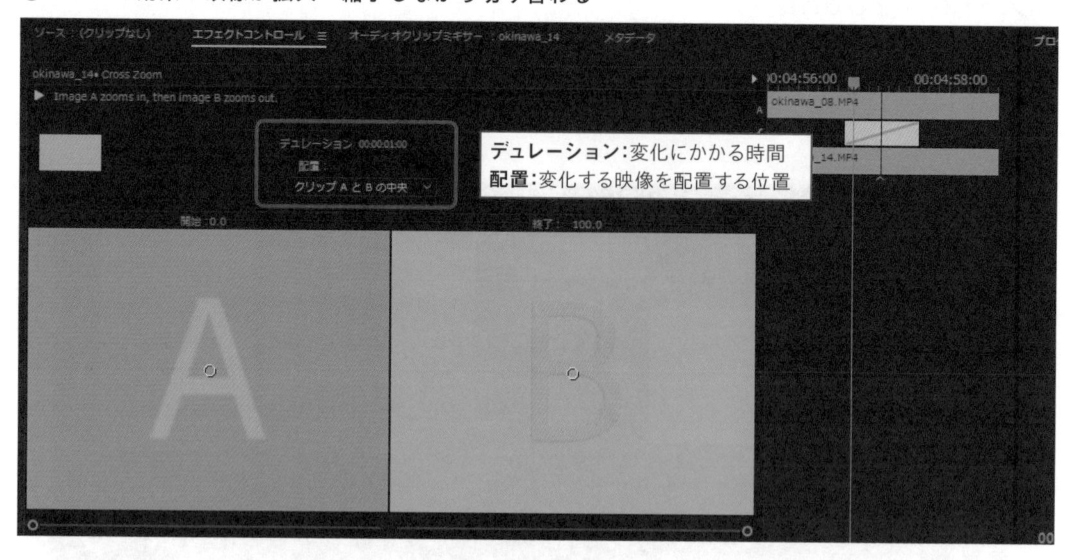

❸プレビュー

One Point

Zoomの中心を設定する

映像を拡大・縮小するときの中心は、エフェクトコントロールパネルのプレビューで「○」が表示されている位置です。この「○」をドラッグして位置を変更できます。

スライド（Slide）

● **センタースピリット（Center Split）**：中央から四方にブロック状に広がる。

❶「ビデオトランジション」-「スライド（Slide）」-「センタースピリット（Center Split）」

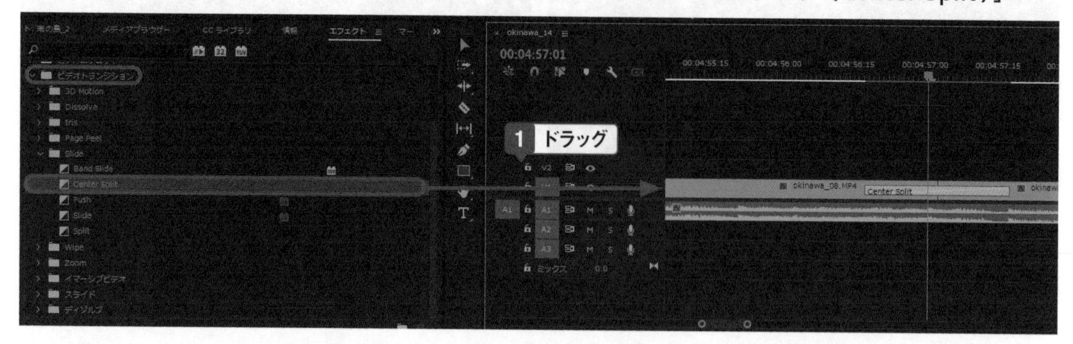

❷センタースピリットの効果：中央から四方にブロック状に広がりながら切り替わる

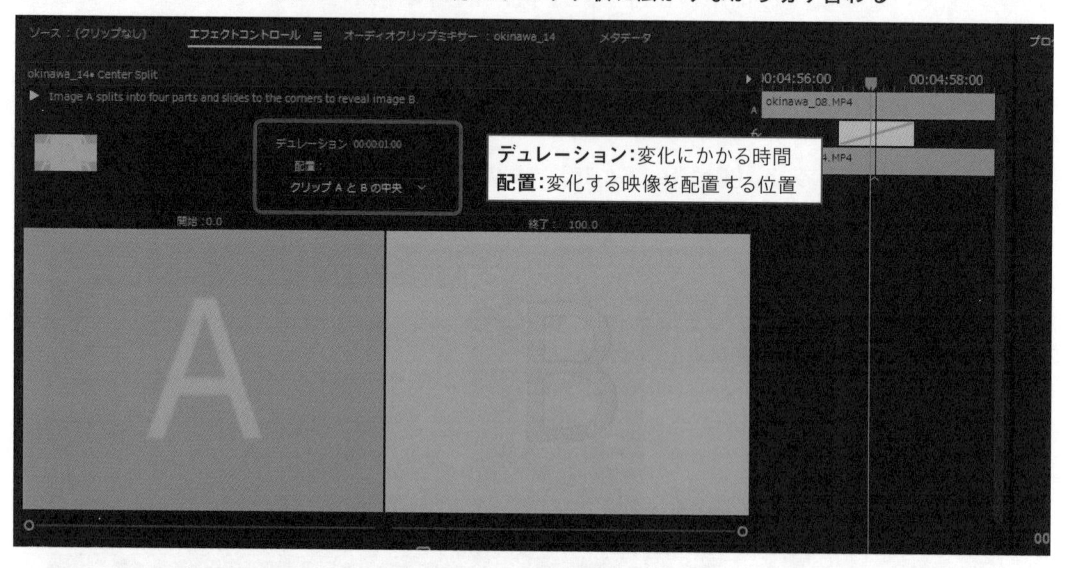

❸プレビュー

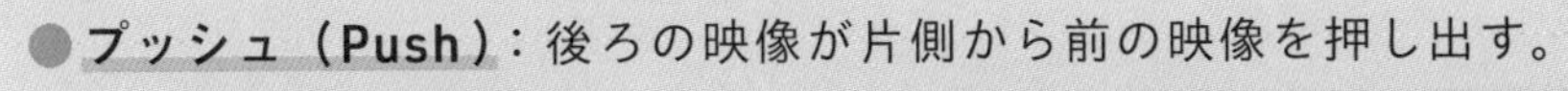

●プッシュ（Push）：後ろの映像が片側から前の映像を押し出す。

❶「ビデオトランジション」－「スライド（Slide）」－「プッシュ（Push）」

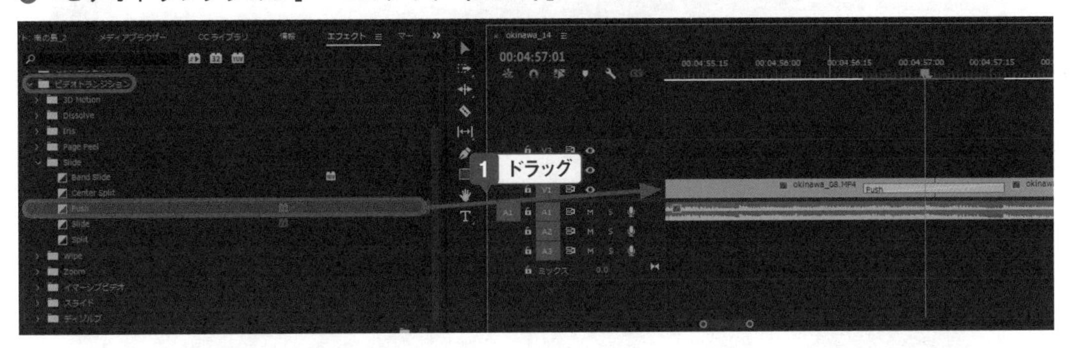

❷プッシュの効果：後ろの映像が片側から押し出すように切り替わる

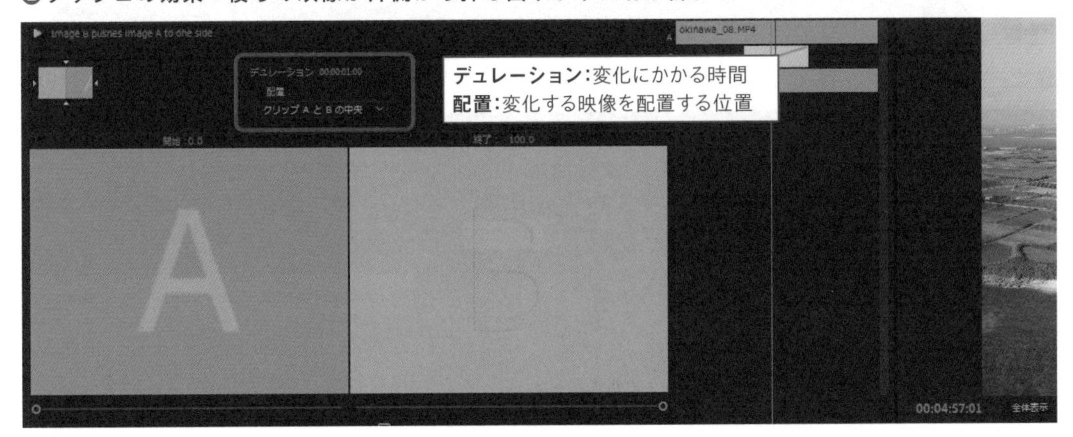

❸プレビュー

●スライド（Slide）：後ろの映像が片側から前の映像に被さる。

❶「ビデオトランジション」－「スライド（Slide）」

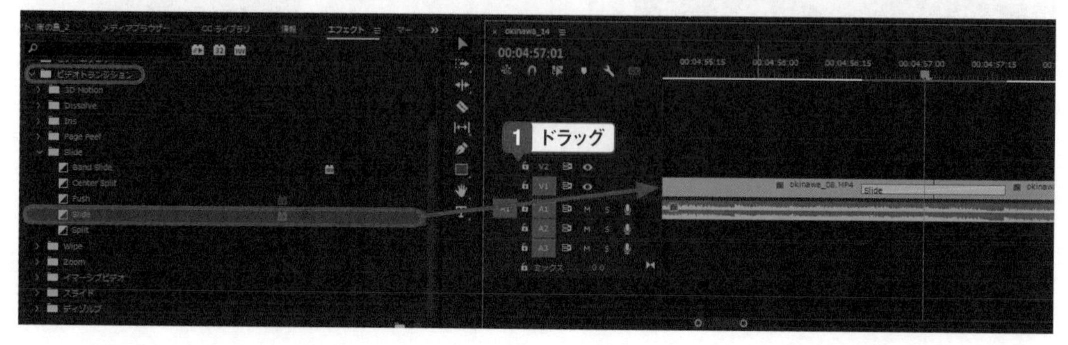

❷スライドの効果：後ろの映像が片側から前の映像に被さりながら切り替わる

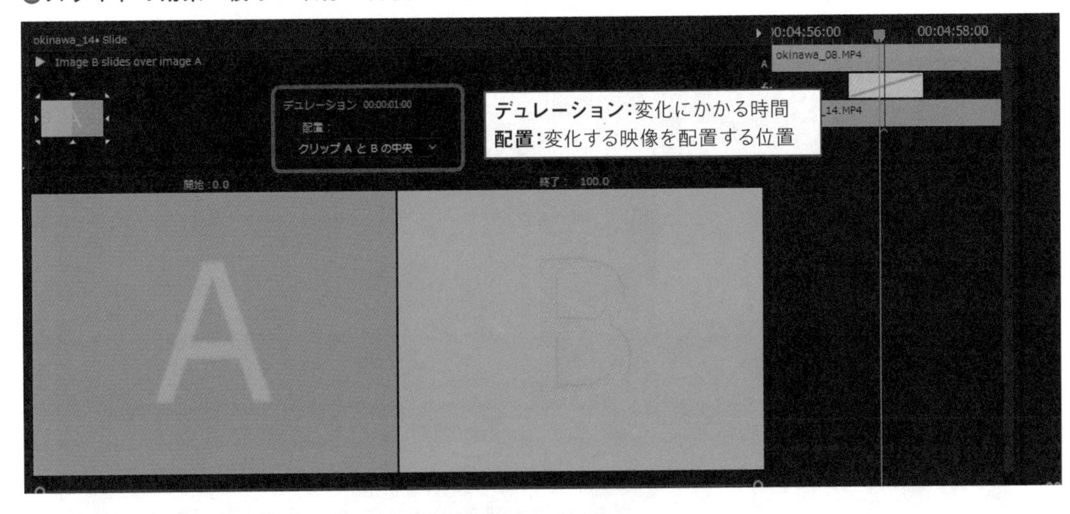

❸プレビュー

●**スプリット（Split）**：後ろの映像が中央から前の映像に割り込む。

❶「ビデオトランジション」－「スライド（Slide）」－「スプリット（Split）」

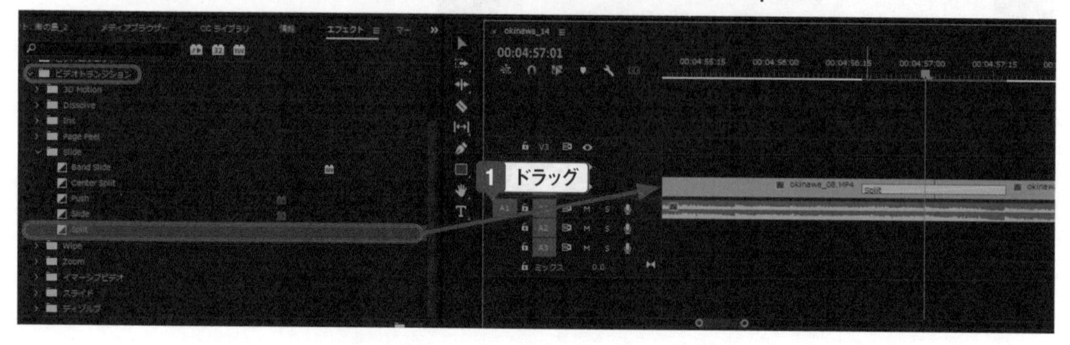

❷スプリットの効果：後ろの映像が中央から前の映像に割り込みながら切り替わる

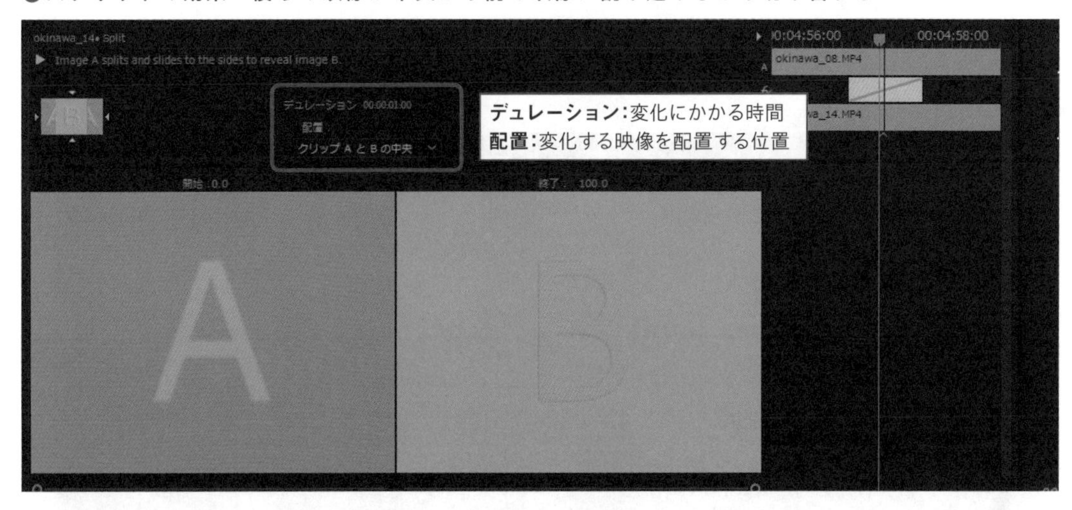

❸プレビュー

モーフカット

●**モーフカット**：追加すると前後の映像を分析し、つなぎ目を自然な動きでつなぐ。

❶「ビデオトランジション」－「ディゾルブ」－「モーフカット」

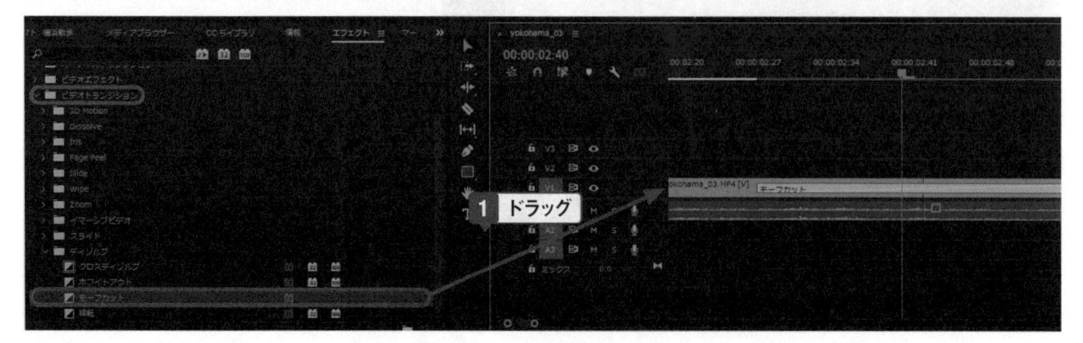

❷モーフカットの効果：後の映像を自然につなげる

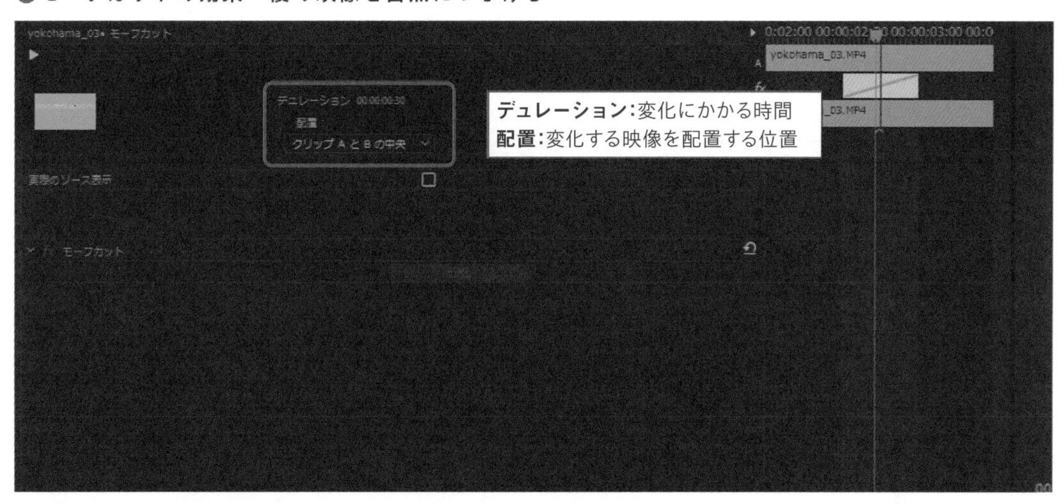

❸プレビュー

Chapter » 7

Section » 08

映像を立体的に動かす

3Dモーションを使って立体的な変化を出す

Premiere Proのエフェクトに登録されている「3D」のエフェクトは、映像を立体的に動かすことができます。特に立体的な回転は映像の切り替えだけでなく、さまざまな場面で活用できる便利なエフェクトです。

基本 3D

● **基本 3D**：映像を立体的に変形する。スウィベルで横方向、チルトで縦方向に変形し、画像までの距離で表示を拡大、縮小する。

❶「ビデオエフェクト」-「基本3D」

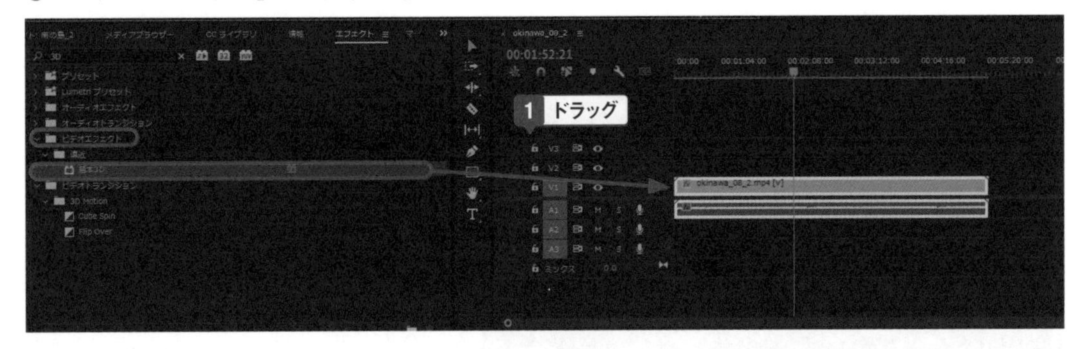

❷基本3Dの効果：映像を立体的に変形する

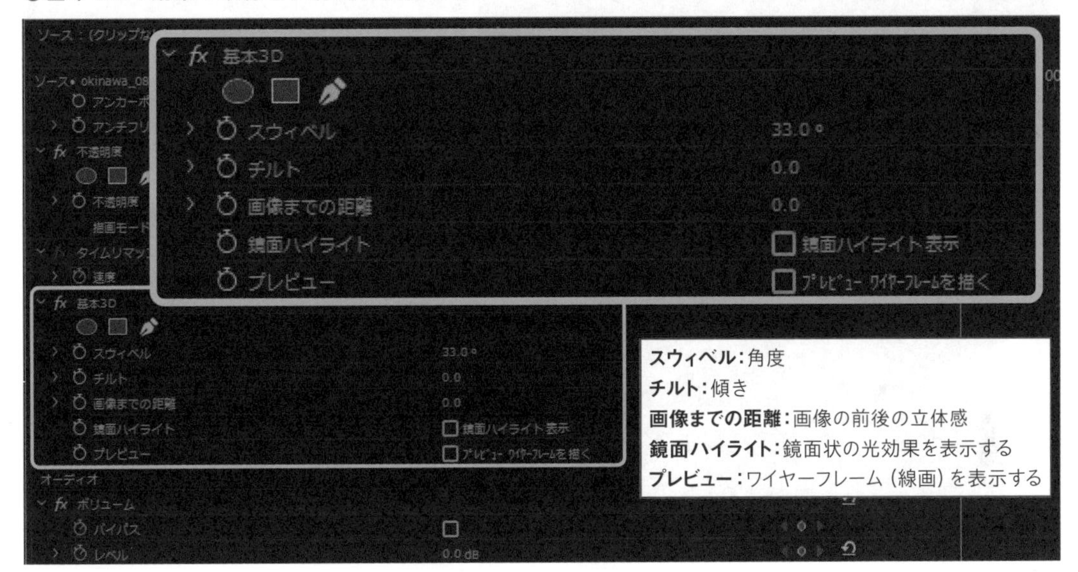

❸プレビュー

❷A

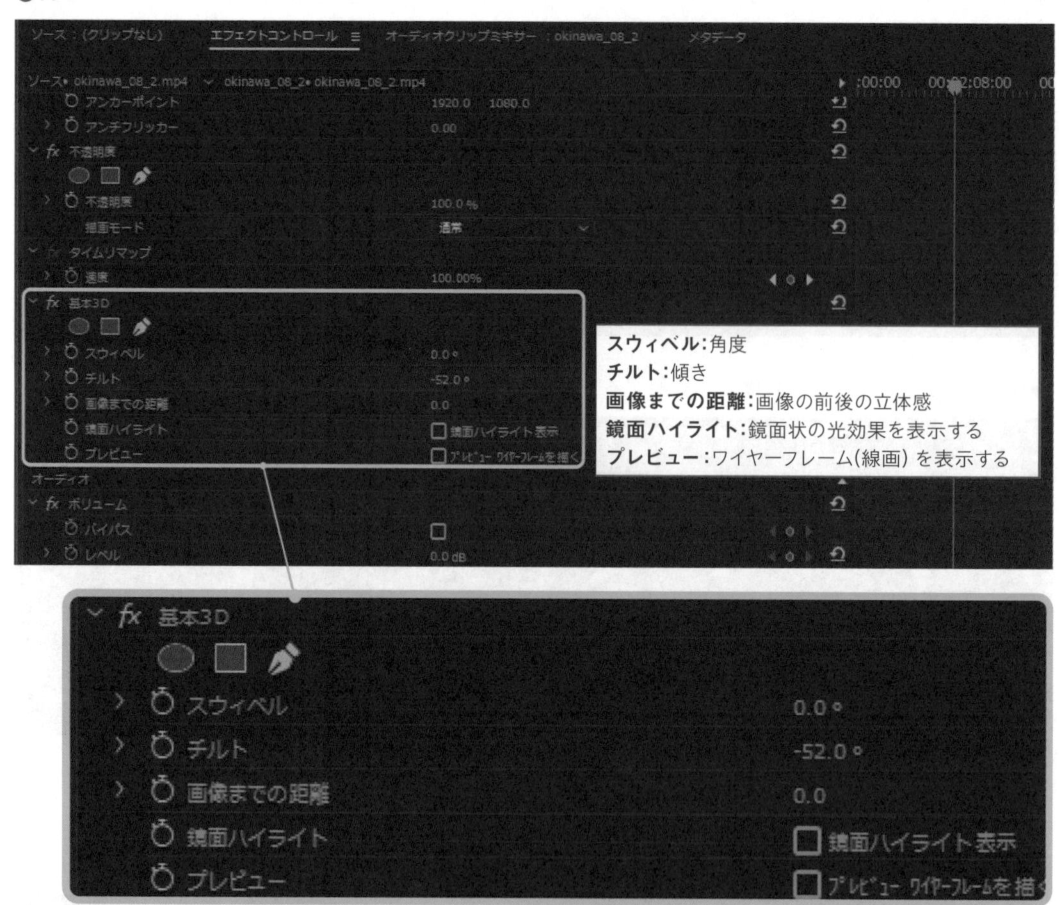
ソース：(クリップなし)
エフェクトコントロール
オーディオクリップミキサー：okinawa_08_2
メタデータ
ソース• okinawa_08_2.mp4
okinawa_08_2• okinawa_08_2.mp4
アンカーポイント
1920.0 1080.0
アンチフリッカー
0.00
不透明度
不透明度
100.0 %
描画モード
通常
タイムリマップ
速度
100.00%
基本3D
スウィベル
0.0 °
チルト
-52.0 °
画像までの距離
0.0
鏡面ハイライト
鏡面ハイライト表示
プレビュー
プレビュー ワイヤーフレームを描く
オーディオ
ボリューム
バイパス
レベル
0.0 dB
スウィベル:角度
チルト:傾き
画像までの距離:画像の前後の立体感
鏡面ハイライト:鏡面状の光効果を表示する
プレビュー:ワイヤーフレーム(線画) を表示する

❸A プレビュー

❷B

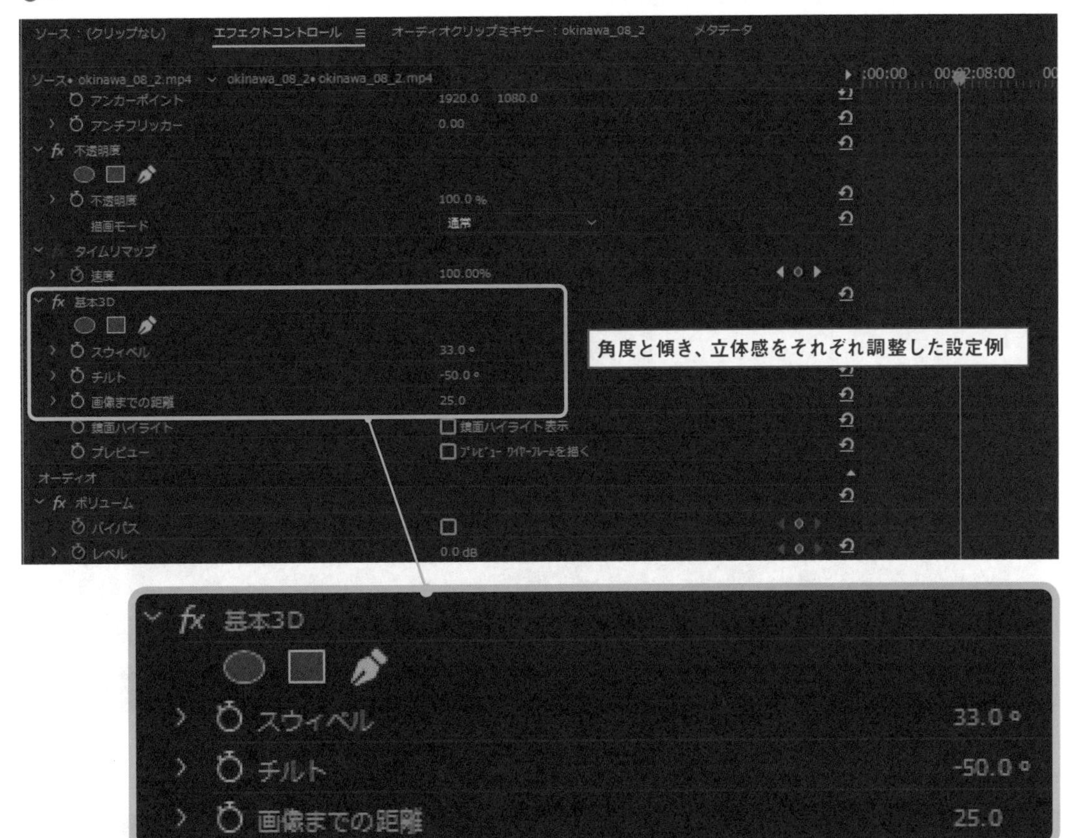
ソース：（クリップなし）
エフェクトコントロール
オーディオクリップミキサー：okinawa_08_2
メタデータ
ソース • okinawa_08_2.mp4
okinawa_08_2 • okinawa_08_2.mp4
アンカーポイント
1920.0 1080.0
アンチフリッカー
0.00
不透明度
不透明度
100.0 %
描画モード
通常
タイムリマップ
速度
100.00%
基本3D
スウィベル
33.0 °
チルト
-50.0 °
画像までの距離
25.0
鏡面ハイライト
鏡面ハイライト表示
プレビュー
オーディオ
ボリューム
バイパス
レベル
0.0 dB
角度と傾き、立体感をそれぞれ調整した設定例
基本3D
スウィベル
33.0 °
チルト
-50.0 °
画像までの距離
25.0

❸B プレビュー

3D モーション（3D Motion）

●キューブスピン（Cube Spin）：前後の映像が90度の面で接しているように切り替わる。

❶「ビデオトランジション」-「3Dモーション（3D Motion）」-「キューブスピン（Cube Spin）」

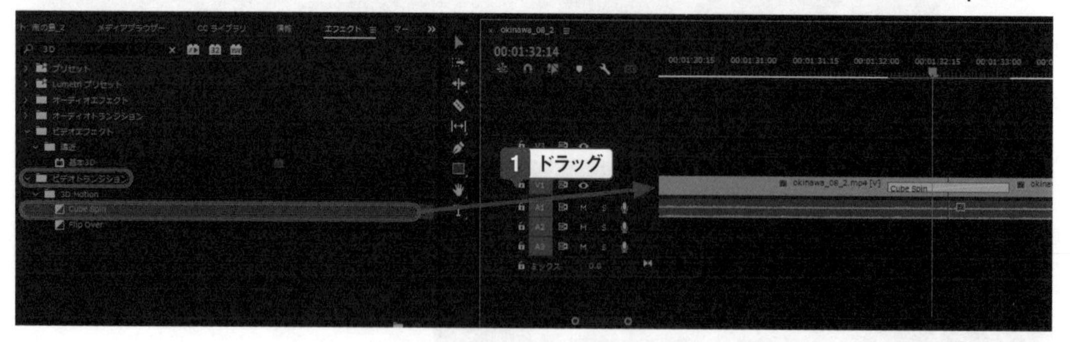

❷キューブスピンの効果：90度に接する画面が回転するように切り替える

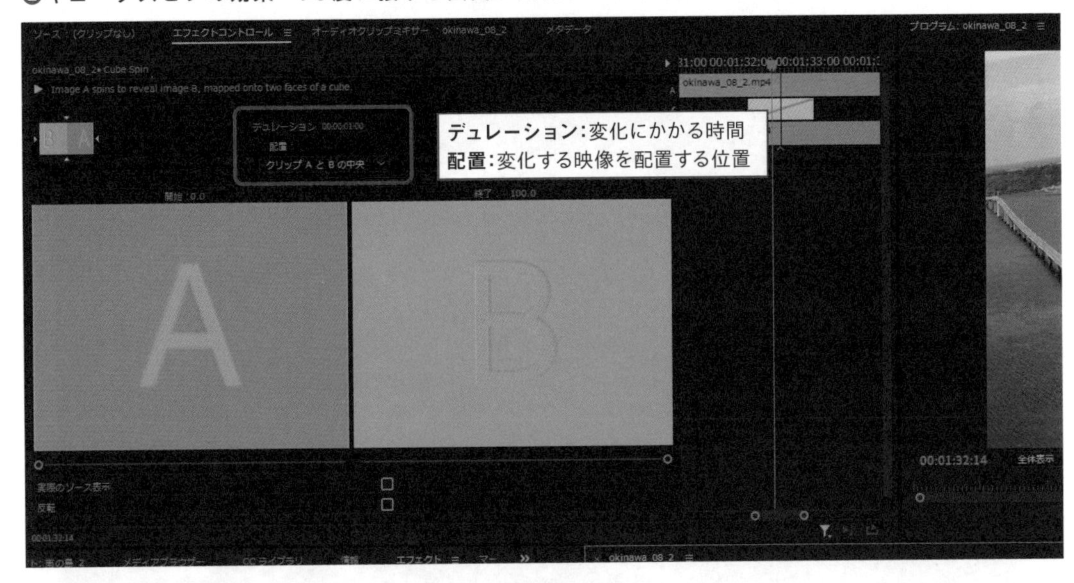

❸プレビュー

●**フリップオーバー（Flip Over）**：前後の映像が回転しながらめくれるように切り替わる。

❶「ビデオトランジション」－「3Dモーション（3D Motion）」－「フリップオーバー（Flip Over）」

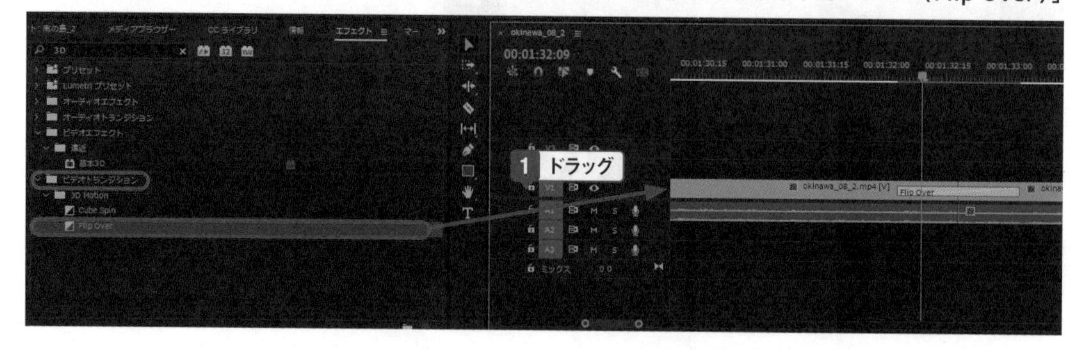

❷フリップオーバーの効果：前後の映像が回転しながらめくられるように切り替える

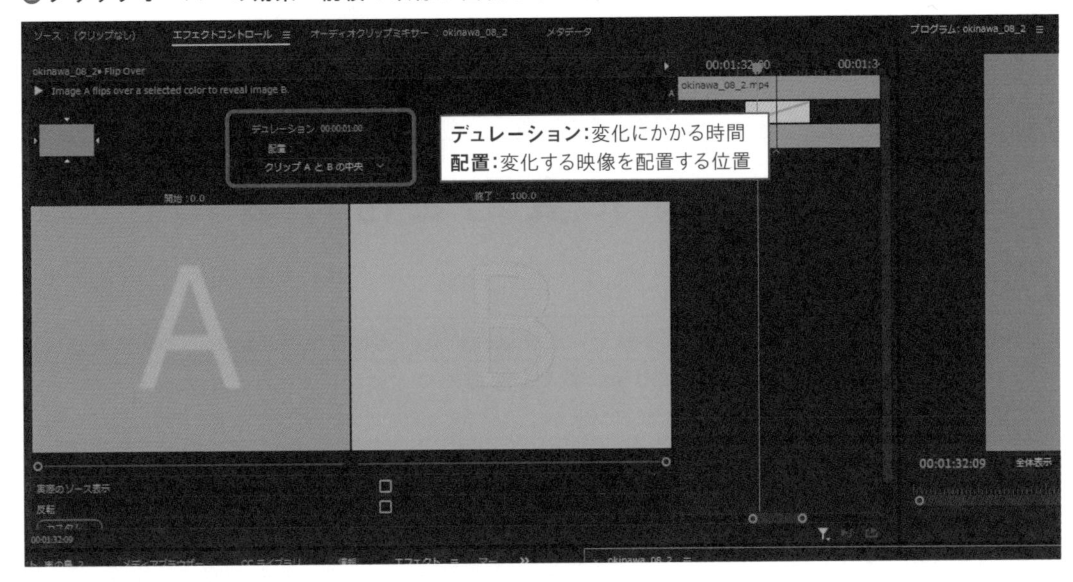

❸プレビュー

Chapter » 7

Section » 09

文字のデザインに変化を付ける

文字を目立たせる工夫

動画には文字が欠かせません。文字はテロップ以外にも、見せたいポイントに文字を入れて見る人の目線を誘導するときにも使います。そのため、いかに文字を目立たせるかも、見やすい動画を作る有効な方法です。

文字の修飾

● 文字の修飾はエフェクトコントロールパネルの「テキスト」で設定する。「ソーステキスト」でフォントや文字サイズ、揃え位置などを設定する。

❶「テキスト」(エフェクトコントロールパネル)

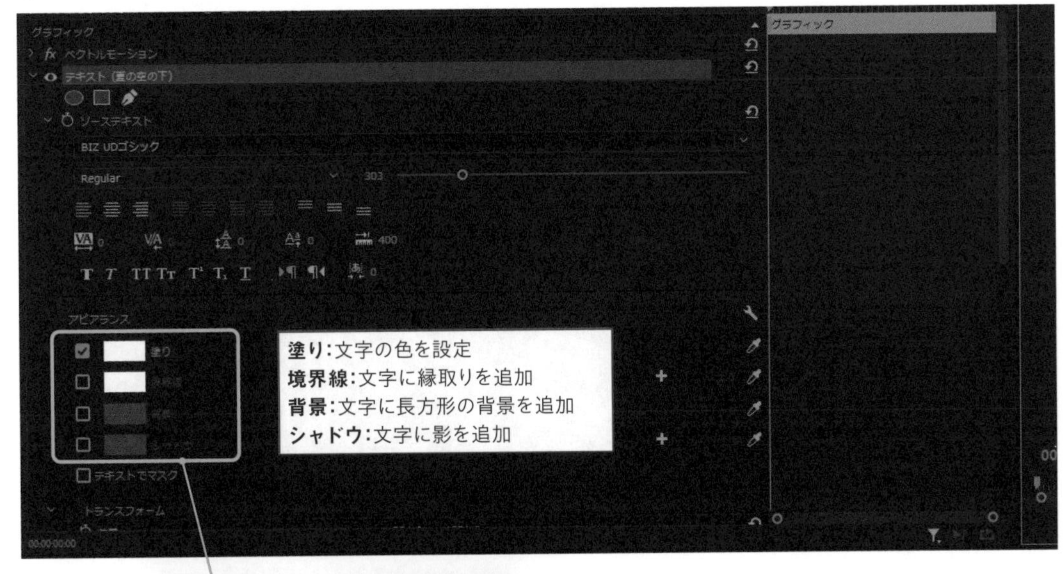

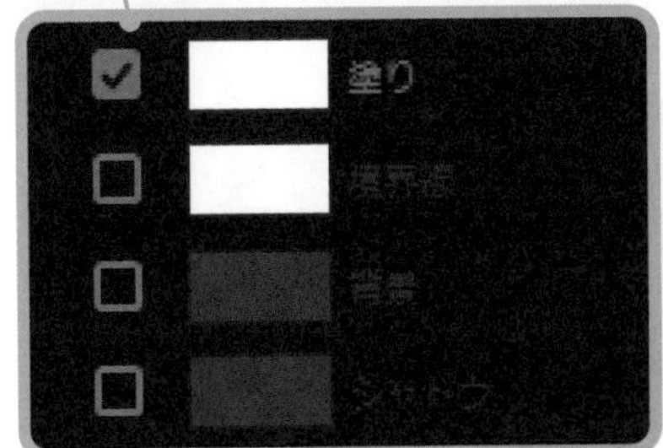

❷プレビュー

❶塗り：文字の色を設定する。

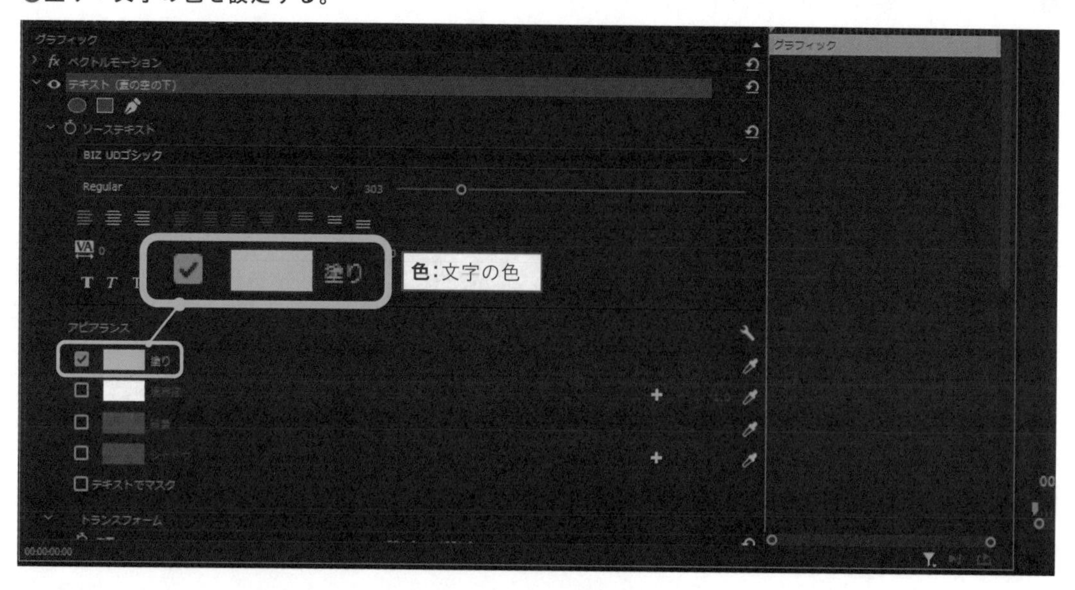

❷プレビュー

❶境界線：縁取りの色と太さを追加する。

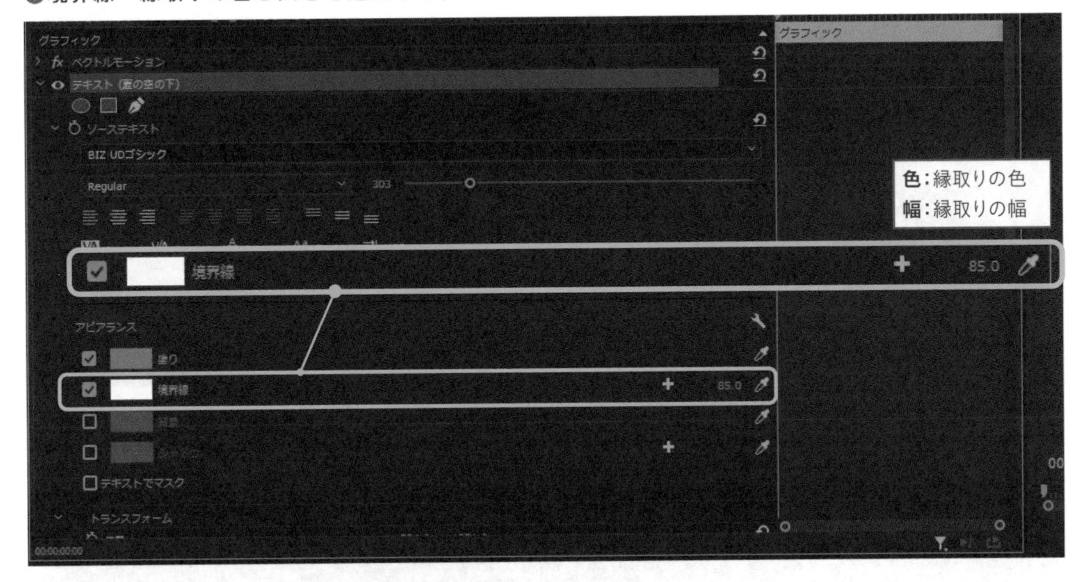

❷プレビュー

❶背景：文字に背景を追加する。透明度や文字に対する大きさを設定する。「角丸の半径」拡大すると面取りした長方形になる。

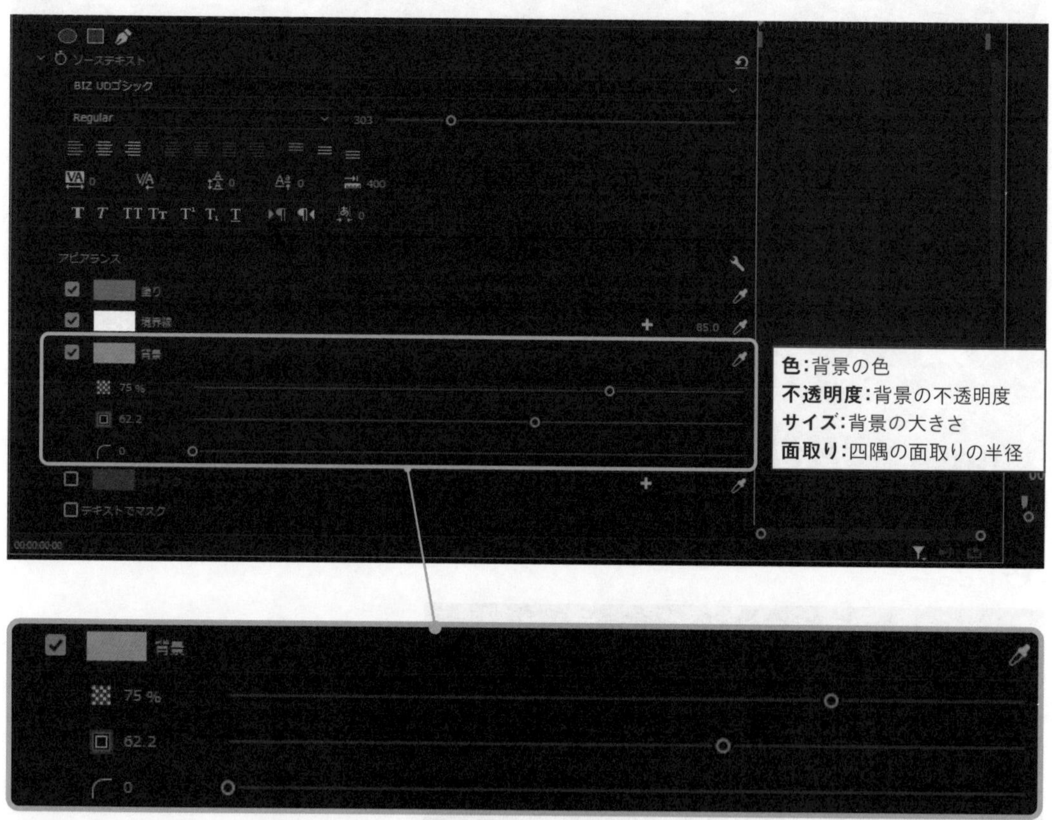

❷プレビュー

❶シャドウ：文字に影を付ける。

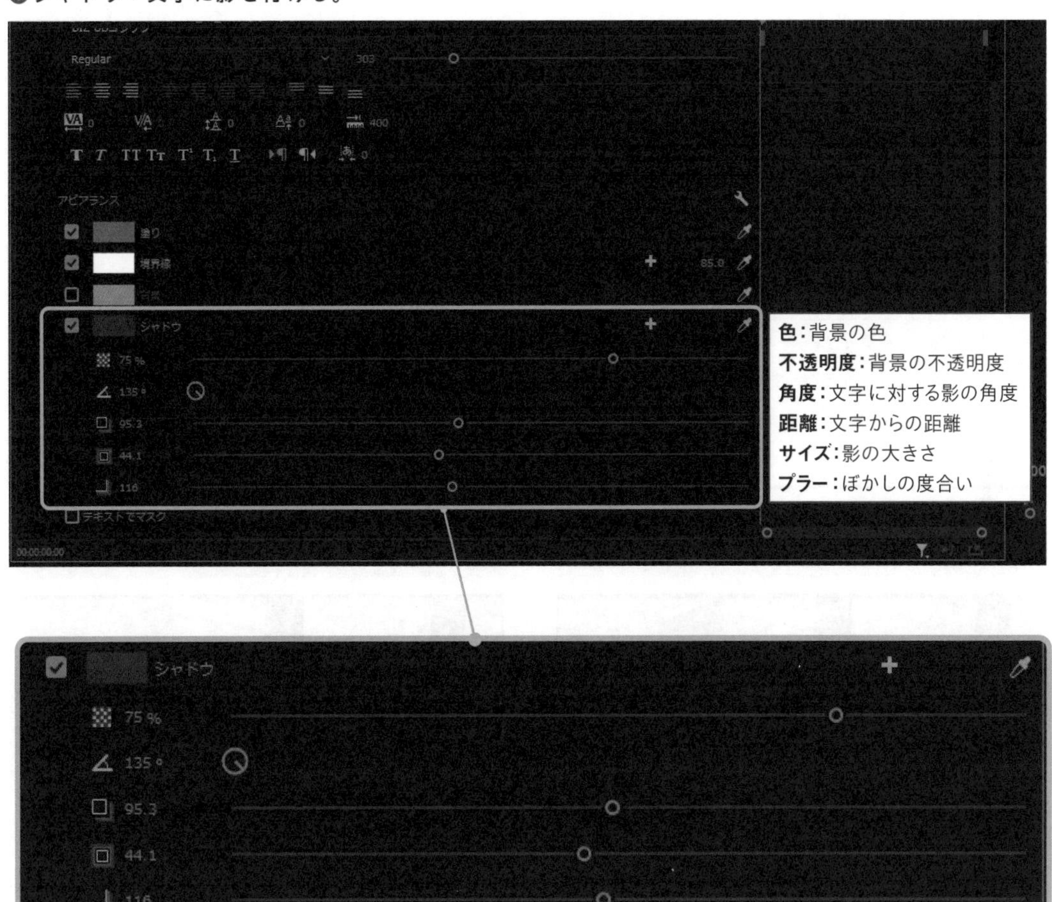

❷プレビュー

Chapter » 7

Section » 10

映像にモザイクを追加する

プライバシーの保護などに

最近ではプライバシーに対して敏感になり、不用意に他人の映像をSNSに投稿することはトラブルにつながります。そこで必要な部分にモザイクをかけます。ここでは映像の中の2カ所にモザイクをかけます。

Before

After

映像の一部にモザイクをかける

1 「スタイライズ」の「モザイク」を映像に追加する。

2 画面全体にモザイクがかかるので、マスクを使って必要な部分にだけモザイクをかけるようにする。

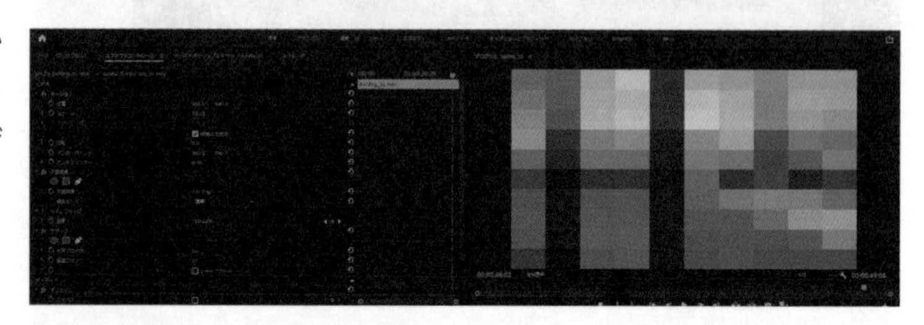

3 楕円形または長方形のマスクをクリックして、マスクを作成する。

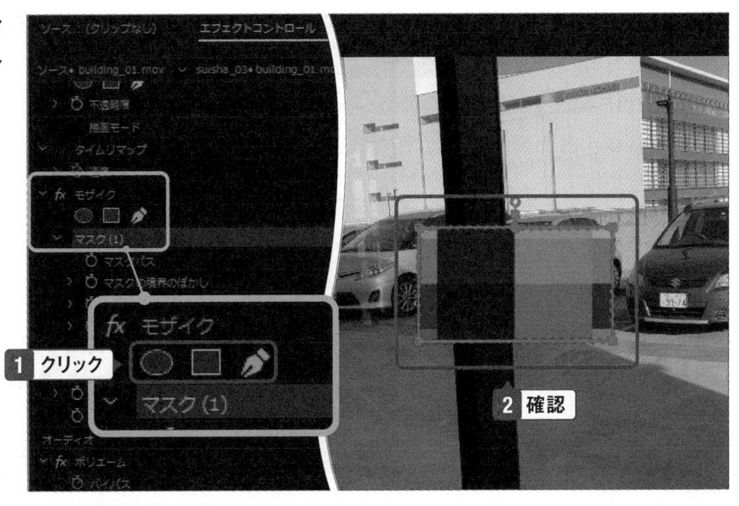

4 長方形の場合、マスクの隅にカーソルを合わせて「Shift」キーを押すと、(←→) になるので、そのままマウスをドラッグすれば、同じ縦横比のまま拡大／縮小ができる。

5 マスクの大きさを調整する。

6 モザイクがかかったマスクを移動する。モザイクをかける部分が移動する場合は、大きめにモザイクをかけておく。

7 エフェクトコントロールパネルで「水平ブロック」と「垂直ブロック」の値を調整して、モザイクの大きさを変える。

8 モザイクのマスク（マスク(1)）で右クリックし、「コピー」をクリック。

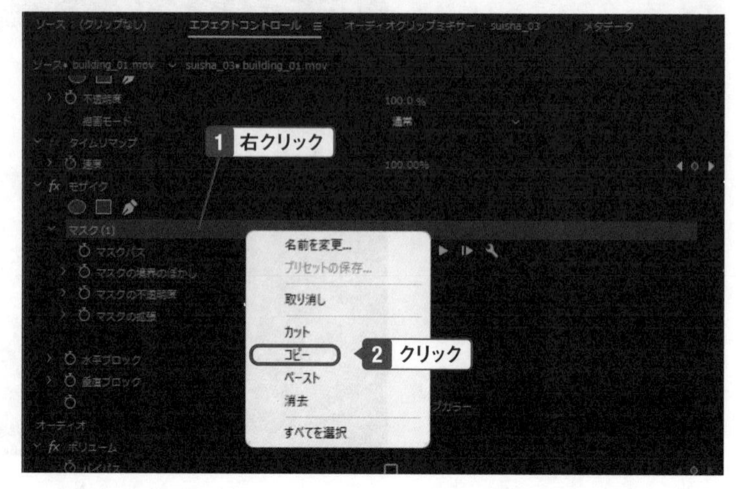

9 そのまま「Ctrl」+「V」(ペースト)を押すと、マスクが複製される。

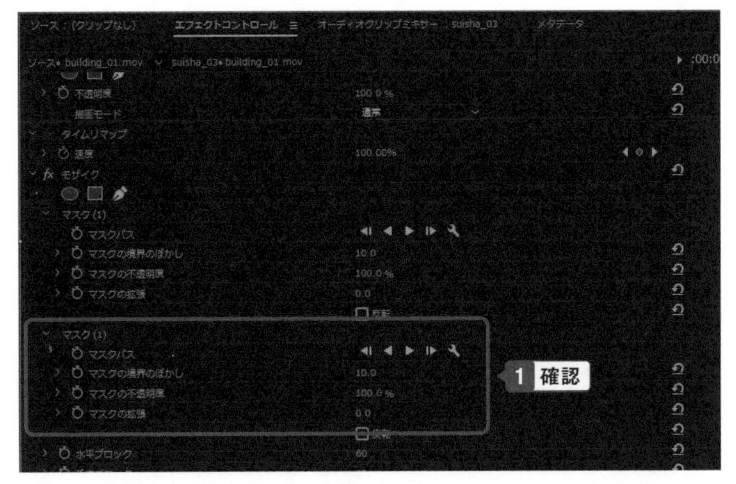

10 複製したマスクをクリック。

11 必要な部分にマスクを移動する。

Chapter » 7

Section » 11

自動的に字幕を作る

AIを使った新しい機能

Premiere Proには、自動文字起こし機能があります。動画に収録された音声をAIが分析し、文字に起こしてその位置に自動的に字幕を作成します。解説やナレーションなどの制作時間を大幅に短縮できます。

動画の音声から文字起こしをする

1 ワークスペースの「キャプションとグラフィック」をクリック。

2 タイムラインで文字起こしをする動画をクリックし、テキストパネルで「シーケンスから文字起こし」をクリック。

3 言語を選択する。

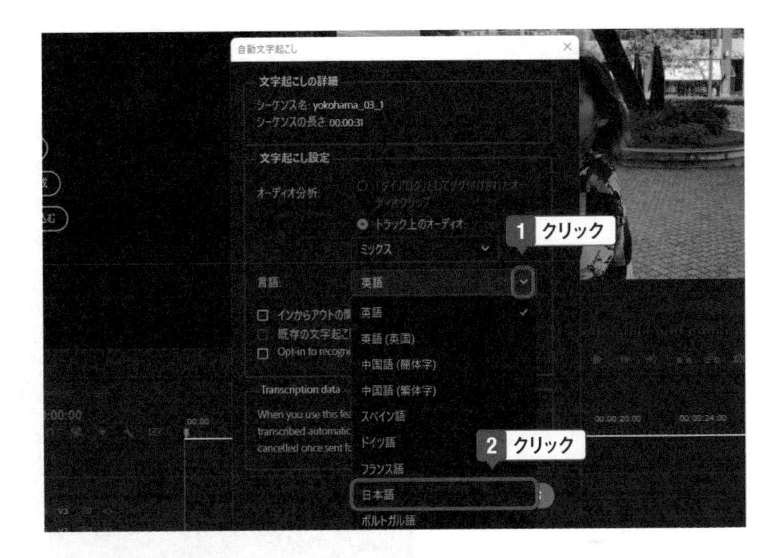

4 「文字起こし開始」をクリックすると、音声の分析が行われる。

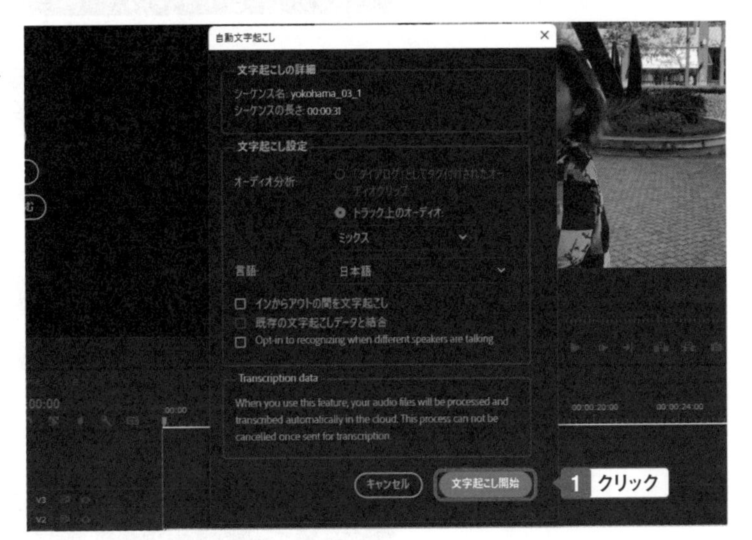

5 分析が終わると、動画の音声に含まれる声が文字に変換される。

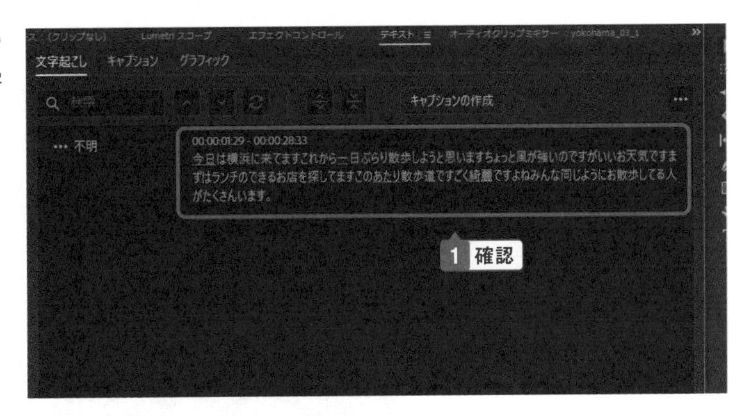

字幕を作成する

1. 文字をクリックすると、プログラムパネルにその位置の映像が表示される。

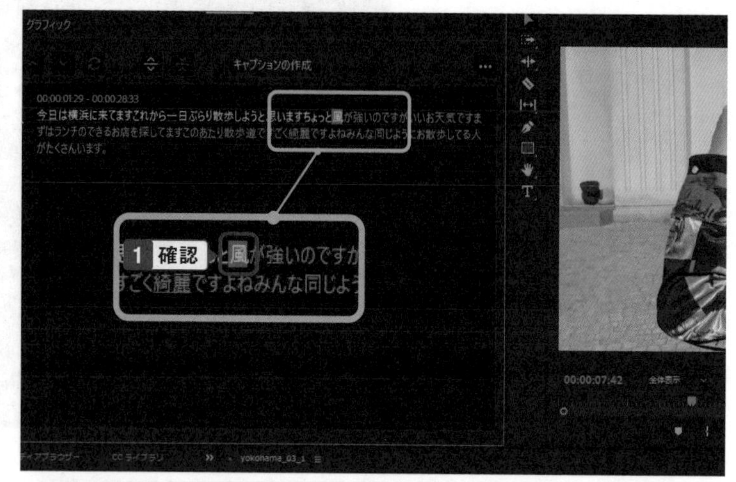

2. 「キャプション」をクリック。

3. 「シーケンストランススクリプトから作成」を選択する。その後字幕のスタイルや１画面に表示する文字数などを設定し、「作成」をクリック。

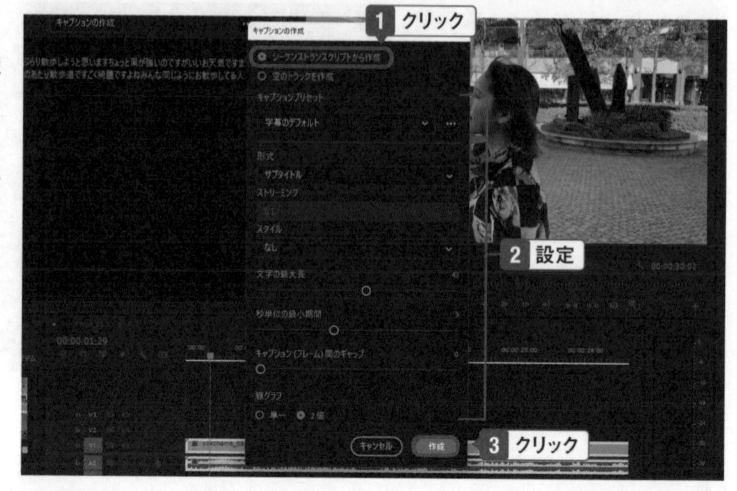

4 動画に字幕が追加される。

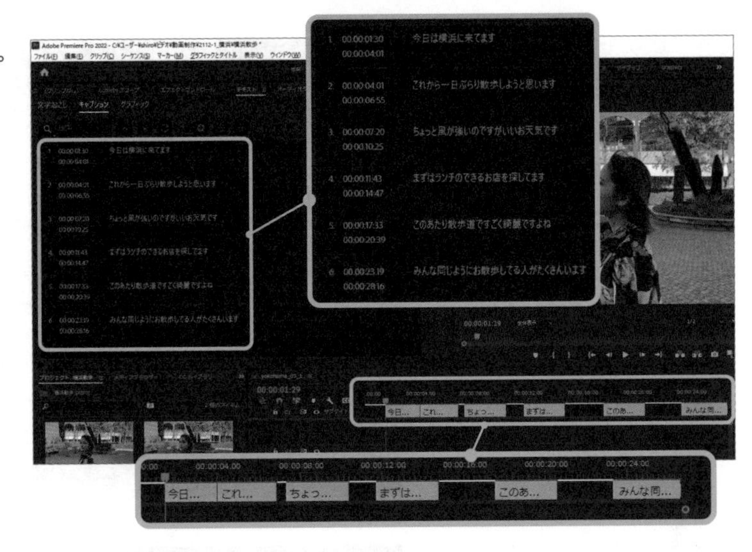

字幕を設定する

1 再生ヘッドを移動すると、字幕の位置と映像の関係を確認できる。

2 フォントや文字サイズなどを設定する字幕を選択する。すべて一括して設定するときは、キーボードで「Ctrl」+「A」を押す。

3 エッセンシャルグラフィックスパネルでフォントや文字サイズ、文字飾りなどを設定する。

4 文字の修正や文章の編集をするときは、キャプションをダブルクリックして編集する。

5 字幕のタイミングを移動するときは、タイムラインの字幕をドラッグして移動する。

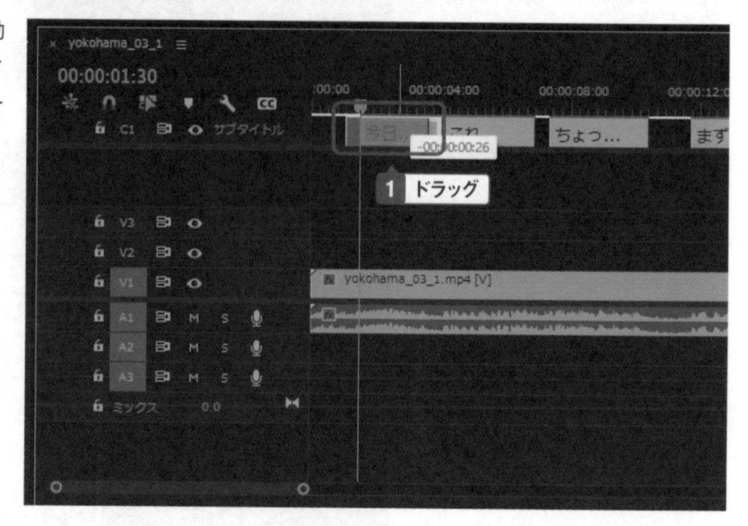

Chapter 8

Premiere Proとほかの Adobeアプリを組み合わせる

Premiere ProはAdobe Creative Cloudに含まれる１つのアプリです。Adobe Creative Cloudには他にも、動画に効果を付けるAfter Effectsや、写真を加工、修正するPhotoshopなどさまざまなアプリがあり、連携するとより幅の広い動画編集ができるようになります。

Chapter » 8

Section » 01

After Effectsの構造

After Effectsは「エフェクトを重ねる」

After EffectsもPremiere Proと同様に動画編集アプリですが、After Effectsは「動画にエフェクトを加える」ことに特化したアプリです。Premiere Proと使い分けることでより高度な動画編集ができるようになります。

「コンポジション」を作る

Premiere Proはプロジェクトの中に作成し、編集する動画全体を「シーケンス」と呼んでいましたが、After Effectsでは「コンポジション」と呼びます。コンポジションの中に、動画やエフェクトを重ねていきます。

コンポジションに動画を登録し、エフェクトを重ねて構成する。

「レイヤー」を重ねる

Premiere Proではタイムラインパネルに、動画や画像、音声を配置していましたが、After Effectsにもタイムラインパネルがあります。しかしAfter Effectsのタイムラインパネルは少し考え方が変わります。

After Effectでは、タイムラインパネルに配置した動画を横に接続することはできません。タイムラインの１つの「行」には１つの素材だけしか配置できません。１つの素材に対してエフェクトを追加していきます。複数の素材を配置するときは、タイムラインの別の行に分かれます。このような素材の層を「レイヤー」と呼びます。

したがって、After Effectsでは複数の映像を繋げたり切ったりして長い動画を作り上げるというよりは、ある１つの動画に対してさまざまなエフェクトを追加する作業に向いていることになります。Premiere Proでは１つの素材にエフェクトをドラッグして、エフェクトコントロールパネルで設定しましたが、After Effectsではエフェクトをレイヤーで重ねていけるので、エフェクトごとにさまざまな設定が細かくできるようになります。

After Effectsでは１つの動画にさまざまなエフェクトを追加して、細かい設定をしながら仕上げていく編集に向いている。

Chapter » 8

Section » 02

Premiere Proのシーケンスを After Effectsに読み込む

Premiere Proの一部分をより凝った映像にする

After Effectsは動画に凝ったエフェクトを加えることが得意です。そこではじめにPremiere Proで動画を編集してからAfter Effectsに読み込むと、さらに手を加えた動画を作ることができるようになります。

After Effects で Premiere Pro と連携して編集する

1 After Effectsで新規プロジェクトを作成する。続いて「ファイル」をクリックし、「Adobe Dynamic Link」をクリックする。その後「Premiere Proシーケンスを読み込み」をクリック。

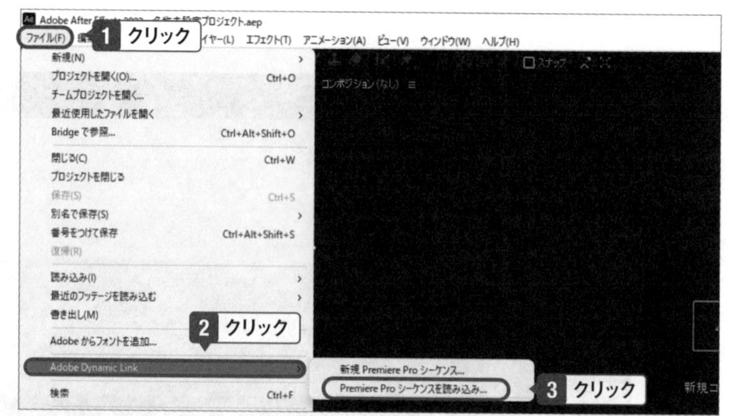

One Point

Premiere Pro のプロジェクト読み込みではない

After Effects の「ファイル」メニューには、「読み込み」→「Adobe Premiere Pro プロジェクトの読み込み」という項目があります。このメニューでは Premiere Pro で作成したプロジェクトファイルを読み込むので、プロジェクトファイルで使われている動画や画像、音声などの素材を読み込むだけで、編集した状態は再現しません。

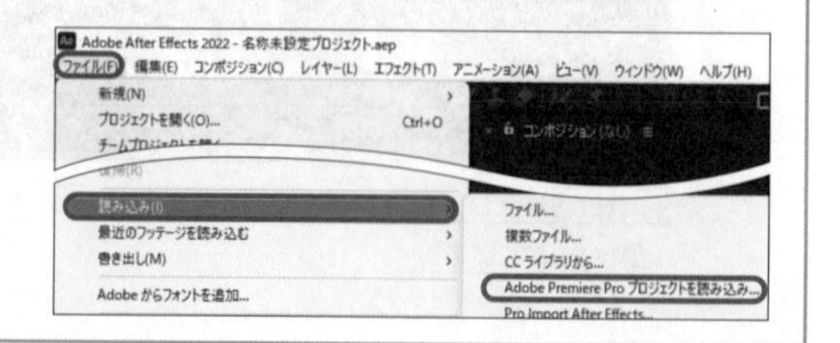

One Point

プロジェクトファイルのフォルダー

次ページの手順 2 でプロジェクトファイルを探すとき、通常のダイアログボックスとは異なる表示のため戸惑うかもしれません。たとえば普段使っている「ドキュメント」フォルダーであれば、「Documents」フォルダーを開きます。「ビデオ」ならば「Videos」フォルダーが該当します。

2 読み込むプロジェクトファイルを選択して、読み込むシーケンスを選択する。その後「OK」をクリック。

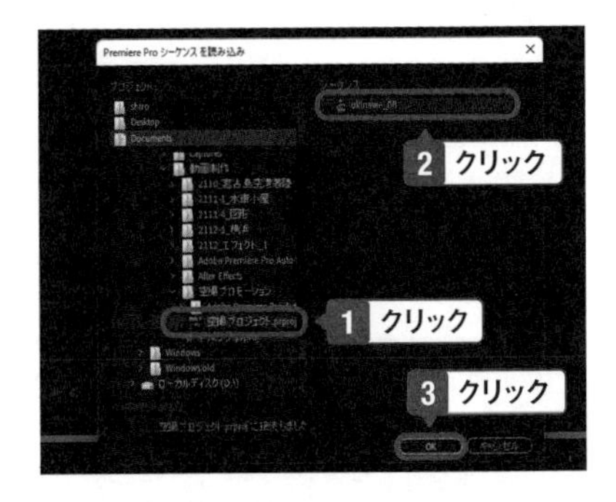

3 シーケンスが読み込まれる。

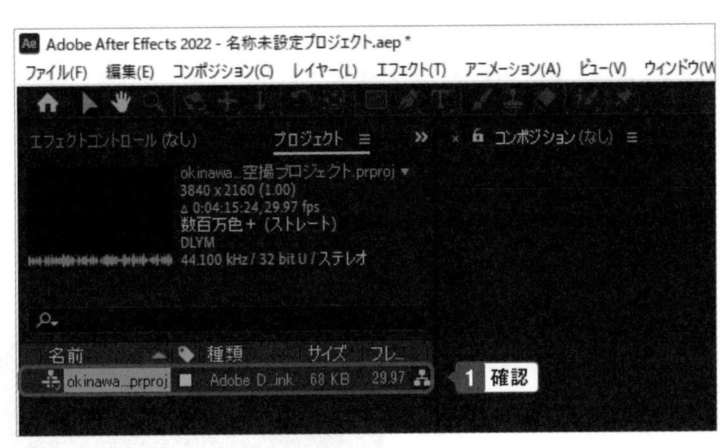

One Point

Adobe Dynamic Link

「Adobe Dynamic Link」は、Adobeのアプリ間で相互にファイルをやりとりする規格で、それぞれのアプリで行った編集や加工が別のアプリにも反映されることが特徴です。

4 Premiere Proで編集した内容が反映されている。

One Point

After Effectsの編集も反映される

After Effectsで編集したシーケンスは、Premiere Proで開いたときにも反映されます。

Chapter » 8

Section » 03

Premiere Pro上でAfter Effectsを使う

タイムラインからAfter Effectsを呼び出す

Premiere Proで動画を編集しているとき、タイムラインに配置した動画から直接After Effectsを呼び出して、さらに加工することができます。特定の動画素材にPremiere Proではできないエフェクトを追加できます。

Premiere Pro から After Effects を起動する

1 Premiere Proのタイムライン上で、After Effectsで編集する動画を右クリック。

2 「After Effectsコンポジションに置き換え」をクリック。

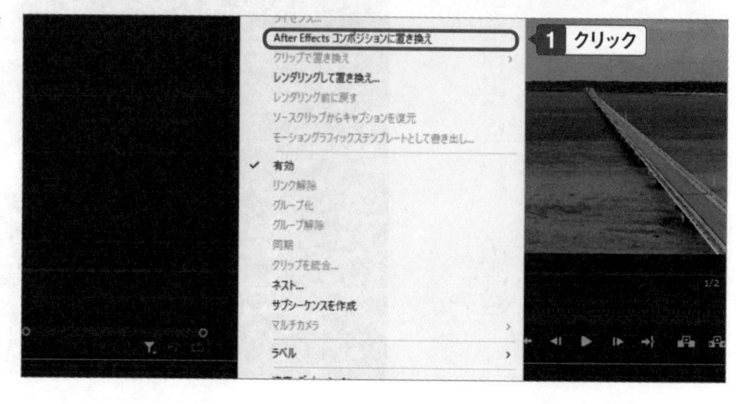

3 After Effectsが起動する。表示されない場合は、タスクバーでAfter Effectsをクリック。

4 After Effectsのプロジェクトを保存するフォルダーを選択する。その後ファイル名を入力し、「保存」をクリック。

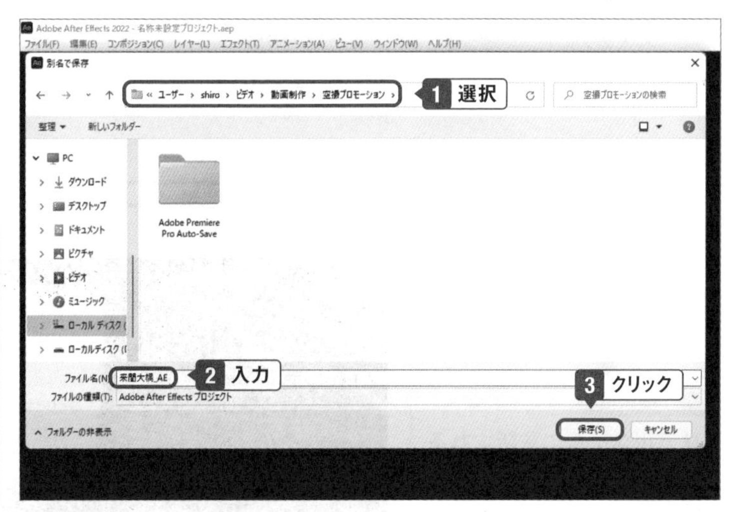

One Point

After Effectsのプロジェクト保存も必要

Premiere Proで編集している動画の一部をAfter Effectsで編集するときには、After Effectsのプロジェクトを作成し、保存する必要があります。

5 After Effectsに動画が読み込まれる。

6 After Effectsで動画を編集する。

7 メニューの「ファイル」をクリックし、「保存」をクリック。

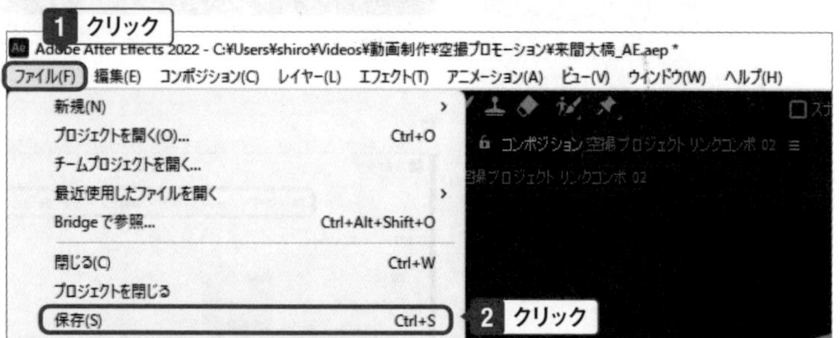

8 After Effectsの編集がPremiere Proにも反映される。

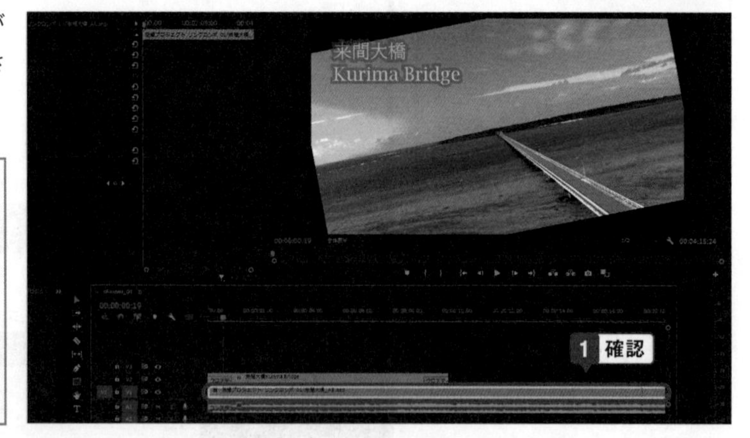

> **One Point**
>
> **リアルタイムに更新される**
>
> After Effects で編集を行って保存すると、Premiere Pro にもリアルタイムで反映、更新されます。After Effects の編集が終わり、保存したら After Effects を終了しても構いません。

> **One Point**
>
> **Premiere Pro タイムラインの表示**
>
> After Effects を呼び出して編集した動画は、Premiere Pro のタイムライン上で濃いピンク色に変わります。これは After Effects のコンポジションであることを示しています。

> **One Point**
>
> **After Effects で再編集する**
>
> Premiere Pro のタイムラインに表示されている After Effects のコンポジションは、右クリックして「オリジナルを編集」をクリックすると After Effects が起動し、再度編集できるようになります。

Chapter » 8

Section » 04

PhotoshopやIllustratorのレイヤーを読み込む

必要なレイヤーだけ読み込む

写真加工アプリのPhotoshopやデザイン作成アプリのIllustratorで作成したデータをPremiere Proに読み込みます。このとき、レイヤーごとに読み込めるので、必要なデータだけを使うことができます。

レイヤーを読み込む

1 PhotoshopやIllustratorのファイルを表示し、読み込むファイルをプロジェクトパネルにドラッグ。

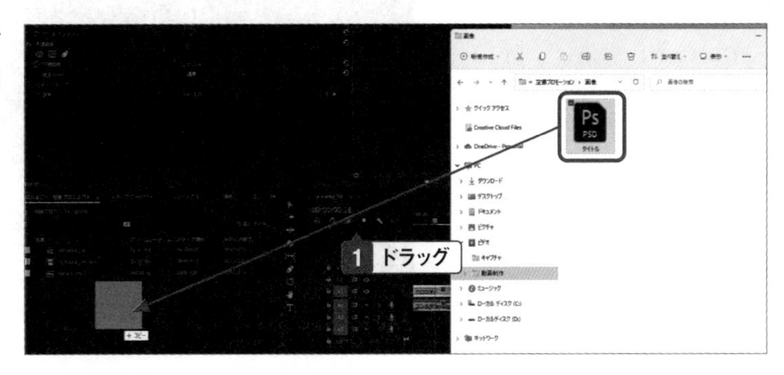

2 「レイヤーファイルの読み込み」が表示されるので、レイヤーの読み込み方法を選択する。

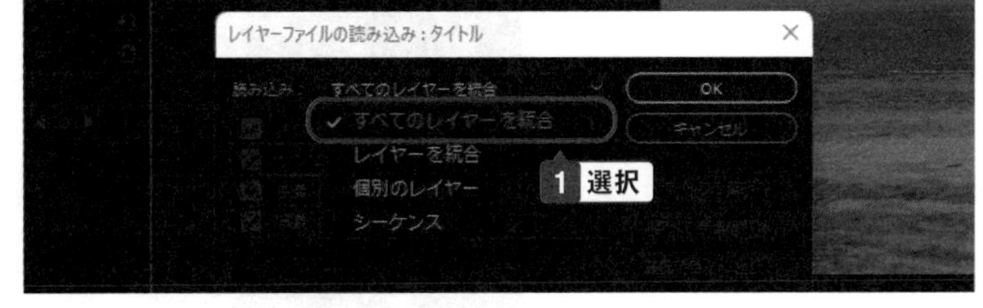

One Point

レイヤーの読み込み方法

「レイヤーファイルの読み込み」画面では、レイヤーの読み込み方法を選択できます。それぞれ次のようになります。

- **すべてのレイヤーを統合**：すべてのレイヤーを合成して読み込みます。
- **レイヤーを統合**：選択するレイヤーだけを統合して読み込みます。
- **個別のレイヤー**：選択するレイヤーだけを、レイヤーごとに読み込みます。
- **シーケンス**：選択するレイヤーでシーケンスを作成して読み込みます。

3 読み込むレイヤーのチェックをオンにして、読み込まないレイヤーのチェックをオフにする。その後「OK」をクリック。

4 プロジェクトパネルに読み込まれる。

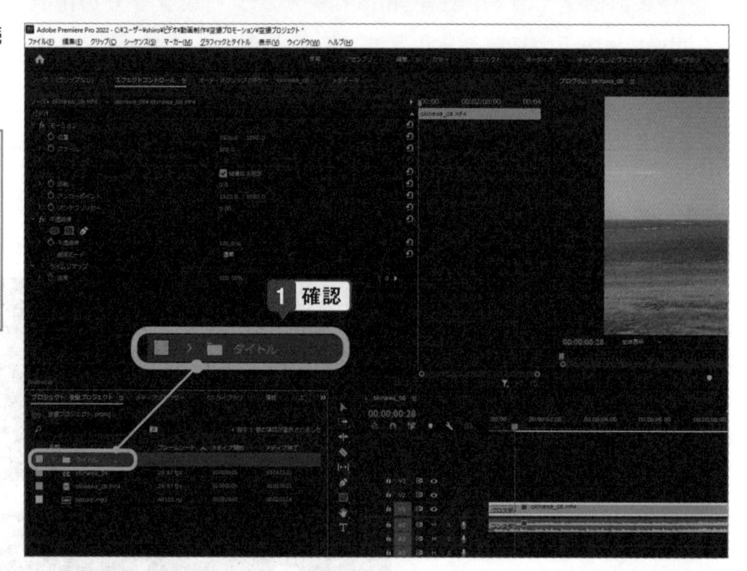

> **One Point**
>
> **フォルダーにまとめられる**
>
> レイヤーを読み込むと、プロジェクトパネルに元の読み込んだファイル名のフォルダーが作成されます。

5 グラフィック（画像）としてレイヤーのデータを使えるようになる。

Chapter 9

本格的な動画撮影のために身に付けたい知識

より完成度の高い動画を作るためには、撮影するときから完成形をイメージしながら、撮影する機材を選び、撮影する場所や方法を考えます。そして編集するときには、編集の工夫も大切ですし、さまざまな法律や権利のことにも気を使わなければいけません。ここでは動画の完成度を高めるために必要な知識を解説します。

Chapter » 9

Section » 01

ビジネスシーンに役立つ動画の特徴

派手な演出よりも意図を伝える

最近のYouTubeなどで公開されている動画は一般的に、派手な演出で注目を集めるものが多い傾向です。しかしビジネスシーンなどでは派手な演出よりも中身をしっかり伝えることが重要です。

動画には2つのタイプ

最近の動画は、テレビCMに類するような広告を除いて大きく分けると2つのタイプがあります。1つはYouTubeに公開されているような、効果音やテロップをふんだんに使った演出で人目を惹き、「おもしろい」「楽しい」動画です。そしてもう1つは企業イメージ動画やプロモーション、教育分野などに見られる「落ち着いてしっかり内容を伝える」動画です。

もちろんどちらも、目的のある動画なので、「どれが正しい」という正解はありません。しかし、YouTubeのように無数の動画が登録されている状況で、世界中の広いユーザーに自分の動画を見てもらうためには、普通の動画では目立ちません。「おもしろい」「楽しい」動画を作るためには、内容の企画はもちろんですが、再生回数を増やすためにも派手な演出が欠かせないものとなっています。一部では過剰な演出の傾向もあり、自分の動画を探してもらう施策ばかりに注力した結果、本来の目的から逸れてしまい、せっかくの良質な企画や内容がぼやけてしまうこともあります。

一方で、見てほしいユーザー層がある程度限られているのであれば、派手な演出は必要ありません。効果音やテロップは必要最低限にして、内容をしっかりと伝える動画に仕上げます。

たとえば、同じ企業広告でも、とにかく人の印象に残すインパクトが必要なテレビやネット広告で使う動画と、自社や関連分野のWebサイトに掲載するような、「どのような企業でどのような実績があるのかを知ってもらう」ための広告動画では、作り方が大きく変わるはずです。

数々のユーチューバーが展開する楽しい企画動画を見慣れてしまっていると、印象に残る動画には派手な演出が絶対に必要と思ってしまうかもしれません。しかし特にビジネスシーンにおいては、必ずしも派手な演出ではなく、落ち着いた動画を作る選択も必要になります。

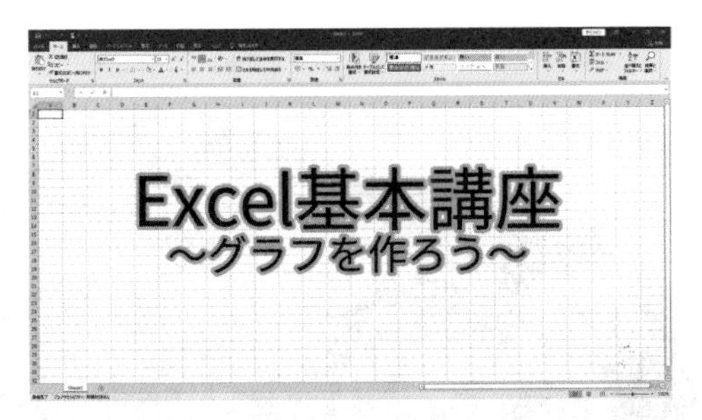

たとえば同じような内容の動画でも、見てほしいユーザー層によってタイトルの作り方も変わる。

何をどこでどのように伝えるのか

例えば、教育のための動画を考えてみます。YouTubeには、学校で習う教科を楽しく学べる動画や、アプリの使い方がわからないときに便利なちょっとしたノウハウを紹介した動画が無数にあります。これらはYouTubeだからこそ、家でも手軽に、わからないことを理解できる優れたコンテンツです。

しかし一方で、企業や組織でのスキルアップや研修などにこうした動画を使うとなれば、おそらく求める動画の傾向が変わるでしょう。学校の授業や企業研修では、リアルな授業や研修を再現するような、落ち着いた編集の動画が必要になるはずです。極端に言えば、講師が話す講義をただ正面から撮影した動画でも成立します。そこに効果音やテロップは必要最低限しか求められませんし、再生回数を増やす施策も必要ありません。

つまり、先にも書いたとおり、動画の編集に正解はなく、流行はあっても場面や対象によって選択が必要になります。どこに掲載するのか、どのような人を対象にしているのか、何を伝えたいのか、これらを考えて、場面に適した動画の雰囲気を考えましょう。

録り方も変える

作る動画のイメージが変わるなら、動画の録り方も変わります。たとえば出演者が淡々と語る演出の動画なら、録画開始から終了までの１回の撮影（ワンテイク）に長い時間が必要になることもあります。一方で動きの多いアクティブなスポーツを記録する動画なら、短い時間の映像を数多く録り、つなぎ合わせてスピード感を出すこともあります。

長い時間の撮影が必要なら、ビデオカメラを三脚で固定したり、ブレないような機材を使ったりすることも必要になるでしょう。動きが多い撮影なら、ピント合わせ性能の高いカメラや高倍率なズームレンズなどが必要になるでしょう。

スマホは手軽で機動力がある一方、ビデオカメラなら長時間の撮影や望遠レンズを使った撮影もできる。
左：iPhone 13
右：ソニー　デジタル4Kビデオカメラレコーダー ハンディカム®『FDR-AX45』ブラック

今は高性能なスマートフォンで撮影してもいろいろな動画を撮影できます。ただその先に、より本格的に撮影するようになったら、作りたい動画をイメージし、撮り方によって必要な機能を考え、適切な機材をしっかり選ぶようにしましょう。

Chapter » 9

Section » 02

動画を撮影する機材を選ぶ

スマートフォンで物足りなくなったら

動画を撮影すると言えば、まずはスマートフォンでしょう。今はスマートフォンで手軽にどこでも動画の撮影ができます。ただ動画撮影に興味を持つと、スマートフォンでは物足りなくなってしまうかもしれません。

ビデオカメラを使う

動画を撮影する機材として、必要なのは最低限「カメラ」です。言い換えれば、カメラだけあれば最低限、動画の撮影ができます。そのカメラは、最近ではスマートフォンにも高性能なカメラが搭載され、あらためてビデオカメラを買う必要がないくらいです。

ただ、スマートフォンのカメラでは物足りないところもあります。そんなときにはビデオカメラが欲しくなりますが、選択肢が多く、どれを選べばいいのかわからないかもしれません。

ビデオカメラとして使える機材は、スマートフォンやビデオカメラに加えて、デジタル一眼レフカメラなど本来は写真を撮影するためのデジタルカメラでも多くの機種でビデオ撮影ができます。そこで、この3種の主なメリットとデメリットを比較します。

	スマートフォン	ビデオカメラ	デジタルカメラ
長所	手軽 新たに買わなくてもよい 機動性がよい カメラアプリの種類が多い 加工アプリが使える	高画質の撮影ができる 長時間撮影ができる 多くの機種で高性能ズームが使える 電動ズームが使える	高画質の撮影ができる 写真と兼用で使える レンズの交換ができる（一眼カメラタイプ）
短所	画質に限界がある 望遠撮影や広角撮影に限界がある 「絞り」効果が使えない	性能が高いと高価 持ち歩きに不便 機種によっては重い	最大30分までしか撮影できない（※一部機種を除く） 性能が高いと高価 持ち歩きに不便 機種によっては重い

スマートフォンは手軽ですが、限界もあります。ほとんどの機種は超望遠ズーム撮影ができません。また手ブレ補正も大きな揺れに対する効果は得られません。また、意外と知られていないのは、「絞り」が使えないことで、ビデオカメラやデジタルカメラでは絞りを調整することで背景のボケを変化させるといった印象的な撮影ができます。スマートフォンでもポートレートモードやシネマモードなど、背景をボカす機能がありますが、これらはデジタル合成したボケであり、レンズ本来の性能が生むボケの質感とは違います。

もし、今後も継続的かつ本格的に動画の撮影をするのであれば、ビデオカメラかデジタルカメラを入手することをおすすめします。写真撮影にも興味があり、本格的な写真撮影もしたいのであればデジタルカメラがおすすめです。一方で動画に集中して本格的な撮影をしたいのであれば、動画撮影に役立つ機能が多数搭載されているビデオカメラがおすすめです。

環境に合わせた機材

撮影には、カメラ以外にもあると便利な機材があります。撮影する場所や環境に合わせて、揃えておくとよりきれいな撮影が期待できる機材を紹介します。

外で人物を撮影する

外で撮影するときは、被写体が太陽光（自然光とも言います）の影響を受けます。そこで太陽光を上手に利用できる「レフ版」があると、やわらかい反射光が人物に当たり、美しい印象になります。レフ版は銀色や白色の板または布で、光を反射させて被写体に当てます。「影の部分が真っ暗」ということも防げます。逆に、光が強すぎるところには、地面からの光の反射を遮る目的で黒い布を使うこともあります。

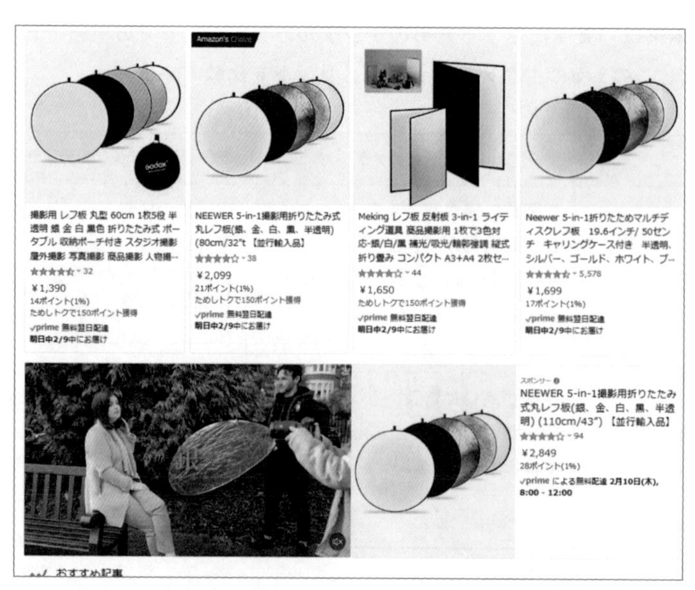

ネットショップなどでも、色々な種類が販売されている

室内で撮影する

室内での撮影は、被写体が人物でも物でも、光を上手に当てるときれいな映像を録れます。オンライン会議の普及とともに購入した「リングライト」も役立ちますし、もっと大きなLEDライトを使っても大きな効果を得られます。室内で撮影するときは、できるだけ被写体を明るくするようにライトを使います。

リングライト　DE-L01BK（エレコム）

夜に撮影する

夜間の撮影は、何を録るかにもよりますが、一般的に三脚でカメラを固定する必要があります。夜はカメラのシャッター速度を遅くしてできるだけ多くの光を取り込みますので、夜景でも、人物でも、カメラを手で持って撮影するとブレてしまいます。そこで三脚を使って、ブレを防ぐようにします。

三脚　DG-CAM22（サンワサプライ）

さまざまな周辺機器

これらのほかにも、たとえば手持ち撮影でブレを防いだり被写体を自動追尾したりするような「スタビライザー」や、遠隔操作で撮影できるリモコンやセンサー類など、いろいろな周辺機器が発売されています。自分が撮影する動画の場面を想像して、「このような映像を録りたいなら、何が必要だろう」と考えてみましょう。今はインターネットを使って簡単に検索もできます。通販で海外の製品を購入することも容易です。想像力とアイディアで、自分なりの撮影環境を整えましょう。

スマホでの撮影には、専用のスタビライザーを使うと品質が圧倒的に向上する。（DJI OM 5）

Chapter » 9

Section » 03

最適な撮影の設定を決める

撮影するときの設定を考える

動画を撮影するときには、写真と同じように設定があり、設定によって出来上がりも変わります。本格的な撮影をするなら、設定を理解して、しっかり考えてから適切な設定を使って撮影しましょう。

フレームレートとシャッター速度

ビデオカメラやデジタルカメラで動画を撮影するとき、気を付けることの１つが「シャッター速度」です。写真の場合、シャッター速度は速いほど動いているものの瞬間を切り取りますが、動画の場合は速すぎるとかえって不自然な映像になってしまうことがあります。

またもう１つ、撮影する動画のフレームレートも気にしておきましょう。フレームレートとは、１秒間に撮影するコマ数で、一般的な動画では約30コマ（30fps）、高画質の撮影では60コマ（60fps）を使います。fpsという単位は、「１秒間あたりのフレーム（frame per second）」という意味です。映像は「パラパラ漫画」のように、静止画を高速で流します。このとき、１秒間に流す静止画の枚数がフレームレートになります。

人の目が静止画として認識できるのは１秒間に16コマまでと言われています。また24コマを超えると残像によりスムーズに見えるとされています。そのため実際に映画やアニメなどでは、24コマ以上のフレームレートが使われています。テレビ放送のフレームレートは30コマが基準になっています。つまり１秒間に30コマあれば、私たちは十分になめらかな映像を見ることができます。

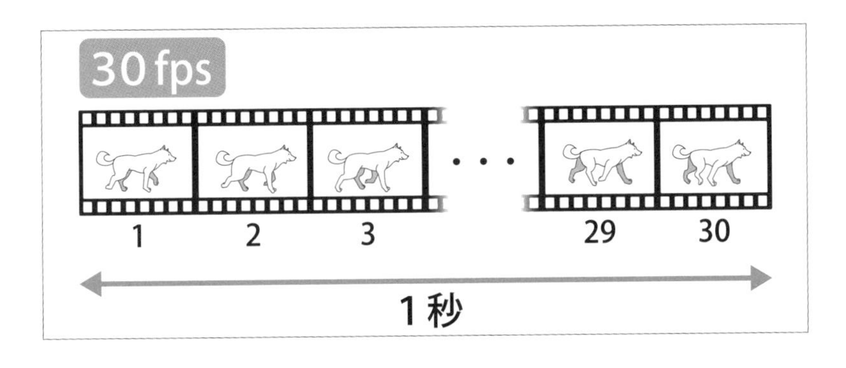

なお厳密にいえば、30fpsではなく29.97fps、60fpsではなく59.94fpsという細かい数値が使われています。詳細な理由は割愛しますが、映像の歴史の中でテレビ放送に使用されたインターレス方式という映像の表示方法の、映像と音声をうまく合わせる技術に由来しています。

フレームレートは撮影時のシャッター速度にも関係します。たとえば30fpsであれば、シャッター速度は1/30秒より速くする必要があります。暗い場所での写真では1/15秒や1/2秒といった遅いシャッター速度を使うこともありますが、動画ではそのような遅いシャッター速度が使えません。

であれば「速くすればいい」という問題でもなく、速すぎると不都合もでます。高速で動く被写体をシャッター速度が1/1000秒で、1秒間に30コマ撮影した場合、間が飛んでしまうように見えます。また、蛍光灯やLEDディスプレイのように実際には高速で点滅をしている光の中では、シャッター速度が速いと暗い瞬間のコマが含まれてしまい、安定した光になりません。

一般的には30fpsの動画を撮影する場合、シャッター速度は1/30～1/60程度で撮影するとよい結果が得られます。もちろん光量が足りないと暗くなりますし、明るすぎれば白飛びした映像になります。レンズの性能や光量を考えながら、シャッター速度を調整し、可能であれば試し撮りをしながら、もっともきれいに撮れる設定を探してください。

フルHDや4Kとは

動画の画質を示す数値の１つに「解像度」があります。テレビやパソコンの画面でもしばしば使われる「フルHD」や「4K」「8K」といった言葉が解像度を示しています。

解像度はわかりやすく言えば、縦横のドット数（粒の数）で、ドット（粒）が細かいほどきれいに見えます。

再現する１つの粒をプリンターでは「ドット」と言いますが、画像や映像では「ピクセル」という言葉を使います。厳密には異なるものなのですが（ピクセルは色の粒の単位、ドットは光の粒の単位)、同じものと考えても構いません。

解像度の例は以下のようになります。

フルHD	横1920ピクセル、縦1080ピクセル
4K	横3840ピクセル、縦2160ピクセル
8K	横7680ピクセル、縦4320ピクセル
その他	FLV　3GPP　WEBM　DNxHR　ProRes　CineForm

このように、フルHDに対して4Kは縦横2倍で面積が4倍、8Kは4Kに対して縦横2倍で面積が4倍となります。4や8は横幅のピクセル数の大まかな1000単位の数値に由来していて、4Kは約4000、8Kは約8000という意味です。横幅が1920ピクセルのフルHDを2Kと呼んでいる時代もありました。

では、普段YouTubeやWebサイトで公開する動画はどの程度の解像度が適切なのでしょうか。答えは「現状フルHDで十分」です。

YouTubeでは、4K映像にも対応していますが、現状普及しているテレビ放送はまだフルHDが圧倒的な主流ですし、4K映像は映像にこだわる世界で使われている程度です。もちろん8Kについてはまだ試験的にはじまったばかりで、普及までかなりの時間がかかります。

また、4Kや8Kの映像は、データのサイズがフルHDに比べてかなり大きくなります。インターネット上で動画を再生するときに流れる通信量を考えても、4Kや8Kが必要な場面はごく限られます。また、データサイズが大きいので、編集するときもディスク容量を消費しますし、パソコンにも高い性能が求められます。

特に4K映像で何か高度な作品を制作したい、というような理由がない限りは、フルHDの撮影で十分です。「きれいな方がいい」のは当然の考えですが、用途に適したサイズや性能を選ぶことも、効率よく動画を制作するポイントです。

Chapter » 9

Section » 04

動画の保存形式を選ぶ

YouTubeなら「MP4」か「MOV」

動画にも、画像と同じようにいくつかのファイル形式があり、目的や用途によって使い分けられています。ファイル形式によって対応する解像度やアプリが変わりますので、保存するときに適切なものを選びます。

汎用性の高いファイル形式

現在広く使われている動画ファイルにはいくつかのファイル形式があります。以下に挙げるように、それぞれに特徴があります、

MPEG4（エムペグフォー）/MP4（エムピーフォー）：拡張子 .mp4

画質を落とさず高い圧縮率で保存できるファイル形式。字幕など動画に付随するデータも保存できる。ファイルサイズを小さくできることからインターネット動画などに向く。

MPEG2-PS（エムペグツー・ピーエス）：拡張子 .mpg .mpeg

主にDVDで使われているファイル形式。MP4が普及する前はインターネット動画などでも利用されていたが、MP4に比べると圧縮率が低いので、容量にある程度の余裕があるメディアに使われる。

MPEG2-TS（エムペグツー・ティーエス）：拡張子 .ts .m2ts

MPEG2-PSを発展させたファイル形式。MPEG2-PSにデータのやり取りをするときのエラーを防ぐ仕組みが追加されていて、地上波放送やBlu-rayに使われている。

MOV（モブまたはエムオーブイ）：拡張子 .mov .qt

Apple製品で主に利用されているファイル形式。MacをはじめiPhoneやiPadでも撮影した動画の標準的なファイル形式として使われている。

HEVC（エイチイーブイシー）：拡張子 .mov

最近のApple製品（iPhoneやiPad）で使われているファイル形式。MOVよりも圧縮率が高く、ファイルサイズを小さくできる。拡張子はMOVと同じで、MOVの後継となるファイル形式。

WNV（ダブリューエヌブイ）：拡張子 .mnv

Microsoft製品で標準的に利用されているファイル形式。WMVは「Windows Media Player」の頭文字で、同アプリに適したファイル形式でもあり、著作権保護情報を埋め込んでコピーを防止できることが特徴。

このほかにも歴史上においてさまざまな動画ファイル形式がありましたが、現在多くの撮影機材や配布メディアでは、上記の動画ファイル形式が使われています。対応するファイル形式は機材によっても異なりますが、上記はいずれも汎用性が高く、多くの機材で対応しています。

YouTubeをはじめとするインターネットでの利用については、MPEG4やMOVが多く使われていますので、Premiere Proで編集した動画は、このいずれかで保存するとよいでしょう。

なお、YouTubeはとても多くの動画ファイル形式に対応しています（以下の表参照）。汎用性の高いファイル形式に加えて、稀に使われるファイル形式や、古いタイプの動画ファイル形式にも対応しています。

MPEG系	MPEG1　MPEG2　MPEG4　MP4　MPEG2-PS
Apple系	MOV　HEVC（H264）
Windows系	AVI　WMV
その他	FLV　3GPP　WEBM DNxHR ProRes CineForm

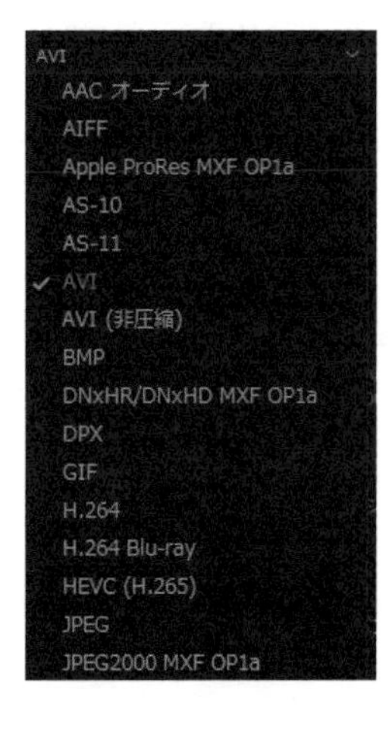

Premiere Proの書き出しではさまざまな動画形式を選択できる。

Chapter » 9

Section » 05

著作権と肖像権はどのような権利？

違法な動画を作らないために

動画にはいくつかの法律的な権利が関わります。その中でも特に重要な権利が、著作権と肖像権です。これらの権利を侵害することは違法行為となり、罰則が適用されるケースもありますので、正しく理解しましょう。

著作権は「作った人が持つ権利」

「著作権」は「著作物」を保護するための権利で、著作物の作者が持ちます。ここで言う「著作物」とは、一般的に「思想又は感情を創作的に表現したものであって、文芸、学術、美術又は音楽の範囲に属するもの」を示します。

もう少しかみ砕くと、人が創作的に作成したものは、その人の著作物となり、著作権で保護されるということになります。そして著作権の下では、人が創作的に作成したものを他人が勝手に使ったり、複写、複製したりすることができません。

たとえばあなたがアイディアを生み出し考えて作り上げた動画は、あなたに著作権があり、他の人があなたの許可なく勝手に使うことができません。一方で同時に、あなたが動画を作るときに、他の人が作った画像や動画を勝手に使うこともできません。

もしあなたが、録画したテレビ番組や映画を勝手に編集して公開したら、その番組や映画を制作した人の著作権を侵害することになり、立派な違法行為になります。なぜなら、本来であればその番組や映画を制作した人が得るはずの利益（再生による広告収入など金銭的な利益だけでなく、作品によって得られる二次的な利益、称賛や表彰による地位的な利益なども含みます）を、あなたが奪ってしまうからです。

たとえインターネットから画像を１枚だけコピーして動画に使っても、その画像に著作者がいるのであれば、それは著作権を侵害したことになります。つまり、動画を作るときは、すべてあなたの創作＝オリジナルである必要があります。これは素材に限らずアイディアも含みます。誰かが作った動画とそっくりな動画を作ったら、使っている映像や画像が自分のものでも、類似の程度によって著作権の侵害になることがあります。

利用が許可されている素材も多くある

では、アプリで使えるテンプレートや画像集も使えないのか、と言えばそうではありません。テンプレートや画像集は、あらかじめ「特に申告や手続きをしなくても使ってよい」ことを著作者が宣言していますので、使用しても問題ありません。テンプレートや画像集と同様に、インターネット上では「著作権フリー」と書いてある映像や画像、音声などの素材を多数入手できます。これらは著作者が使用を認めているもので、一定の利用ルールを守れば使えます。ただし利用ルールに「商用利用不可」といった一部の制限がある場合もあるので、必ず事前に素材の配布元に書いてある利用ルールを確認しましょう。

動画を作るときには、自分で撮影した動画や写真に、自分のアイディアを盛り込むことで個性が生まれます。安易な転用やコピーを考えず、つねに自分だけしか作れない動画を作ることを意識していれば、著作権を侵害してしまうことはありません。

動画にも使えるBGMをダウンロードできる「著作権フリー」のサービスは多い。「著作権フリー」とは本来「著作権がない」あるいは「著作権を放棄した」状態のことを示すが、特に配布されている素材については「著作権が作者が持つが、あらかじめ許可している利用方法であれば申請なく利用できる」という意味に近い。

肖像権は「人の姿が持つ権利」

「肖像権」は、人の姿が持つ権利です。人権の一種で、「プライバシー権」とも呼ばれます。

わかりやすく言えば、自分の映像や写真を勝手に他のところで使われないように保護する権利です。もしあなたの姿がいつの間にか何かの動画に映っていて、公開されていたら不快な気持ちになるでしょうし、プライバシーが知られてしまう不安を感じるでしょう。そのため、人はすべてそれぞれに肖像権を持っています。

動画では、肖像権に十分な配慮が必要です。たとえば自分が外で撮影した動画に映り込んでいる通行人でも、その通行人に肖像権があります。したがって、その人の許可なく勝手に公開できません。とはいっても、街を撮影していたら、いくら人が映らないように撮影していても、どうしても映ってしまうことがあります。

ではどうすればよいのでしょうか。街ですれ違った通行人に許可を求めるのは現実的に不可能です。そこで、モザイクやぼかしを入れて「誰だかわからない状態にする」ことで、その人の肖像権を保護することができます。

たとえ友人でも、動画を公開するときには、「公開してよいか」を聞いて承諾してもらいましょう。個人的に一緒に録ることはよくても、公開は嫌だと思うこともあります。トラブルを避けるためにも、人が映っている動画は、「モザイクでわからなくする」か「許可を得る」ようにします。

もちろん、有名人や芸能人の写真や動画を勝手に使うことも肖像権を侵害します。その人がSNSで公開している写真や動画であっても勝手には使えません。さらにそれが番組映像やCDジャケットの写真といった著作物であれば、肖像権と著作権を同時に侵害することにもなります。著作権と同様に、あくまで「自分の動画は自分のものだけで作る」が基本です。

プライバシーに配慮する

動画を編集するときには、人の特定につながる情報にも気を配ります。たとえば家の表札、車のナンバープレートなど、個人そのものの姿ではなくても、プライバシーとして認識されるような情報にはモザイクをかけてわからないようにした方がトラブルを防げます。動画が完成したときに、もう一度見直して、プライバシーにつながる情報が映っていないかを確認する習慣をつけておきましょう。

車のナンバープレートなど、個人情報とは言えないものでもプライバシーにつながる情報であれば、モザイクをかけるなどの処理をしておく。たとえ小さくても、拡大すればわかることがあるので注意。

Chapter » 9

Section » 06

YouTubeで公開する動画の著作権は誰のもの？

動画の著作権は作った人が持つ

YouTubeに公開した動画は、誰に著作権があるのでしょうか。YouTubeのページは自分で作ったものではありませんし、動画の変換や保存はYouTubeが行います。著作権は誰が持つのでしょうか。

著作権はあくまで「自分」

自分が作った動画である以上、YouTubeであろうが他のSNSであろうが、その動画の著作権は自分が持ちます。あなたが作った動画であれば、その動画の著作権はあなたが誰かに譲渡しない限り、どこにあってもあなたが持ちます。したがって、たとえYouTubeを運営する会社（Google）でも、その動画を勝手にコピーして他の場所に転載することはできません。

では、動画が掲載されているYouTubeのWebページの著作権は誰が持つのでしょうか。Webページの著作権はWebページをデザインし作成し、所有しているYouTubeにあります。しかしそのWebページの中で表示される動画の著作権はあなたが所有しています。

直接のリンクは問題ない

あなたがYouTubeにアップロードして公開した動画は、あなたに著作権があります。勝手にコピーはできません。

ところで、YouTubeが動画に広告を入れるのは著作権侵害にならないのでしょうか。これはあらかじめYouTubeの規約に定められていて、YouTubeの利用には規約の同意が必要です。規約に同意すると、動画を公開した場合に広告の挿入を認めたことになります。規約は細かく長く、非常に多い文章なので、ほとんどの人が読まないまま使っているかもしれません。しかしこのような細かいルールまで決めていますので、疑問に感じたら調べてみましょう。

また、「おすすめ動画」などに表示されるのはコピーではなく、元の動画データへのリンクなので著作権の問題はありません。同様に、誰かがあなたの動画を気に入って他の人にも見てもらいたいと思い、動画のURLをSNSに貼りつけることも問題ありません。URLをSNSに貼り付けると、SNSによっては動画の一部が画像で表示されることもありますが、これも元の動画データを表示しているので問題ないと言えます。

一方で、もし誰かがあなたの動画を何らかの方法でダウンロードし、別の場所にアップロードしてSNSで見られるようにした場合は、著作権の侵害になります。

YouTubeの中でも、外部のSNSでも、表示される動画やサムネイルなどは「元の場所にあるデータを表示した状態」でなければいけません。

YouTubeの動画を転載したいときには、動画の下の「共有」をクリックして、アプリを選択するか動画のURLを取得してリンクを貼り付ける。

Chapter » 9

Section » 07

何をすると著作権を侵害する？

人がやっているからいいのではない

「著作権の侵害」は明確な法律違反で、違法行為になります。一方で現実には著作権を侵害する動画が多数、SNSなどで見られます。「人がやっているからいい」のではなく、ルールを守る人でいるように心がけましょう。

他人のものを無断で使うこと

何をすると著作権を侵害するのか。著作権法という法律には細かく書かれていますが、動画に関してひとことで言えば「他人が作ったものを無断で使う」と著作権の侵害になる可能性があります。つまり、自分が作る動画は、自分が撮影したり描いたりしたものだけで作らなければいけない、ということです。

他人が作った動画をインターネットからダウンロードして、それをコピーして使うのはもちろんですが、部分的に使ったり、スクリーンショットなどを使ったりすることも著作権を侵害する可能性があります。

ここで「可能性がある」というのは、相手が事前に許可している場合は、侵害するとは限らない可能性もあるからです。言い換えれば、事前の許可がなく他人の作ったものを使うことはできません。

テレビ番組や映画などを録画してYouTubeなどに転載したり自分で編集してSNSで公開するのも著作権を侵害する。

注釈を書いても使えない

他人の動画をSNSやWebサイトなどにコピーして転載するといった違法行為で時折見かけるのは、「この動画が〇〇氏の制作です」や「この動画の著作権は〇〇氏が所有しています」といった断り書きを表示しているものです。

断り書きを明示すればコピーしてもいいのかといえば、これもできません。著作権の侵害行為になります。

著作権は、著作者の創作物を保護するためにある権利です。たとえばYouTubeの動画で広告収入を得ている著作者が、動画をコピーされたことによって広告収入が減ってしまったら、著作者は被害を受けたことになります。たとえコピー先に著作者が記載されていたとしても、収入を保証してくれるわけではありません。したがって著作権侵害による損害賠償の対象となる可能性があります。

もちろん、著作者から「著作者を明示してください」ということを条件に事前に許可を受けた上で、コピーして掲載した場合は著作権侵害にはなりませんが、この場合は「著作者の許可を得て掲載しています」と書いた方が誤解を招きません。

故意の侵害は論外ですが、「自分の動画は自分だけの力で作る」ことを心がけていれば、いつの間にか著作権を侵害していたということもありません。

YouTubeなどSNSでは、著作権についての考え方がヘルプにまとめられているので、利用時には事前に確認しておくとよい。著作権について一定の条件に基づいて著作者の許可なく利用できる「フェアユース」という考え方もあるが、基本的に他人の創作物を勝手に使うことはもちろんNGとなる。

Chapter » 9

Section » 08

使う写真やBGMの著作権は？

写真も音楽も著作権は作者にある

動画に使う写真やBGMも、それぞれ著作権は作者が所有します。ただ一方で、「著作権フリー」という事前の許可なくルールの範囲内で自由に使える写真やBGMもありますので、活用しましょう。

著作権フリー素材を使う

動画には写真やBGMも使います。特にBGMは動画作成に重要な要素で、欠かせない素材です。もちろん写真やBGMもそれぞれの作者に著作権があります。写真はスマートフォンでも撮影できるとしても、BGMまで自分で作曲しなければいけないのでしょうか。もちろん自分で作曲できればよいのですが、誰にでもできることではありません。

そこで「著作権フリー」の素材に注目します。
インターネットには、「著作権フリー」と書かれた素材を配布しているWebサイトが多数あります。中には無料で使えるものもあります。

「著作権フリー」の素材とは、決められたルールの範囲内であれば著作者に事前に許可を得ることなく自由に使える素材です。つまり、そのWebサイトからダウンロードした写真やBGMは、ルールの範囲内であれば自由に使うことができます。この場合のルールは、Webサイトによって違いますので事前に確認しておく必要があります。たとえば「クレジットを記載すること」とあれば、たとえば「©〇〇〇〇」というように、利用時に著作者やWebサイトの権利を示す内容を記載する必要があります。「©」は「コピーライト」（= copyright、著作権）という意味です。また「商用利用は不可」であれば、有料で販売する商品やコンテンツに使うことはできません。「個人利用のみ」であれば、法人が使うことはできません。逆に「商用利用可」や「法人利用可」としている素材も多数ありますので、目的に合わせて探してみましょう。

ここで誤解しないでおくのは、著作権フリーが著作権を放棄しているわけではないことです。たとえ著作権フリーでも、著作権は著作者が持っています。著作者の権利を侵害し、迷惑をかけないような使い方を心がけましょう。

BGMのように自分では作るのが難しい素材は、フリー素材をダウンロードできるWebサイトを活用する。利用するときは規約を確認して、許可された範囲で使用すること。クレジットの記載が必須な場合や商用利用を認めていないなど、一部に制限があるものもある。

「歌ってみた動画」は著作権侵害？

では、YouTubeなどのSNSで見られる「歌ってみた動画」や、TikTokでヒット曲に合わせて踊る動画は、その曲の著作権を侵害しているのでしょうか。

答えは、侵害になりません。

YouTubeやTikTokは、あらかじめ著作権を侵害しないように、著作物に対して利用料を支払っています。日本で言えば、ヒット曲の多くはJASRAC（ジャスラック）という著作権管理団体が著作権や著作権の利用料を管理し、著作物の利用者から得た利用料を著作者に分配しています。本来であれば著作権の利用料は、「1曲ごとに、1回の再生について著作者にいくら支払う」といったルールですが、膨大な著作物に関して1曲1回ごとに計算するのは現実的ではなく、一括して一定の金額を支払うことで、著作物の利用料を認めています。テレビ放送でBGMにヒット曲が使われているのも同じ仕組みです。

ただし、利用できるのはそれぞれのSNSなどで定められたルールの範囲内です。YouTubeやTikTokでは、音楽の利用について規則で定めています。カラオケ音源による配信はオリジナルのCDからコピーしたものは使えないなど、細かい規定があります。それぞれの「よくある質問」などで確認しましょう。

一方で、自社のWebサイトに掲載するプロモーション動画にヒット曲を使う、といった場合は著作者の許可が必要です。あるいは前出の著作権管理団体などに問い合わせ、著作物の利用料を支払うことで利用できるようになるものもあります。いずれにしても、著作物を著作者の許可なく勝手に使えない、ということだけは意識しておきましょう。

Chapter » 9

Section » 09

テンプレートやダウンロードできる素材は使っていい？

利用条件を守れば使える

アプリに付属してるテンプレートやダウンロードで入手できる素材は、基本的に使えます。一方で、ダウンロードを前提としていないWebサイトなどからは利用できない素材もあります。

Premiere Proのエッセンシャルグラフィックス

Premiere Proには、エッセンシャルグラフィックスというあらかじめ用意されたテンプレートがあります。凝ったデザインや動きのあるタイトルやテロップを手軽に作れる便利なテンプレートで、これらは自由に使うことができます。もちろん、エッセンシャルグラフィックスを使って作った動画をSNSで公開することもできます。さらに、Premiere Proを提供するAdobeでは、「Adobe Stock」という素材集があり、とても多くのテンプレートや画像が登録されているので、ダウンロードして利用します。「Adobe Stock」には季節に合わせたテンプレートなどが随時追加され、豊富な素材からさまざまなイメージに合わせた動画に活用できます。Premiere Proのエッセンシャルグラフィックスから直接アクセスすれば、作成している動画のタイムラインに読み込むのも簡単です。「Adobe Stock」は条件により追加で利用料金が必要になりますが、「Adobe Stock」の素材も自由に使うことができ、商用利用もできます。

Adobe Stockは、Adobe製品で使えるさまざまな素材やテンプレートをダウンロードできるサービス。

Chapter » 9

Section » 10

商用利用と個人利用の境界線は？

収益を得ようとするかどうかの違い

画像やBGMを配布しているWebサイトには「商用利用可」「個人利用に限る」などといった注意書きが見られます。「商用利用」と「個人利用」の境界線は、利益を得ようとするものかどうかの違いです。

商用利用は「利益を得ようとする活動に使う」こと

「商用利用」とは、端的にいえば商売に使うことです。つまり、その素材を使って作ったもので利益を得ようとすることです。仮に売れずに利益が出なくても、利益を得ようとする活動であれば商用利用になります。

具体的な「もの」を売るだけではなく、素材を使った動画を掲載したWebサイトを有料会員制にして料金を徴収することや、素材を使った広告を作って掲載したことで商品が売れて利益を得るといった、「利益を得ることが目的」であればすべて商用利用に含まれます。これは法人に限らず、個人事業主やフリーランス、あるいは個人としての活動でも利益を得るための活動であれば、商用利用とされます。

さらに広い意味では金銭に限らず、名誉を得ることも商用利用とされることがあります。名誉はその法人や個人の利益になるからです。

一方で「個人利用」は、言葉の意味からすれば「個人の活動での利用」ですが、一般的には「商用利用ではないこと」を示すことが多く、一部では法人に対しても「利益を得ない活動」を個人利用と指すこともあります。ただし、前述のように、直接の利益に関係しなくても、その素材を使うことによって間接的に利益を得ることにつながれば商用利用になることもあるので注意してください。

なお法律的な「商用利用」「個人利用」という言葉の定義はありません。基本的には「利益を得るための活動」ですが、個々の認識に違いがあることが見られます。不明な点があれば配布しているWebサイトの管理者などに問い合わせましょう。

ダウンロード素材を商用目的で利用する場合は、「商用利用が可能かどうか」を確認する。
上：高画質の素材を無料で利用できる「Pixabay」。
下：画面の下に「営利目的であっても著作権に対する許可やクレジットは不要」と書かれている。

Column 機材を工夫することの楽しさ

本格的な撮影をしようと思ったとき、プロ用の機材を使えば、ある程度のレベルになると考えるかもしれません。また、本格的な撮影にはプロ用の機材が必要になると思うかもしれません。

もちろん、プロ用の機材はそれだけの性能があり、機能があります。ただもちろん高価で、特に専門的な分野の製品に共通するように、およそ趣味で買えるような値段で手に入らないものがたくさんあります。

しかしそこは高い機材を買えばいい映像が撮れるとは限りません。これは断言します。実際に、プロ用の機材を持ちながら使いこなせずに、よほどスマホで撮った方がきれいと思えるような動画もたくさん見られます。

撮影では、機材もいろいろ工夫してみましょう。
たとえば100円ショップで買える画用紙でもレフ版に使えます。しかも紙なので反射がやわらかい光になります。逆に黒い紙なら光の反射を抑えることができます。カメラの裏にある三脚用のネジは、実は一般的な雨傘の先端のネジと同じサイズなので、傘を自撮り棒代わりに使えます（振り回すと危険なので十分周囲に注意して使用してください）。もちろん傘を固定できれば三脚の代わりにもなります。スマホや軽量のビデオカメラを固定するだけであれば、私は粘土や「ひっつき虫」（簡単にはがれる粘着素材）もよく使います。

身の回りには、アイディア次第でいろいろと役立つものがあります。「使えるものはないか」といろいろ探してみるのも、撮影が楽しくなるでしょう。

Chapter 10

YouTubeで公開する

編集した動画をどう使うかはそれぞれの目的によって変わりますが、今もっとも多いのはYouTubeに公開することかもしれません。YouTubeは通常の公開だけでなく、限られた仲間だけに公開するといったこともできるので、ビジネスや教育のような見る人を限定した動画共有にも利用できます。

Chapter » 10

Section » 01

YouTubeにGoogleアカウントを使う

専用のアカウントを作る

YouTubeに動画を投稿するにはアカウントが必要で、GoogleアカウントをYouTubeに登録することでYouTubeの投稿ができるようになります。すでにGoogleアカウントを持っていれば、そのアカウントを利用できます。

YouTube に Google アカウントでログインする

1 ブラウザーアプリでYouTubeのWebサイトを表示し、「ログイン」をクリック。

> **One Point**
> **YouTube の Web サイト**
> YouTube の Web サイトは、https://www.youtube.com です。

> **One Point**
> **ブラウザーアプリ**
> アカウントの登録はパソコンでもスマートフォンでもできますが、今後行う動画の投稿などを考えるとパソコンの操作に慣れておいた方がよいでしょう。パソコンの場合、Microsoft Edge や Google Chrome などのブラウザーアプリを使います。

2 Googleのログイン画面が表示されるので、あらかじめ作成したGoogleアカウント（またはGmailアドレス）を入力する。その後「次へ」をクリック。

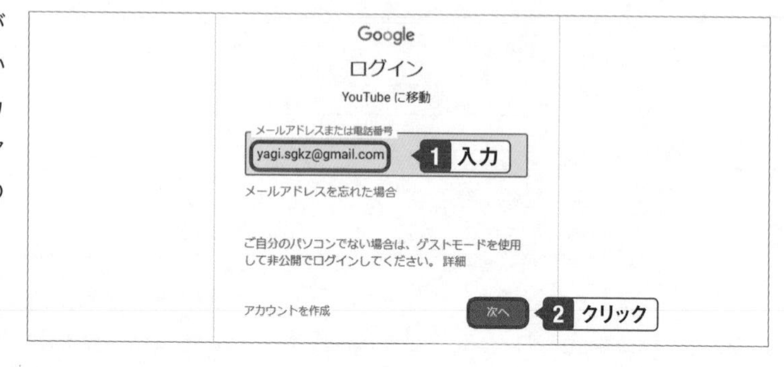

One Point

Googleアカウントを作成する

Googleアカウントを持っていない場合、はじめに作成します。「アカウントを作成」をクリックして、「自分用」をクリックすると、Googleアカウントの作成画面に進みます。

3 Googleアカウントのパスワードを入力し、「次へ」をクリック。

4 YouTubeにログインした画面が表示される。通知に関するメッセージが表示される場合は「許可」または「ブロック」をクリック。

チャンネルの名前を変える

1 アカウントのアイコンをクリックし、「チャンネルを作成」をクリック。

2 チャンネルの「名前」を変更し、「チャンネルを作成」をクリック。

3 チャンネルが作成される。

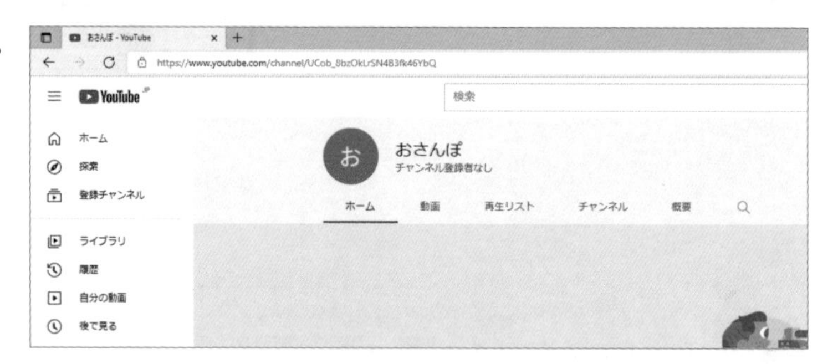

One Point

個人用チャンネルと使い分ける

Google アカウントで YouTube にログインすると、はじめに自分専用のチャンネルを作成できます。チャンネルは動画を投稿する自分専用の場所で、いわば自分が持つ自分だけの放送局です。著名なユーチューバーや芸能人などが「〇〇チャンネル」といった名前で発信していますが、これがチャンネルで、自分の好きな名前を付けることができます。

はじめに自分が作成したチャンネルをこのまま使ってもよいのですが、ここではもう 1 つ、別のチャンネルを作る方法で進めます。

動画の投稿する目的は人により、趣味の動画投稿や特定のビジネス、あるいはテーマを持つ本格的な動画配信などさまざまです。もしはじめから目的が 1 つだけであれば、チャンネルを 1 つ、その目的専用に作ればよいのですが、いろいろとやってみたくなることも多いのが実情です。

そこで、はじめに作成したチャンネルは個人用のチャンネルとして使い、特定のテーマや目的のために別のチャンネルを作ります。

Chapter » 10

Section » 02

ブランドアカウントでチャンネルを作る

Googleアカウントに追加する別のブランディング

YouTubeのブランドアカウントは、普段使いの個人用アカウントとは別に使える、ブランドとリンクしたアカウントです。アカウントを複数持たなくても、チャンネルを使い分けることができるようになります。

チャンネルを追加する

1 ブラウザーで自分のチャンネルを表示し、「設定」をクリック。

One Point

チャンネルを表示する

ブラウザーでYouTubeを開き、アカウントのアイコンをクリックして「チャンネル」をクリックします。

2 「新しいチャンネルを作成する」をクリック。

3 チャンネル名を入力し、「新しいGoogleアカウントを独自の設定～」のチェックをオンにして、「作成」をクリック。

4 新しいチャンネルが作成される。

One Point

アカウントを切り替える

アカウントのアイコンをクリックして、「アカウントを切り替える」をクリックすると、作成しているチャンネルが表示されます。１つのGoogleアカウントで複数のチャンネルを持っていることがわかります。

Chapter » 10

Section » 03

チャンネルのデザインを設定する

チャンネルのイメージを創りだす

YouTubeで自分が持つチャンネルは、見た人が内容を把握し、興味を持ってもらえるようにデザインします。アイコンやバナーと呼ばれる大きな画像を登録し、簡単な紹介文を表示しましょう。

アイコン画像を登録する

1 チャンネルを表示し、「チャンネルをカスタマイズ」をクリック。

One Point

チャンネルを表示する

ブラウザーでYouTubeを開き、アカウントのアイコンをクリックして「チャンネル」をクリックします。

2 はじめてチャンネルのカスタマイズを行うときは確認画面が表示されるので「続行」をクリック。

One Point

YouTube Studio

自分のYouTubeチャンネルで投稿をはじめデザインなどさまざまな設定、アクセスやコメントの管理などを行うページを「YouTube Studio」と呼びます。

3 「ブランディング」をクリック。

4 「写真」の「アップロード」をクリック。

5 アイコンに使う画像を選択し、「開く」をクリック。

6 アイコンで表示する範囲を調整する。

One Point

範囲を調整する

アイコンに表示する画像の範囲は、周囲のハンドルをドラッグして大きさを変えます。また、画像をドラッグすると表示する位置を移動できます。

7 アイコンが登録される。

バナー画像を登録する

1 チャンネルのカスタマイズ画面で、「バナー画像」の「アップロード」をクリック。

2 バナーに使う画像を選択し、「開く」をクリック。

3 バナーの大きさと位置を調整し、「完了」をクリック。

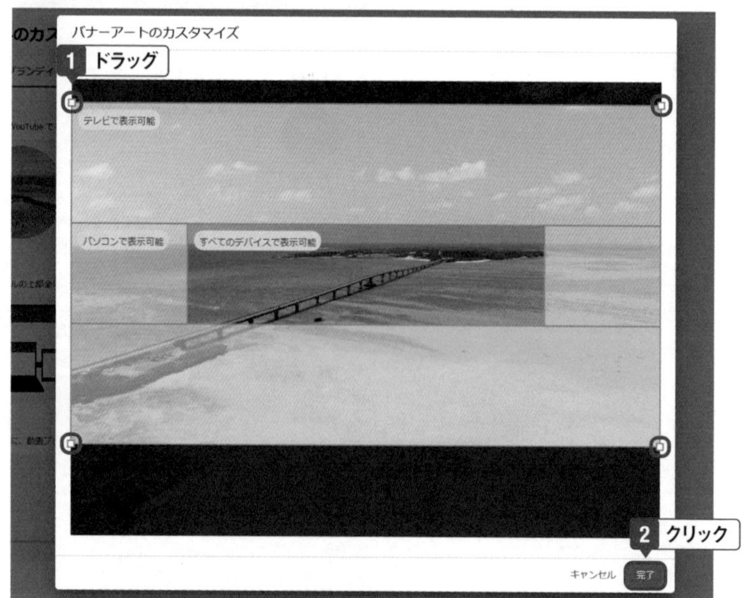

One Point

バナーが表示される範囲

バナーは、パソコンやスマートフォンなど使う機器によって表示範囲が変わります。それぞれ、「テレビで表示可能」「パソコンで表示可能」「すべてのデバイスで表示可能」で示される枠内の画像がバナーになりますので、確認しながら調整します。

4 バナー画像が登録される。画面右上の「公開」をクリック。

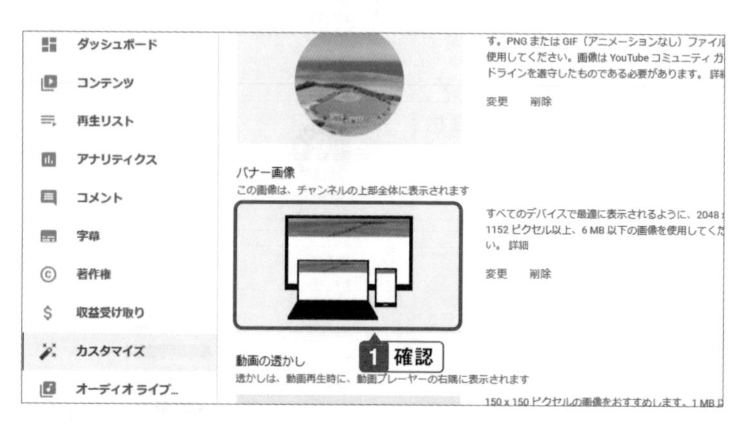

5 変更した内容がチャンネルに反映される。

チャンネルの説明文を登録する

1 チャンネルのカスタマイズ画面で、「基本情報」をクリックする。続いて「チャンネル名を説明」に説明を入力し、画面右上の「公開」をクリックすると、変更した内容が登録され、公開される。

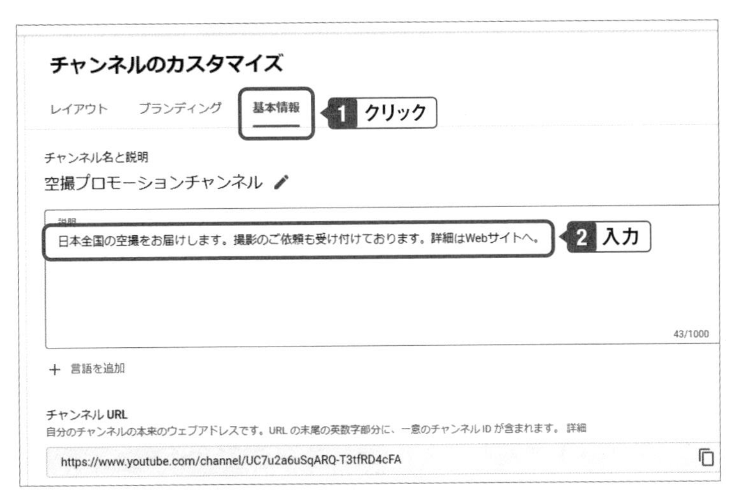

One Point

編集はいつでもできる

画像や説明文の変更は、チャンネルのカスタマイズ画面からいつでもできますので、必要に応じて内容を変更し、チャンネルを充実させていきましょう。なおチャンネル名の変更もできますが、チャンネル名はそのチャンネルのブランドでもありますので、頻繁に変えることは知名度につながりません。不用意に変えなくてもよいように、はじめにしっかりとした名前を考えましょう。

2 チャンネルの「概要」に説明文が表示される。

Chapter » 10

Section » 04

アカウントを確認する

本人が使うことを確認する

YouTubeにアカウントを登録し、チャンネルを開設したら、投稿を始める前に本人確認をしておきます。携帯電話のSMSを使って認証することで、サムネイルの作成や長時間の動画の投稿ができるようになります。

アカウントを確認する

1 アカウントのアイコンをクリック。

One Point

アカウントを確認する必要性

YouTubeへの動画投稿は、アカウントを認証しなくてもできます。ただしアカウントを認証すると、動画とは別に作成したサムネイルの利用や、15分以上の長時間動画を投稿できるようになります。

2 「YouTube Studio」をクリック。

3 「設定」をクリック。

4 「機能の利用資格」をクリック。

5 「スマートフォンによる確認が必要な機能」の「∨」をクリック。

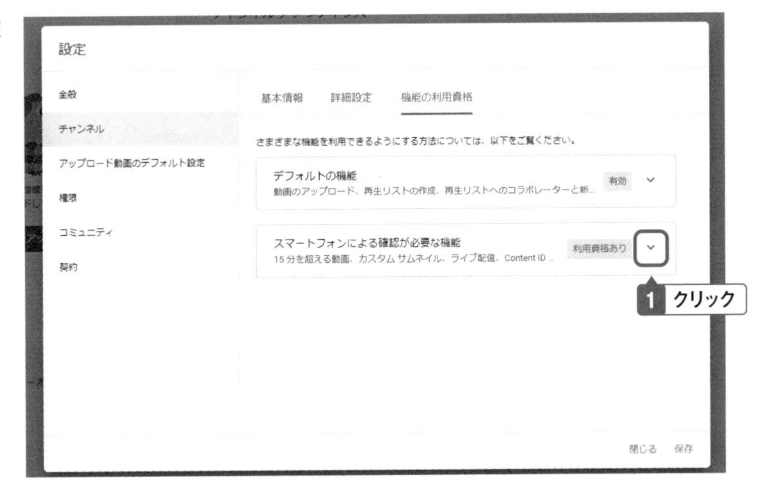

6 「電話番号を確認」をクリック。

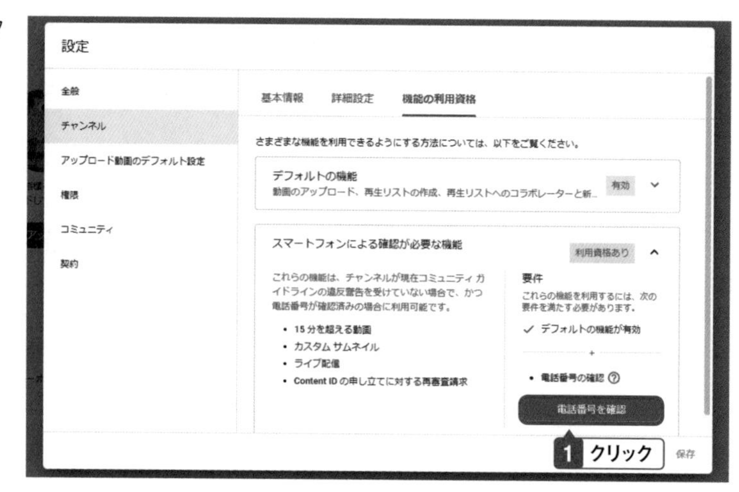

7 「SMSで受け取る」をクリック。

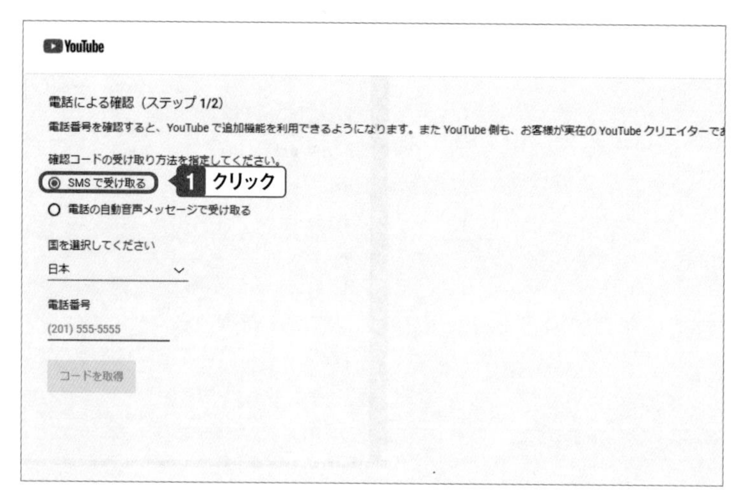

8 携帯電話の電話番号を入力し、「コードを取得」をクリック。

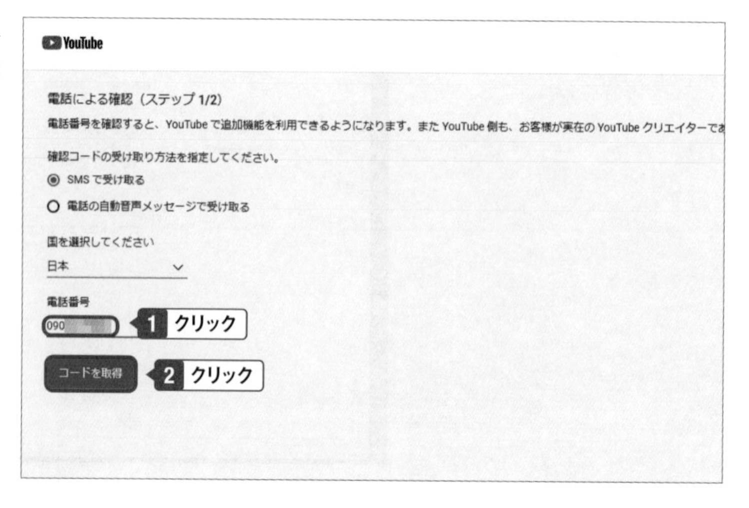

9 携帯電話のSMSで届いた6桁の確認コードを入力し、「送信」をクリック。

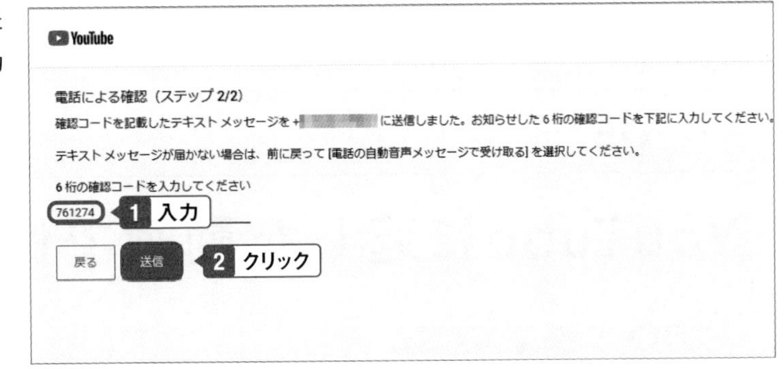

10 確認が完了する。

11 設定画面の「スマートフォンによる確認が必要な機能」に「有効」と表示される。

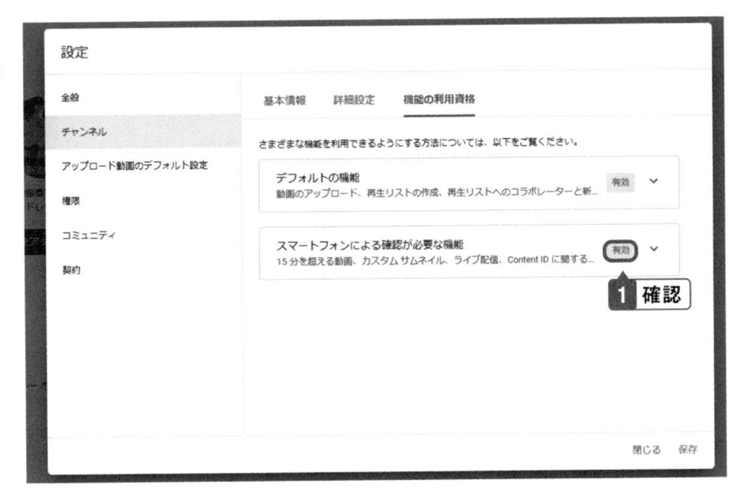

One Point

これで準備が完了

アイコン画像やバナー画像の登録、説明文の登録などを行い、アカウントを電話番号で確認したら、チャンネルに動画を投稿する準備が整います。

Chapter » 10

Section » 05

YouTubeに適した動画で保存する

大きすぎず、小さすぎず

Premiere Proで編集した動画をYouTubeで公開する場合には、YouTubeに適した動画で保存する必要があります。このとき、解像度や再生レート(コマ数)が適切で、ファイルサイズが大きくなり過ぎない動画に保存します。

「H.264」で保存する

Premiere Proで「ファイルの書き出し」を行うと、書き出し設定画面が表示されます。ここで「書き出し設定」の「形式」を「H.264」に設定します。「H.264」形式のビデオは、映像の画質や音質を劣化させないようにファイルサイズを圧縮して保存します。YouTubeをはじめとするインターネットの動画配信では、ファイルサイズを小さくすることは通信量を節約するために欠かせません。一方で、きれいな動画を見たいのは誰でも思うことです。このような理由からも、インターネットで配信する動画はYouTubeも含め「H.264」形式が現在もっとも適したファイルとされています。

一方で「H.264」形式はフルHDサイズに加え、4Kサイズも対応します。ただ一般的に、YouTubeではフルHDサイズで十分なので、特別な理由がない限り、「フルHDサイズで動画作成し、H.264形式で保存する」と覚えておけばよいでしょう。

YouTube でサポートされているファイル形式

注: 音声ファイル（MP3、WAV、PCM ファイルなど）は YouTube にアップロードできません。そこで、動画編集ソフトウェア を使用すれば、音声ファイルを動画に変換できます。

動画をアップロードする際、どのファイル形式で保存すればよいかわからない場合や「無効なファイル形式」というエラー メッセージが表示される場合は、次のいずれかのファイル形式を使用していることをご確認ください。

- .MOV
- .MPEG-1
- .MPEG-2
- .MPEG4
- .MP4
- .MPG
- .AVI
- .WMV
- .MPEGPS
- .FLV
- 3GPP
- WebM
- DNxHR
- ProRes
- CineForm
- HEVC（h265）

上記以外のファイル形式を使用している場合は、このトラブルシューティングを使用してファイルの変換方法を確認してください。

ファイル形式について詳しくは、エンコード設定 に関する記事をご覧ください。

YouTubeのヘルプには対応する動画形式が列挙されている。YouTubeは多くの動画形式に対応しているが、「H.264」は「MPEG4」の中に含まれる保存設定の1つ。

なお、似た名前に「H.265」というファイル形式があります。「H.265」は「H.264」の進化型で、より高い圧縮率で8K映像にも対応します。しかし「H.265」形式のファイルで保存するには高いスペックのパソコンが必要になり、現実的に8K映像が普及するまでまだ時間がかかりますので、現状はあまり使われていません。

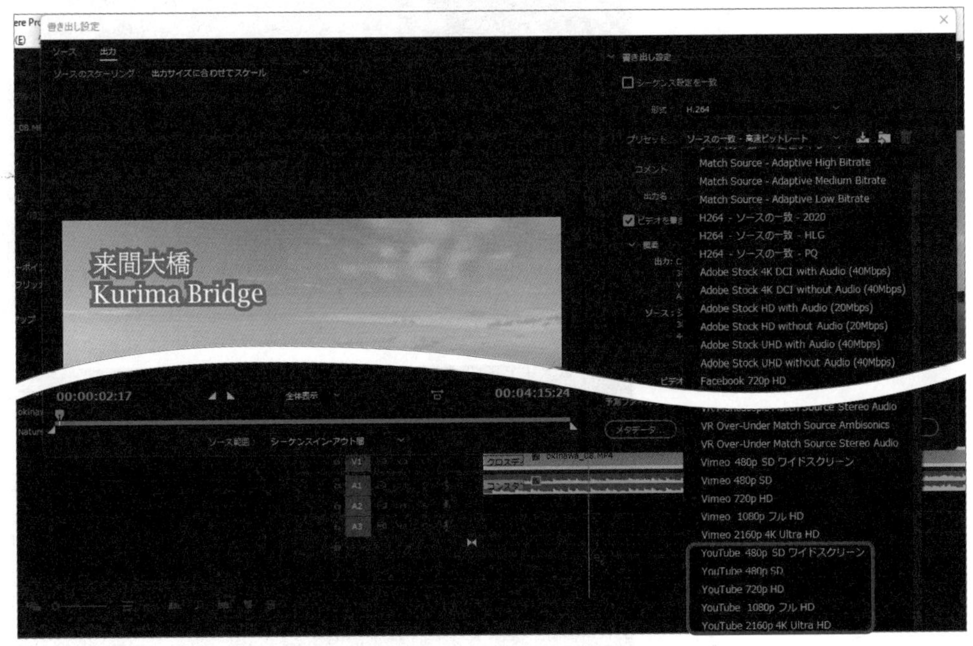

形式以外はそのままでも特に問題ないが、「プリセット」でYouTubeの解像度に向いた設定を選ぶこともできる。4K動画で作成してフルHD動画でアップロードする場合などに役立つ。

Chapter » 10

Section » 06

サムネイル画像を切り出す

目を引くサムネイルが重要

動画の見出しになる画像を「サムネイル」と呼びます。サムネイルは動画の内容を端的に表現し、YouTubeにある無数の動画から興味を持ってもらうために重要な役割を果たしています。

動画のフレームを画像に保存する

1 Premiere Proで再生ヘッドを移動し、サムネイルに使うフレームを表示する。その後「フレームを切り出し」をクリック。

2 保存するファイル名を入力。

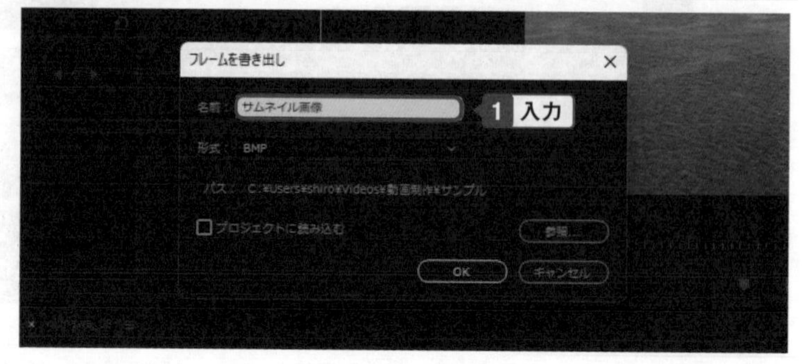

3 「形式」で「JPEG」を選択する。

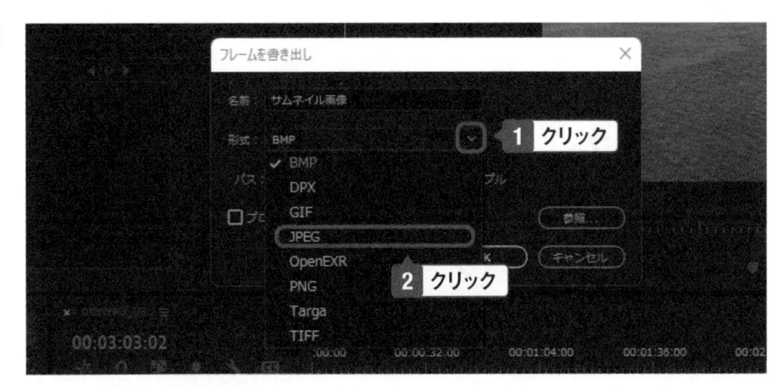

4 「参照」をクリックしてファイルを保存するフォルダーを選択し、「OK」をクリック。

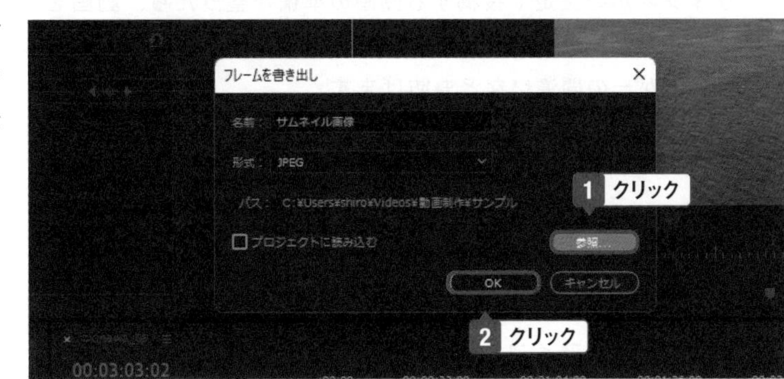

5 表示しているフレームが画像ファイルで保存される。

6 Photoshopなどの画像編集アプリでサムネイルを作成する。

Chapter » 10

Section » 07

動画をアップロードする

まずは非公開で投稿する

チャンネルの設定や投稿する動画の準備が整ったら、動画をアップロードします。このとき、いきなり公開はせずに、はじめは非公開で投稿し、確認してから公開するようにすれば、万が一の間違いなども防げます。

動画を投稿する

1 チャンネルを表示してアカウントのアイコンをクリックし、「YouTube Studio」をクリック。

One Point

投稿した動画がないとき

まだ投稿した動画がないときは、チャンネルの「動画をアップロード」をクリックしても動画の投稿ができます。

2 「作成」をクリックし、「動画をアップロード」をクリック。

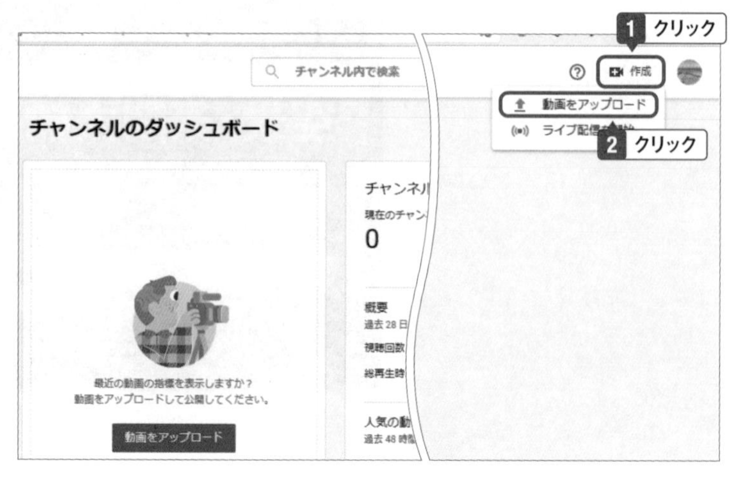

3 アップロードするファイルが保存されているフォルダーを表示する。

> **One Point**
> **フォルダーから選択する**
> 「ファイルを選択」をクリックすると、フォルダーから動画ファイルを選択してアップロードできます。

4 動画ファイルをドラッグ。

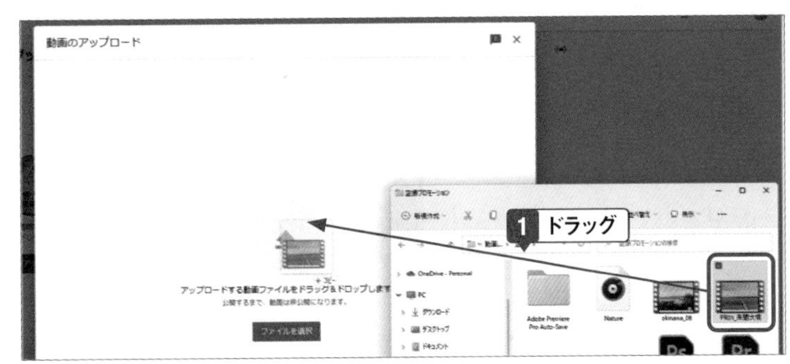

動画の情報を設定する

1 アップロードが完了すると、詳細画面が表示される。「タイトル」に動画のタイトルを入力し、「説明」に動画の説明を入力。

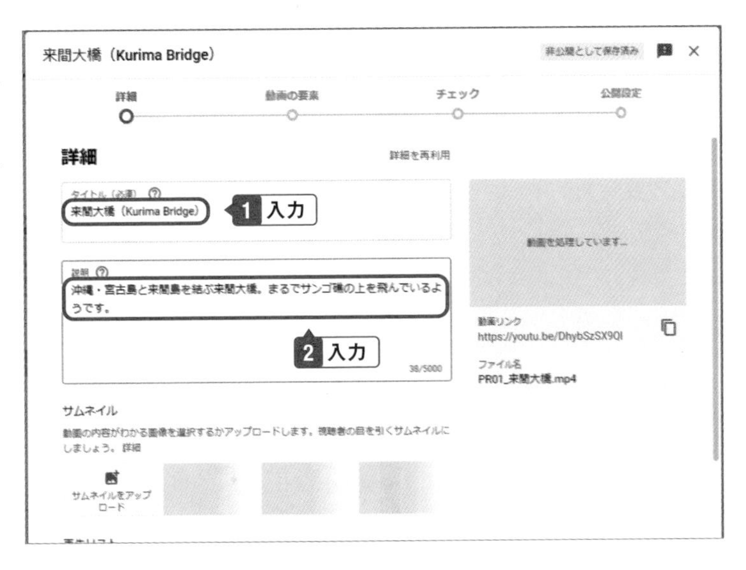

2 「サムネイル」にサムネイル画像をドラッグ。

3 サムネイルが登録される。

4 「視聴者」で視聴対象の年齢層を選択し、「次へ」をクリック。

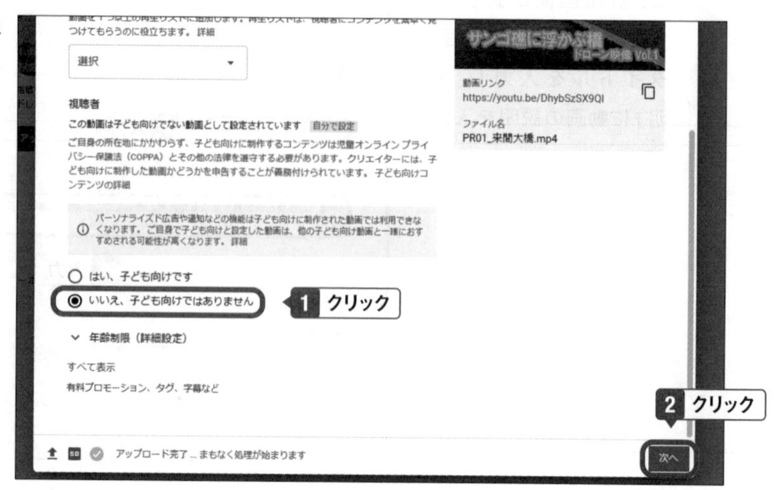

5 「次へ」をクリック。

> **One Point**
>
> **動画の要素**
>
> 動画の途中や終了後に関連したコンテンツを表示して、プロモーションを行う機能です。特に必要なければ設定せずに進めます。

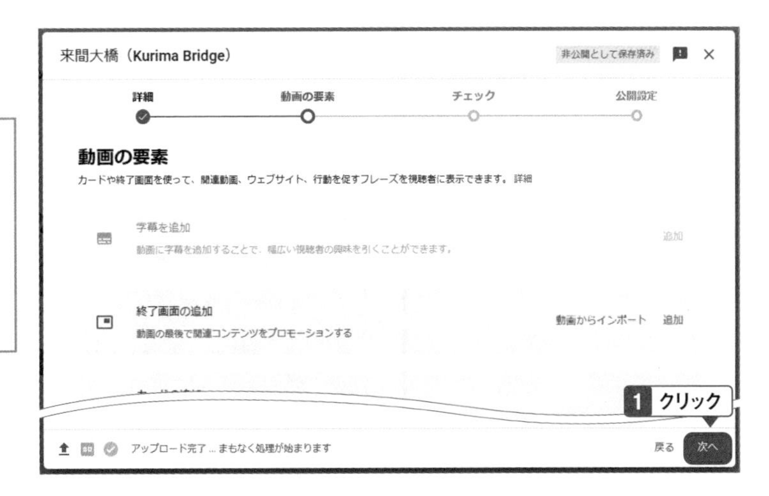

6 動画の内容チェックが行われる。アップロードした動画が変換され、登録されるのを待つ。

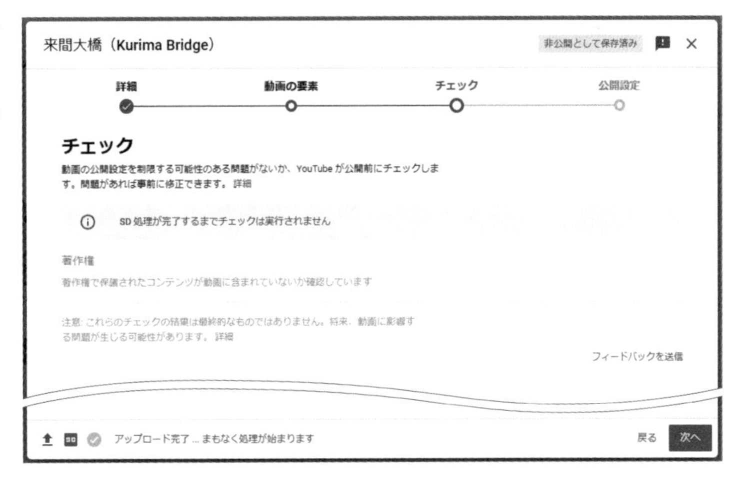

7 チェックが完了するとチェックマークが表示されるので、「次へ」をクリック。

8 公開設定を選択する。はじめは念のため「非公開」を選択しておく。その後「保存」をクリック。

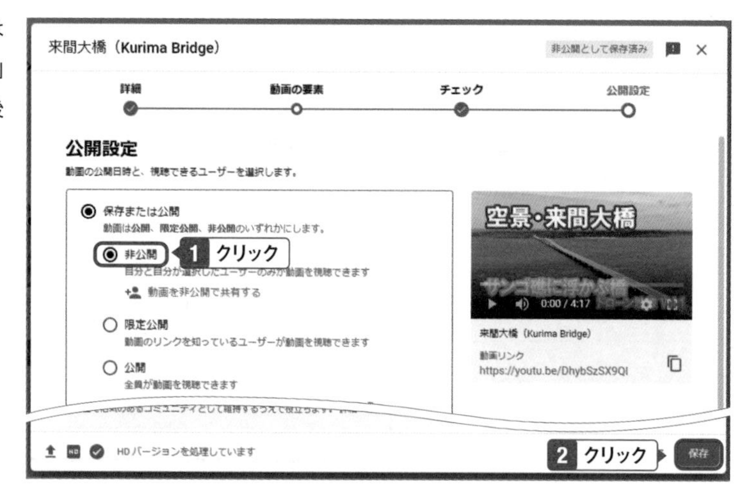

9 動画が投稿されるので、YouTube Studio画面の「コンテンツ」で確認する。

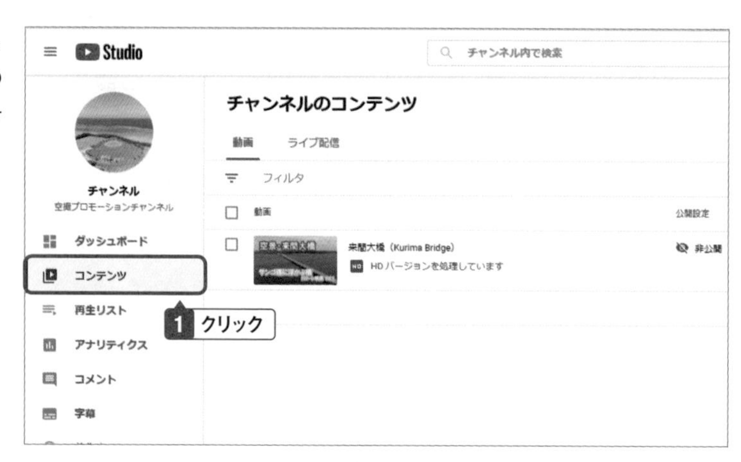

動画を再生して確認する

1 YouTube Studio画面の「コンテンツ」で再生する動画にマウスポインターを合わせる。

2 「YouTubeで再生」をクリック。

3 YouTube画面で再生し、確認する。

One Point

非公開でも再生できる

YouTube Studioのコンテンツからは、非公開の動画も再生できます。

動画を公開する

1 YouTube Studio画面の「コンテンツ」で再生する動画の「非公開」をクリック。

2 「保存または公開」の「公開」をクリック。続いて「公開」をクリック。

3 動画が公開される。

4 チャンネルに動画が表示される。

Chapter » 10

Section » 08

タイトルと説明を編集する

内容を端的に表現する

投稿する動画には、タイトルと説明文を付けます。投稿時に設定したタイトルや説明は、あとから修正することもできます。検索で見つけてもらえるようなキーワードを盛り込んでタイトルや説明を書きましょう。

タイトルと説明を編集する

1 YouTube Studioの「コンテンツ」を表示し、タイトルや説明を修正する動画の「詳細」をクリック。

2 詳細画面が表示されるので、タイトルや説明を修正する。その後「保存」をクリック。

3 「変更を保存しました」と表示されて修正が反映される。

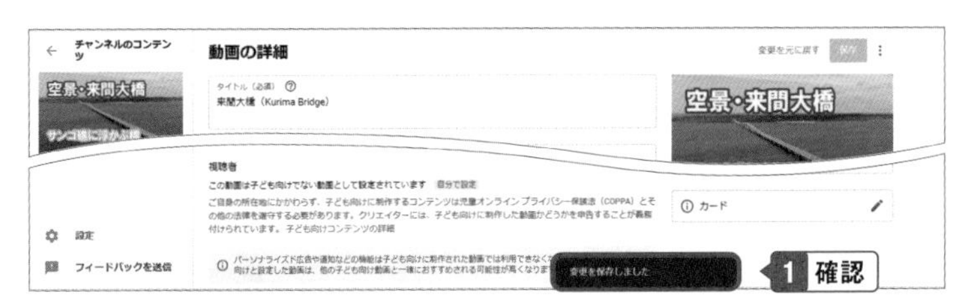

Chapter » 10

Section » 09

動画を非公開にする

情報が古くなったら非公開も検討する

公開している動画の情報が古くなり、現実と異なる状況になったときには、思い切って非公開にすることも一策です。古い情報を載せたままにすることは誤解も招くので、常に情報の新鮮さには気を配ります。

公開の状態を変更する

1 YouTube Studio画面の「コンテンツ」で再生する動画の「公開」をクリック。

2 「非公開」をクリックし、「保存」をクリック。

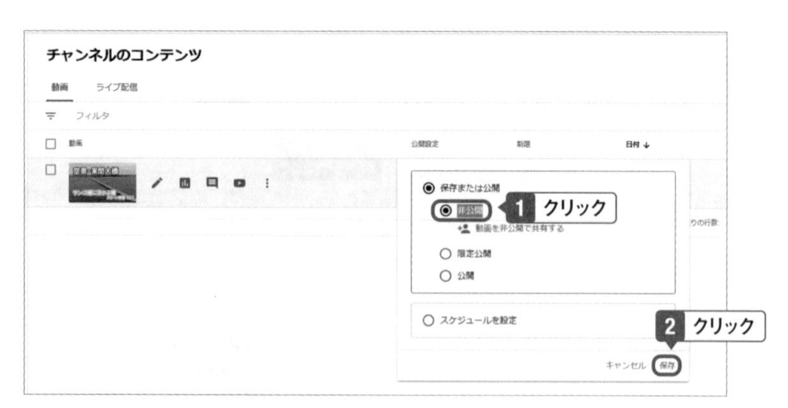

3 動画が非公開になる。

Appendix

効率的な作業や、理解を助けるための知識

- 便利な操作
- ショートカットキー
- 用語集

Appendix » 1

エフェクトコントロールパネルの数値の変更

エフェクトコントロールパネルの数値は、キーボードで入力する方法のほかに、マウスで直接変更することができます。手元の動きを減らせるので、作業効率が上がります。

数値の上にマウスポインターを合わせるとマウスポインターが↔の形状に変わる。

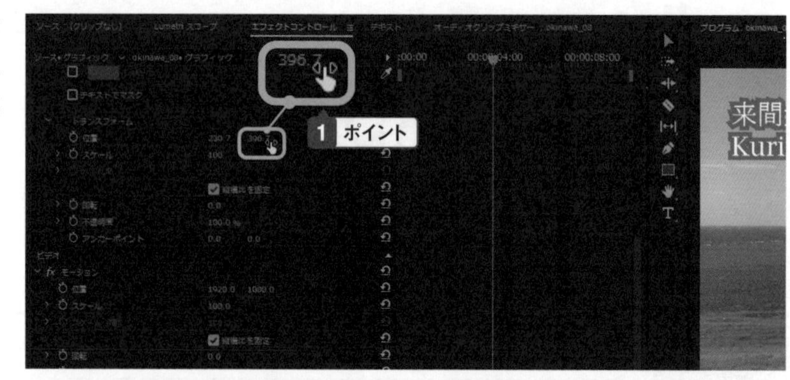

そのままマウスを前後に動かすと数値が変わる。

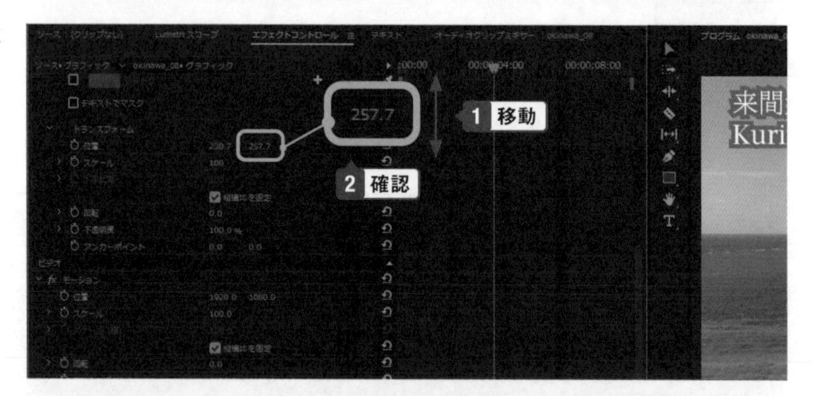

スケールや角度があるエフェクト値はドラッグすると数値と連動する。スケールや角度と数値のどちらでも設定ができる。

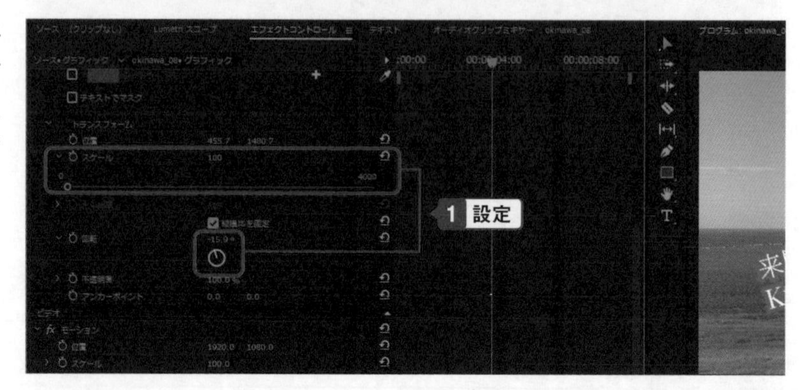

Appendix » 2

エフェクトの設定

エフェクトの大きさはエフェクトコントロールパネルで設定します。

エフェクトコントロールパネルでエフェクトの数値を調整する。

エフェクトを重ねて追加したときは、複数のエフェクトが表示される。このとき、表示が上にあるほどエフェクトの重ね順も上になる。

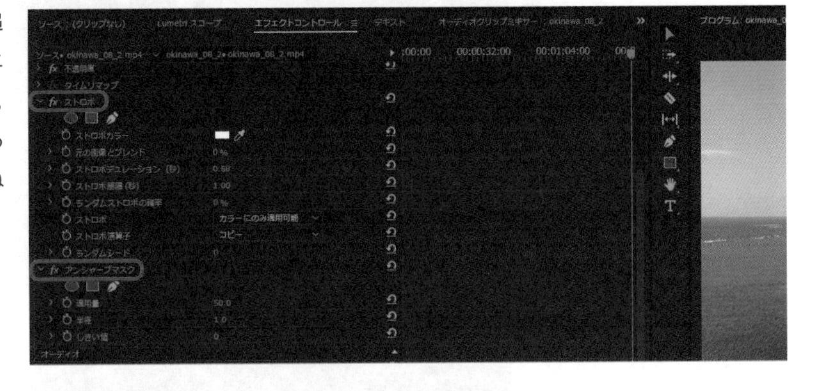

ビデオトランジションなどは、エフェクトコントロールパネルで切り替えの方向とタイミングを設定する。

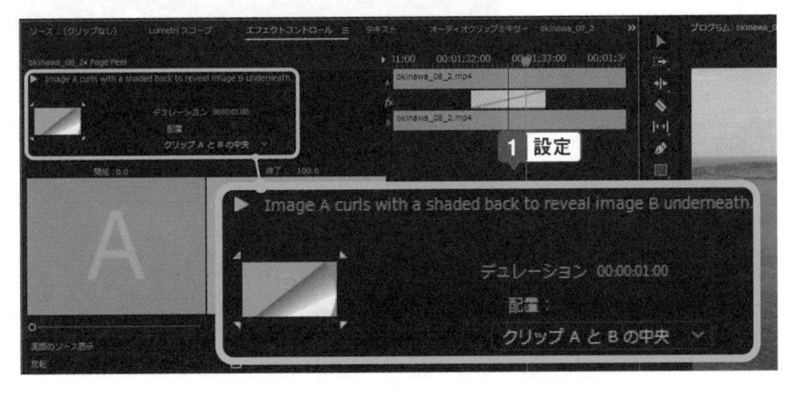

Appendix » 3

タイムラインの階層を移動する

タイムラインの映像や音声は、階層を移動することで重ね順を変更できます。

タイムラインの映像や音声をドラッグすると、階層を移動する。

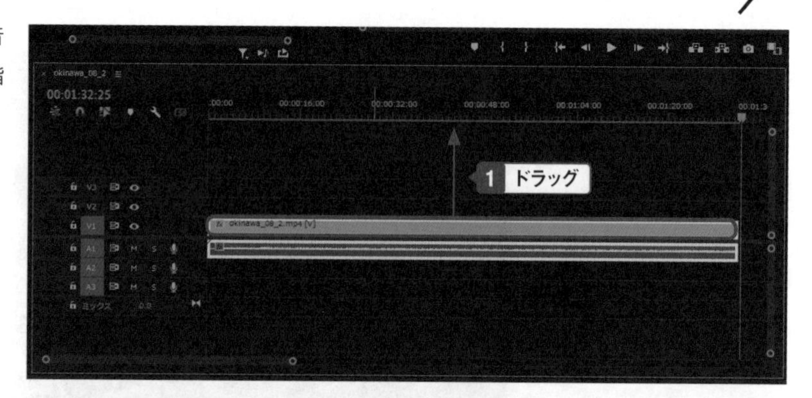

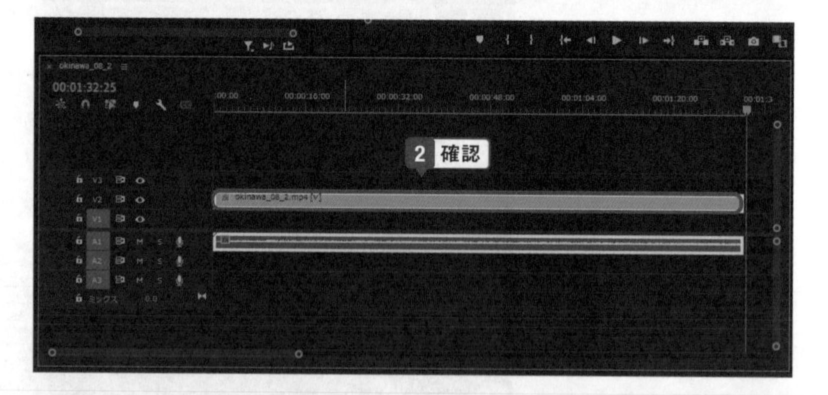

プロジェクトパネルから素材をドラッグするときに、配置したい階層にマウスポインターを合わせれば、任意の位置にクリップを配置できる。

Appendix » 4

映像や音声の一時的なオン・オフ

トラックごとに映像や音声の一時的なオン・オフを切り替えることができます。音声の場合、1トラックだけ再生することもできます。

映像の［トラック出力の切り替え］をクリックして映像のオン・オフを切り替える。

音声の［M］（ミュート）をオンにすると、そのトラックの音声を静音にする。

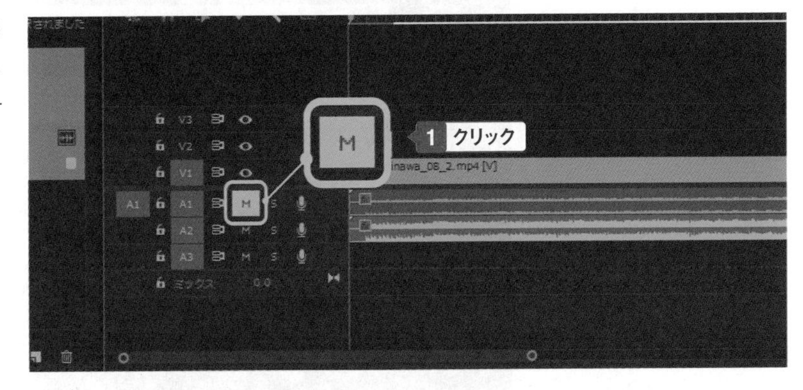

音声の［S］（ソロトラック）をオンにすると、他のトラックの音量を下げて再生する。

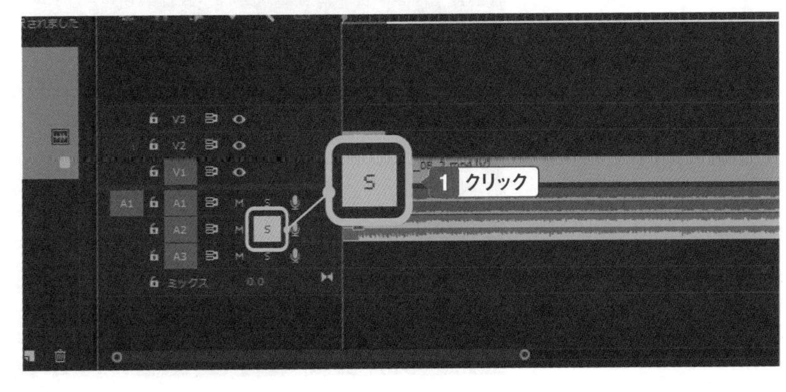

Appendix » 5

複数のシーケンスの作成・名前の変更

1つのプロジェクトファイルの中に、複数のシーケンスを作成すると、同じシリーズの動画作成などでファイル管理が煩雑にならずに整理できます。

[ファイル] – [新規作成] – [シーケンス]を選択し、[新規シーケンス]画面で [OK]をクリックすると、新しいシーケンスが追加される。ここでシーケンス名をあらかじめ設定することもできる。

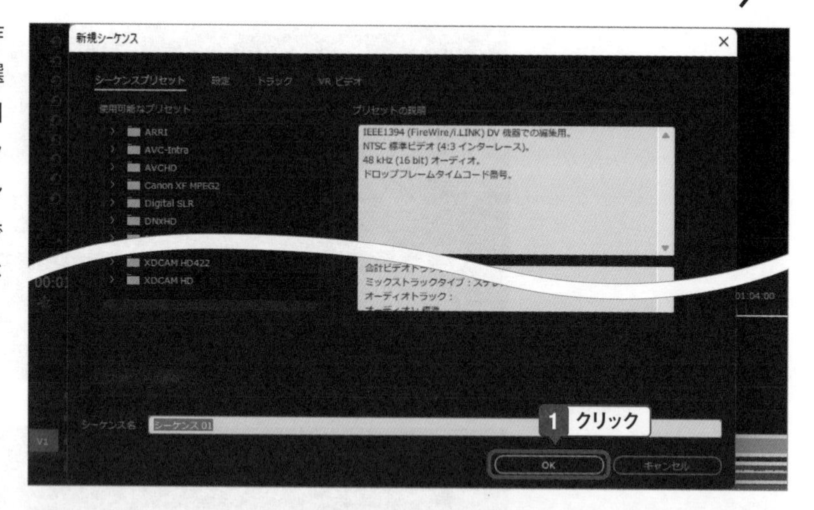

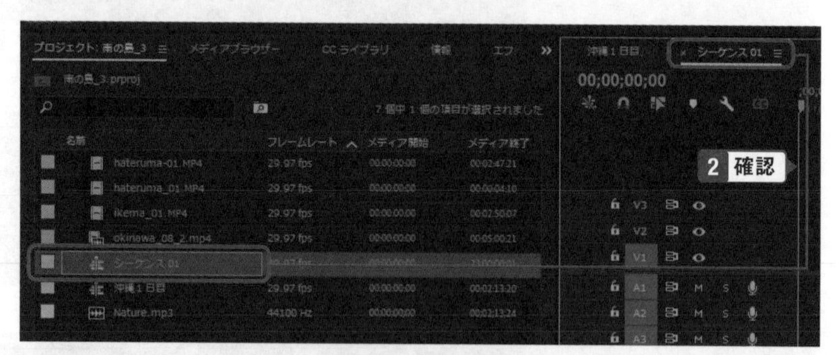

シーケンスの名前をクリックすると名前を変更できる。

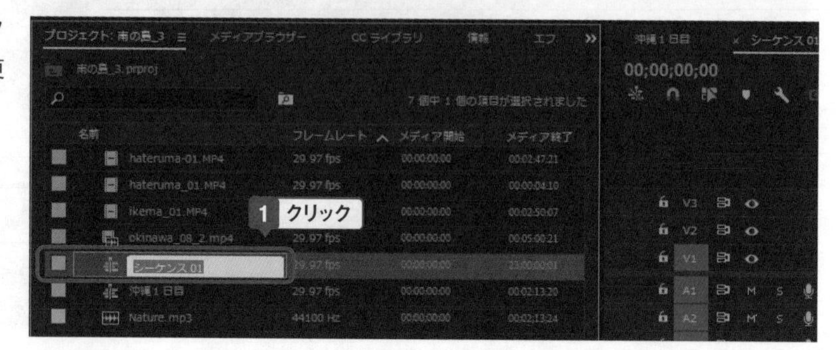

Appendix » 6

ワークスペースの設定・リセット

ワークスペースは自分の好みに合わせて自由に配置できます。また、初期状態に戻すこともできます。

[ウィンドウ]で表示したいパネルを選択して好みのワークスペースを作成する。

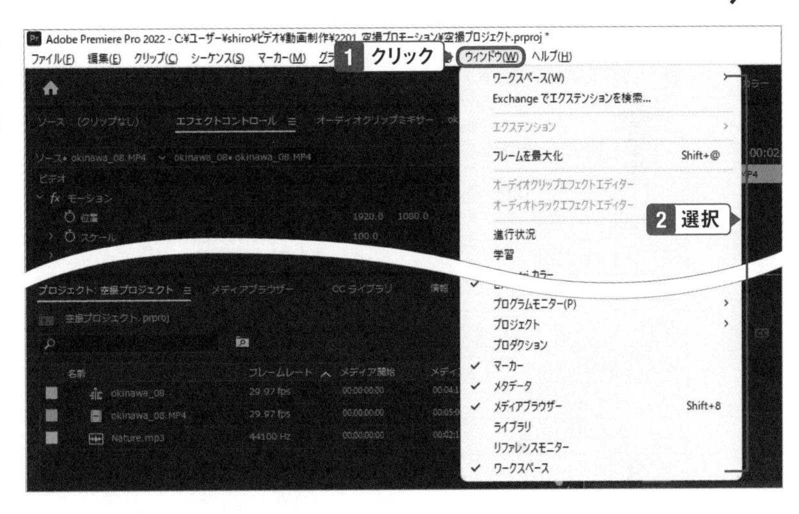

[ウィンドウ] − [ワークスペース] − [新規ワークスペースとして保存]を選択すると新しいワークスペースを作成する。次の画面でワークスペースに好みの名前を付けることができる。

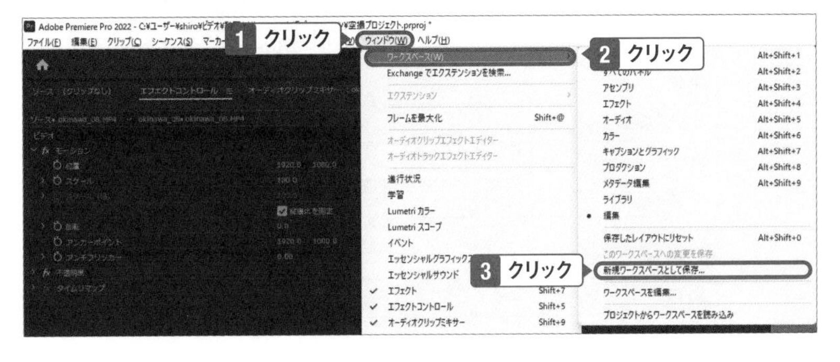

[ウィンドウ] − [ワークスペース] − [保存したレイアウトにリセット]を選択するとワークスペースを初期状態に戻す。

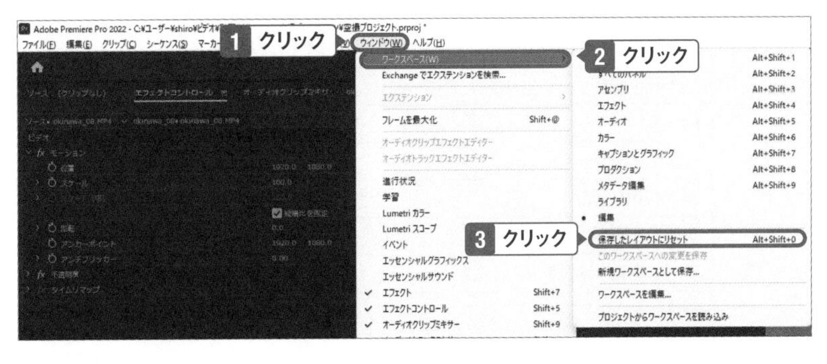

Appendix » 7

ショートカットキー

Premiere Proにはとても数多くのショートカットキーが設定されています。ショートカットキーを使うことでマウスとキーボードの行き来を減らせるので、操作の効率が上がります。比較的利用頻度の高い代表的なショートカットキーは以下のようになります。

●ファイルの操作

内容	Windows	Mac
プロジェクトの新規作成	Ctrl + Alt + N	Opt + Cmd + N
シーケンスの新規作成	Ctrl + N	Cmd + N
プロジェクトを開く	Ctrl + O	Cmd + O
プロジェクトを閉じる	Ctrl + Shift + W	Shift + Cmd + W
閉じる	Ctrl + W	Cmd + W
保存	Ctrl + S	Cmd + S
別名で保存	Ctrl + Shift + S	Shift + Cmd + S
コピーを保存	Ctrl + Alt + S	Opt + Cmd + S
メディアを書き出し	Ctrl + M	Cmd + M
終了	Ctrl + Q	Cmd + Q

●ツールの選択

内容	Windows	Mac
選択ツール	V	V
リップルツール	B	B
レーザーツール	C	C
ペンツール	P	P

●編集

内容	Windows	Mac
取り消し	Ctrl + Z	Cmd + Z
やり直し	Ctrl + Shift + Z	Shift + Cmd + Z
切り取り	Ctrl + X	Cmd + X
コピー	Ctrl + C	Cmd + C
ペースト	Ctrl + V	Cmd + V
インサートペースト	Ctrl + Shift + V	Shift + Cmd + V
リップルの削除	Shift + Delete	Shift + 前方削除
すべてを選択	Ctrl + A	Cmd + A
すべてを選択解除	Ctrl + Shift + A	Shift + Cmd + A

●シーケンスの操作

内容	Windows	Mac
ワークエリアでエフェクトをレンダリング	Enter	Enter
ズームイン	^ （キャレット）	^ （キャレット）
ズームアウト	- （ハイフン）	- （ハイフン）

●タイムラインの操作

内容	Windows	Mac
選択項目を削除	Backspace	Delete
オーディオトラックの縦幅を狭める	Alt + -	Opt + -
ビデオトラックの縦幅を狭める	Ctrl + -	Cmd + -
オーディオトラックの縦幅を広げる	Alt + =	Opt + =
ビデオトラックの縦幅を広げる	Ctrl + =	Cmd + =
選択したクリップを左に 5 フレーム移動	Alt + Shift + 左矢印	Shift + Cmd + 左矢印
選択したクリップを左に 1 フレーム移動	Alt + 左矢印	Cmd + 左矢印
選択したクリップを右に 5 フレーム移動	Alt + Shift + 右矢印	Shift + Cmd + 右矢印
選択したクリップを右に 1 フレーム移動	Alt + 右矢印	Cmd + 右矢印
リップルの削除	Alt + Backspace	Opt + 削除
次の画面を表示	Page Down	Page Down
前の画面を表示	Page Up	Page Up
選択したクリップを左に 5 フレームスライド	Alt + Shift + ,	Opt + Shift + ,
選択したクリップを左に 1 フレームスライド	Alt + ,	Option + ,
選択したクリップを右に 5 フレームスライド	Alt + Shift + .	Opt + Shift + .
選択したクリップを右に 1 フレームスライド	Alt + .	Option + .
選択したクリップを左に 5 フレームスリップ	Ctrl + Alt + Shift + 左矢印	Opt + Shift + Cmd + 左矢印
選択したクリップを左に 1 フレームスリップ	Ctrl + Alt + 左矢印	Opt + Cmd + 左矢印
選択したクリップを右に 5 フレームスリップ	Ctrl + Alt + Shift + 右矢印	Opt + Shift + Cmd + 右矢印
選択したクリップを右に 1 フレームスリップ	Ctrl + Alt + 右矢印	Opt + Cmd + 右矢印

Appendix » 8

用語集

アンチフリッカー
蛍光灯など高速で点滅している光と撮影の映像が同期しないときに現れる細い線や鋭い角（フリッカー）を軽減する機能。

エンコード
映像データを、コーデックを使って変換し、再生できるデータやファイルにすること。または複数の映像や音声のデータを１つにまとめること。逆はデコード。

キーフレーム
アニメーション効果の開始点や終了点。２点のキーフレームの間は一定の動作を行う。

クリップ
映像や音声を保存した１つのデータ。

コーデック
Compressor Decompressorの略。映像や音声のデータサイズを圧縮するための規格またはプログラムのこと。

シーケンス
使用する動画や音声の素材を並べたデータや情報のこと。シーケンスには再生時間やエフェクトの情報が表示され、どのように素材が組み合わされ、どのように再生されるかを把握できる。

タイムライン
映像や音声の編集で、時間経過に合わせて要素を表示した画面。

ディゾルブ
あるクリップから別のクリップに移行するときのフェード。

トランジション
２つの映像を切り替える方法や状態のこと。さまざまなエフェクトを使うことで、自然な画面の切り替えやグラフィカルな演出が可能になる。

トリミング
映像や画像、音声の一部分を切り抜くこと。

フレーム
映像を構成する１コマの画像。フレームを連続再生することで動画になる。一般的に1秒間で30～60フレームを再生する。

フレームレート
フレームを再生するときの速度。１秒あたりのフレーム数で、「30fps」（frames per second）と表示する。

プロジェクト
動画編集を行うときに、必要な映像や音声、画像などの素材や編集した内容を記録したデータをまとめて管理するファイル。

ホワイトノイズ
撮影した動画に含まれる「サー」という一定周波数のノイズ。無音の場所で録音しても機器の電気抵抗や熱などによって生じることがある。

マスク
画像に設定する透明領域の情報。不透明度100%のマスクでは、マスクを設定した部分だけが見えなくなる。

リップル
タイムラインで動画をトリミングしたり複数の動画を並べたりしたときにできる、何も動画のない隙間のこと。

レンダリング
ビデオフレームに編集、エフェクト、トランジション等を演算して最終出力画像を得ること。

ワークスペース
一般的には作業領域のこと。Premiere Proの画面では、さまざまな機能のパネルを並べた状態のウィンドウ。

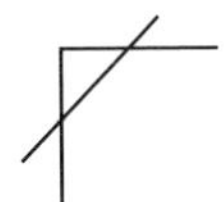

INDEX

索引

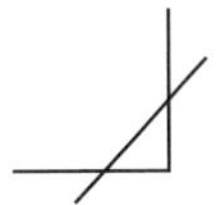

英数字

あ行

か行

さ行

た行

な・は行

ま行

や・ら行

わ行

本書は2022年2月現在の情報に基づいて執筆しています。
本書で取り上げているソフトやサービスの内容・仕様などにつきましては、告知なく変更になる場合がありますのでご了承ください。

◆著者

八木 重和（やぎ しげかず）

テクニカルライター。学生時代からパソコンや当時まだ黎明期のインターネットに触れる機会を持ち、一度サラリーマンになるもおよそ2年で独立。以降、メールやWeb、セキュリティ、モバイル関連など幅広い執筆活動を行う。同時にカメラマン活動やドローン空撮、メディア制作等にも本格的に取り組む。

◆撮影協力

明石 奈津子

◆カバーデザイン/イラスト

高橋 康明

動画配信のためのゼロから分かるPremiere Pro

発行日　2022年　3月15日　第1版第1刷

著　者　八木　重和

発行者　斉藤　和邦
発行所　株式会社　秀和システム
〒135-0016
東京都江東区東陽2-4-2　新宮ビル2F
Tel 03-6264-3105（販売）Fax 03-6264-3094
印刷所　三松堂印刷株式会社　Printed in Japan

ISBN978-4-7980-6610-3 C3055

定価はカバーに表示してあります。
乱丁本・落丁本はお取りかえいたします。
本書に関するご質問については、ご質問の内容と住所、氏名、電話番号を明記のうえ、当社編集部宛FAXまたは書面にてお送りください。お電話によるご質問は受け付けておりませんのであらかじめご了承ください。